21 世纪全国本科院校电气信息类创新型应用人才培养规划教材

PLC 技术与应用(西门子版)

主　编　丁金婷
副主编　夏春林　邵　威　王玉槐
　　　　史旭华　王章权　陈乐平

U0350385

北京大学出版社
PEKING UNIVERSITY PRESS

内 容 简 介

本书以西门子 S7-200/300PLC 为教学目标机,注重理论与工程实践相结合,把 PLC 控制系统工程设计思想和方法及其工程实例融合到全书内容中,便于学生在学习过程中理论联系实际,较好地掌握 PLC 工程应用技术。

本书以 S7-200CN 为例介绍了 S7-200 系列 PLC 的工作原理、硬件结构、指令系统及编程软件的使用方法。本书主要内容包括电气控制基础,PLC 技术基础,S7-200PLC 基本指令及应用,S7-200PLC 顺序控制指令及应用,功能指令,网络通信及应用,PLC 控制系统设计,组态软件 MCGS 及应用和 S7-300PLC 简介。

本书可供本、专科院校电气控制、机电工程、计算机控制、自动化等专业学生学习与参考,也可作为职业学校学生及工程技术人员的培训和自学用书。

图书在版编目(CIP)数据

PLC 技术与应用(西门子版)/丁金婷主编. —北京:北京大学出版社,2013.6

(21 世纪全国本科院校电气信息类创新型应用人才培养规划教材)

ISBN 978-7-301-22529-5

Ⅰ.①P…　Ⅱ.①丁…　Ⅲ.①PLC 技术—高等学校—教材　Ⅳ.①TM571.6

中国版本图书馆 CIP 数据核字(2013)第 098840 号

书　　　名:PLC 技术与应用(西门子版)

著作责任者:丁金婷　主编

策 划 编 辑:郑　双　程志强

责 任 编 辑:程志强　郑　双

标 准 书 号:ISBN 978-7-301-22529-5/TP·1287

出 版 发 行:北京大学出版社

地　　　址:北京市海淀区成府路 205 号　　100871

网　　　址:http://www.pup.cn　新浪官方微博:@北京大学出版社

电 子 信 箱:pup_6@163.com

电　　　话:邮购部 62752015　发行部 62750672　编辑部 62750667　出版部 62754962

印 刷 者:北京世知印务有限公司

经 销 者:新华书店

　　　　　787 毫米×1092 毫米　16 开本　15.25 印张　348 千字

　　　　　2013 年 6 月第 1 版　2013 年 6 月第 1 次印刷

定　　　价:32.00 元

前　言

可编程逻辑控制器（Programmable Logic Controller，PLC）以其稳定的控制性能、便捷的控制编程方式、较短的开发周期等优点广泛应用于机电工程、石油化工、过程控制、安防工程等各个领域。对可编程逻辑控制器的熟练应用已经成为现代自动化行业工程技术人员必不可少的一项技能。

编者长期从事可编程逻辑控制器原理及应用的课程教学工作，深感实例教学对可编程逻辑控制器原理教学的重要性。目前市场上的大部分可编程逻辑控制器教材一般均采用针对可编程逻辑控制器的工作原理和指令应用进行编写，缺乏可编程逻辑控制器在工程上应用实例的介绍。为此我们编写了这本基于工程实例的可编程逻辑控制器的教材。

本书从可编程逻辑控制器系统常用低压电器的介绍开始，通过工程实例逐步引入可编程逻辑控制器的工作原理和相关指令介绍。内容由浅入深，由直观的功能需求到 PLC 系统的硬件设计和软件编程。可供本、专科院校电气控制、机电工程、计算机控制、自动化等专业学生学习与参考，也可作为职业学校学生及工程技术人员的培训和自学用书。

本书由丁金婷老师主编，夏春林老师、邵威老师、王玉槐老师、史旭华老师、王章权老师和陈乐平老师共同编写。其中第 1、9 章由浙江大学城市学院夏春林老师编写；第 2 章由浙江大学城市学院丁金婷老师编写；第 3 章由浙江大学城市学院邵威老师编写；第 4、5 章由杭州师范大学王玉槐老师编写；第 6、7 章由宁波大学史旭华老师编写；第 8 章由浙江树人大学王章权老师编写。另外，烟台大学陈乐平老师也参加了本书的编写工作。同时感谢浙江大学城市学院实验中心王玉翰和徐垚两位实验员的大力支持。

由于编者水平有限，书中难免有不足之处，恳请广大读者批评指正。

编　者
2013 年 4 月

目　录

4.1.2 顺序功能图 89
4.1.3 有向连线与转换条件 92
4.2 顺序功能图的基本结构 93
4.2.1 单序列 96
4.2.2 选择序列 98
4.2.3 并行序列 99
4.2.4 应用实例 99
本章小结 108
习题 108

第5章 功能指令 111
5.1 数据传送指令 112
5.1.1 单一数据传送指令 112
5.1.2 字节交换指令 112
5.1.3 传送字节立即读、写指令 112
5.2 数学运算指令 112
5.2.1 加法运算和减法运算指令 112
5.2.2 乘法运算指令和除法运算
指令 113
5.2.3 加 1 运算指令和减 1 运算
指令 114
5.3 逻辑运算指令 115
5.4 移位操作指令 116
5.4.1 右移位指令 116
5.4.2 左移位指令 117
5.4.3 循环右移位指令 117
5.4.4 循环左移位指令 117
5.5 数据转换操作指令 118
5.5.1 BCD 码与整数的转换 118
5.5.2 双字整数与实数的转换 118
5.5.3 双整数与整数的转换 119
5.5.4 字节与整数的转换 119
5.5.5 译码、编码指令 119
5.5.6 段码指令 120
5.5.7 ASCII 码转换指令 120
5.6 表操作指令 121
5.7 中断操作指令 125
5.7.1 中断类型 125

5.7.2 中断优先级 126
5.7.3 中断指令 126
5.7.4 中断程序 127
5.8 高速计数器操作指令 130
5.9 高速脉冲指令 131
5.9.1 高速脉冲输出指令 PLS 132
5.9.2 高速脉冲的控制 132
5.9.3 PTO 的使用 132
5.9.4 PWM 的使用 133
5.10 PID 操作指令 133
5.10.1 PID 算法简介 133
5.10.2 PID 回路指令与转换 134
5.10.3 PID 向导的使用 137
5.11 时钟操作指令 138
5.11.1 读时钟指令 138
5.11.2 设定时钟指令 138
5.12 实训二 138
5.12.1 彩灯控制 138
5.12.2 电梯控制 141
本章小结 147
习题 147

第6章 网络通信及应用 149
6.1 S7-200 的通信功能 150
6.1.1 S7-200 的网络通信协议 150
6.1.2 S7-200 的通信功能 152
6.2 S7-200 的串行通信网络 152
6.3 通信操作指令 155
6.4 使用自由端口模式的计算机与
PLC 通信 156
6.5 S7-200 通信模块 157
6.6 文本显示器 158
本章小结 161
习题 161

第7章 PLC 控制系统设计 162
7.1 PLC 控制系统的设计步骤 163
7.1.1 系统分析 164
7.1.2 硬件系统 165

第**1**章

电气控制基础

知识要点

了解电气控制系统中常用的低压电器结构、工作原理；熟悉基本控制回路。

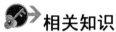
相关知识

电路基础、电动机拖动技术等。

工程应用方向

电气控制技术是机电一体化设备不可或缺的重要组成部分。通过本章的学习，为后续PLC控制相关内容的学习奠定一定的基础。

学习目标

了解电气控制系统中常用的低压电器结构、工作原理，熟悉基本控制回路，为后续PLC系统设计奠定一定的基础。

本章知识结构

(1) 接触器、继电器、配电电器等原理介绍。
(2) 基本电气控制系统回路介绍。

1.1 常用低压电器概述

机电设备除驱动装置(含机械传动、流体传动、电动机拖动等)外，一般均有配套的控制系统。控制系统包含各类电器、传感检测装置、主控制器及附件。其中，对电能的生产、输送、分配和使用起控制、调节、检测、转换及保护作用的电工器械称为电器。工作在交流电压 1200V 或直流电压 1500V 及以下的电路中起通断、保护、控制或调节作用的电器产品称为低压电器。低压电器的种类繁多，功能多样，用途广泛，具体构造及工作原理也各有差异。按用途可分为如下几类：

(1) 控制电器：如接触器、继电器等。

(2) 主令电器：如按钮、行程开关等。

(3) 保护电器：如熔断器、热继电器等。

(4) 配电电器：如低压断路器、隔离器等。

(5) 执行电器：如电磁铁、电磁离合器等。

此外，按原理可分为①依据电磁感应原理工作的电磁式电器，如交直流接触器、各种电磁式继电器等；②依据环境参量变化或外力动作的非电量控制电器，如刀开关、行程开关、按钮、速度继电器、压力继电器、温度继电器等。除上述分类外，也可按自动、手动、有、无触点等进行分类。电气控制系统中常用的部分电器结构、工作原理分述如下。

1.1.1 接触器

接触器是电动机拖动与自动控制系统中一种重要的低压电器，是用来频繁地遥控接通或断开交、直流主电路及大容量控制电路的自动控制电器。在电动机拖动和自动控制系统中，接触器的主要控制对象为各类电动机，也可以用于控制电热设备等其他负载。按主触点通过的电流种类，可以分为交流接触器和直流接触器两大类。

接触器是由电磁系统、触点系统、灭弧装置、复位弹簧等几部分构成的。其中，电磁系统包括可动铁心(衔铁)、静铁心、电磁线圈；触点系统包括用于接通、断开主电路的大电流容量的主触点和用于控制电路的小电流容量的辅助触点；灭弧装置用于迅速切断主触点断开时产生的电弧，以免使主触点烧毛、熔焊，对于容量较大的交流接触器，常采用灭弧栅灭弧。

1) 交流接触器

如图 1-1 所示，当电磁线圈接受指令信号得电后，铁心被磁化为电磁铁，产生电磁吸力，使衔铁吸合，带动触点动作，即动断触点断开、动合触点闭合；当线圈失电后，电磁铁失磁，电磁吸力消失，在弹簧的作用下触点复位。交流接触器线圈的工作电压应为其额定电压的 85%～105%，这样才能保证接触良好。

2) 直流接触器

直流接触器主要用于控制直接电路(主电路、控制电路和励磁电路等)，其组成和工作原理同交流接触器基本相同。直流接触器常用磁吹和纵缝灭弧装置来灭弧。直流接触器的铁心与交流接触器不同，它没有涡流的存在，因此一般用软钢或工程纯铁制成圆形。由于直流接触器的吸引线圈通以直流，所以，没有冲击的启动电流。也不会产生铁心猛烈撞击现象，因此它的寿命长，适用于频繁启动、制动的场合。

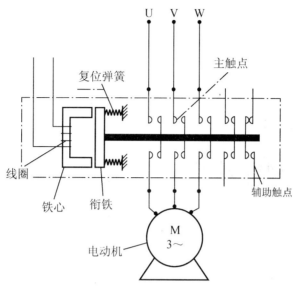

图 1-1 交流接触器工作原理图

3) 智能化接触器

智能化接触器内装有智能化电磁系统，并具有与数据总线和其他设备通信的功能，其本身还具有对运行工况自动识别、控制和执行的能力。智能化接触器由电磁接触器、智能控制模块、辅助触点组、机械联锁机构、报警模块、测量显示模块、通信接口模块等组成，它的核心是微处理器或单片机。

交、直流接触器的选用可根据线路的工作电压和电流查看电器产品目录。电磁接触器的图形符号如图 1-2 所示。

(a) 线圈 (b) 主触点 (c) 辅助触点

图 1-2 接触器图形符号

1.1.2 继电器

继电器是根据一定的信号(如电流、电压、时间和速度等物理量)变化来接通或断开小电流电路的自动控制电器。继电器一般不用于直接控制主电路，而是通过接触器或其他电器来对主电路进行控制。与接触器相比，继电器的触点通常接在控制电路中，触点电流容量较小，一般不需要灭弧装置，但对继电器动作的准确性则要求较高。

继电器一般由 3 个基本部分组成，即检测机构、中间机构和执行机构。检测机构的作用是接受外界输入信号并将信号传递给中间机构；中间机构对信号的变化进行判断、物理量转换、放大等；当输入信号变化到一定值时，执行机构(一般是触头)动作，从而使其所控制的电路状态发生变化，接通或断开某部分电路，达到控制或保护的目的。

继电器种类很多，一般可分为中间继电器、时间继电器、电压继电器、电流继电器、热继电器等。

1) 中间继电器

中间继电器实质上是一种电压继电器，只是它的触点对数较多，容量较大，动作灵敏，主要起扩展控制范围或传递信号的中间转换作用，其外形、符号如图 1-3 所示。

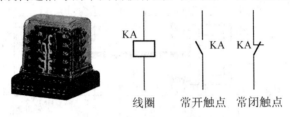

图 1-3　中间继电器外观、符号

2) 时间继电器

时间继电器是从得到输入信号(线圈通电或断电)起，经过一段时间延时后触头才动作的继电器，适用于定时控制。其按工作原理可分为电磁式、空气阻尼式(气囊式)等；按延时方式可分为通电延时型、断电延时型和通/断电延时型等。

以空气阻尼式时间继电器为例，该类时间继电器利用空气通过小孔时产生阻尼的原理来获得延时。它由电磁机构、延时机构和触头系统组成，其动作原理如图 1-4 所示。其电磁机构为双 E 直动式，触头系统为微动开关，延时机构采用气囊式阻尼器。

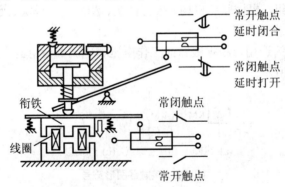

图 1-4　空气阻尼式时间继电器的动作原理图

空气阻尼式时间继电器既有通电延时型，也有断电延时型。只要改变电磁机构的安装方式，便可实现不同的延时方式。

如图 1-4 所示，当线圈通电后，衔铁吸合，两只微动杠杆动作，驱动相应的触点动作。衔铁吸合时，常闭触点断开、常开触点闭合；延时触点的动作受制于活塞上腔的气压变化；衔铁吸合、下行时，活塞上腔产生真空，迟滞其下行速度。调节活塞进气口的开度，可间接调节延时时间。空气阻尼式时间继电器的优点是结构简单、寿命长、价格低；缺点是准确度低、延时误差大、在延时精度要求高的场合不宜采用。

晶体管式时间继电器常用的有阻容式时间继电器，它利用 RC 电路中电容电压不能跃变的特性(只能按指数规律逐渐变化)，通过改变电回路的时间常数即可改变延时时间。因为调节电容比调节电阻困难，所以多用调节电阻的方法来改变延时时间。晶体管式时间继电器具有延时范围广、精度高、体积小及寿命长等优点，但抗干扰性能较差。

时间继电器的电气符号如图 1-5 所示。

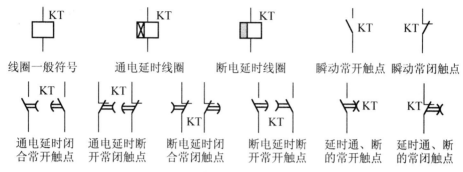

图 1-5　时间继电器的电气符号

3) 固态继电器

固态继电器(Solid State Relays，SSR)是一种新型无触点继电器。固态继电器与机电继电器相比，是一种没有机械运动、不含运动零件的继电器，但它具有与机电继电器本质上相同的功能。固态继电器是一种全部由固态电子元件组成的无触点开关器件，它利用电子元器件的电、磁和光特性来完成输入与输出的可靠隔离，利用大功率晶体管、功率场效应管、单向晶闸管和双向晶闸管等元器件的开关特性，来达到无触点、无火花地接通和断开被控电路。

固态继电器的组成：固态继电器由 3 部分组成，即输入电路、隔离(耦合)电路和输出电路。按输入电压的类别不同，输入电路可分为直流输入电路、交流输入电路和交/直流输入电路 3 种。有些输入控制电路还具有与 TTL/CMOS 兼容、正/负逻辑控制和反相等功能。固态继电器的输入电路与输出电路的隔离和耦合方式有光耦合和变压器耦合两种。固态继电器根据输出电路也可分为直流输出电路、交流输出电路和交/直流输出电路等形式。交流输出时，通常集成了两个晶闸管或一个双向晶闸管，直流输出时可使用双极性器件或功率场效应管。

固态继电器的工作原理：交流固态继电器是一种无触点通/断电子开关，为 4 端有源器件。其中，两个端子为输入控制端，另外两个端子为输出受控端，中间采用光隔离，作为 I/O 之间的电气隔离(浮空)。在输入端加上直流或脉冲信号，输出端就能从阻断状态转变成导通状态(无信号时呈阻断状态)，从而控制较大负载。整个器件无可动部件及触点，可实现同常用的机械式电磁继电器一样的功能。

由于固态继电器是由固体元件组成的无触点开关器件，因此与电磁继电器相比具有工作可靠、寿命长、对外界干扰小、能与逻辑电路兼容、抗干扰能力强、开关速度快和使用方便等一系列优点，因而具有很宽的应用领域，有逐步取代传统电磁继电器之势，并可进一步扩展到传统电磁继电器无法应用的计算机等领域。固态继电器外形如图 1-6 所示。

4) 电流继电器

电流继电器根据输入电流的大小而动作。使用时，电流继电器的线圈和被保护的设备串联，其线圈匝数少而线径粗、阻抗小、分压小，不影响电路正常工作。按用途可分为过电流

图 1-6　固态继电器

继电器和欠电流继电器。线圈通电时，正常状态下其常开、常闭触点不动作。对过电流继电器而言，当主电路电流过大，其触点动作；对欠电流继电器而言，当主电路电流过小，其触点动作。

5) 电压继电器

电压继电器根据输入电压的大小而动作。使用时，电压继电器的线圈与负载并联，其线圈匝数多而线径细。电压继电器可分为过电压继电器(过电压保护)、欠电压继电器(欠电压保护)、零电压继电器(零电压保护)。

6) 热继电器

热继电器是一种利用电流的热效应来断开电路的保护电器，专门用来对连续运转的电动机进行过载及断相保护，以防电动机过热而烧毁。

1.1.3　主令电器

主令电器是电气控制中用于发送或转换控制指令的电器，按作用可分为按钮开关、位置开关、万能转换开关等。

1) 按钮开关

按钮开关是一种短时接通或断开小电流电路的电器，它不直接控制主电路的通断，而是在控制电路中发出手动"指令"去控制接触器、继电器等电器，再由它们去控制主电路，故称为"主令电器"。按钮开关的种类很多，在结构上有紧急式、钥匙式、旋钮式、带灯式和打碎玻璃式。其中，打碎玻璃按钮用于控制消防水泵或报警系统，有紧急情况时，可用敲击锤打碎按钮玻璃，使按钮内触点状态翻转复位，发出启动或报警信号。

按钮开关一般由按钮帽、复位弹簧、固定触点、可动触点、外壳和支柱连杆等组成，如图 1-7 所示。

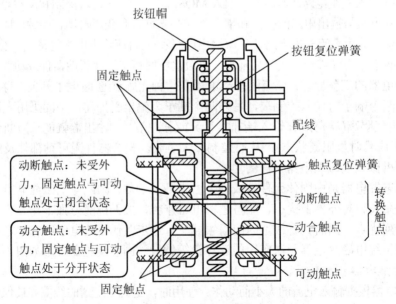

图 1-7　按钮开关结构

动合触点是指在原始状态时(电器未受外力或线圈未通电)，固定触点与可动触点处于断开状态的触点。

动断触点是指在原始状态时(电器未受外力或线圈未通电)，固定触点与可动触点处于闭合状态的触点。

动合按钮开关未被按下时，触点是断开的；按下时其触点闭合接通；当松开后，按钮开关在复位弹簧的作用下复位断开。在控制电路中，动合按钮开关常用于启动电动机，也称为启动按钮。动断按钮开关与动合按钮开关相反，未按下时，触点是闭合的；按下时触点断开；当松开后，按钮开关在复位弹簧的作用下复位闭合。动断按钮开关常用于控制电动机停车，也称为停车按钮。

复合按钮开关是将动合与动断按钮开关组合为一体的按钮开关，即具有动断触点和动合触点。未按下时，动断触点是闭合的，动合触点是断开的；按下按钮时，动断触点首先断开，动合触点后闭合，复合按钮用于联锁控制电路中。

常用按钮开关的外观如图 1-8 所示，按钮开关符号如图 1-9 所示。

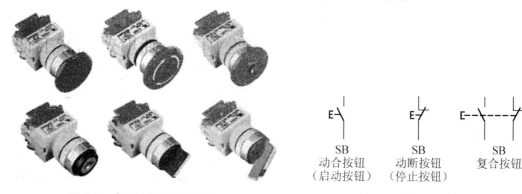

图 1-8　常用按钮开关的外观　　　　　图 1-9　按钮开关符号

2) 位置开关

位置开关又称限位开关，是一种常用的小电流主令电器。在电气控制系统中，位置开关的作用是实现顺序控制、定位控制和位置状态的检测。它可以分为两类：一类为以机械直接接触驱动作为输入信号的行程开关和微动开关；另一类为以电磁信号(非接触式)作为输入动作信号的接近开关。

(1) 行程开关是利用生产机械运动部件的碰撞使其触点动作来实现接通或断开控制电路，达到一定的控制目的。通常，这类开关被用来限制机械运动的位置或行程，使运动机械按一定位置或行程自动停止、反向运动、变速运动或自动往返运动等。行程开关由操作头、触点系统和外壳组成，按其结构，可分为直动式(按钮式)、滚动式(旋转式)、微动式和组合式。行程开关的外形和符号如图 1-10 所示。

(2) 接近开关又称无触点行程开关，它不仅能代替有触点行程开关来完成行程控制和限位保护，还可用于高速计数、测速、液面控制、零件尺寸检测和加工程序的自动衔接等。

由于它具有非接触式触发、动作速度快、可在不同的检测距离内动作、发出的信号稳定无脉动、工作稳定可靠、寿命长、重复定位精度高及能适应恶劣的工作环境等特点，所以在机床、纺织、印刷、塑料等工业生产中应用广泛。

接近开关按工作原理来分，主要有高频振荡式、霍尔式、超声波式、电容式、差动线圈式和永磁式等，其中高频振荡式最为常用。

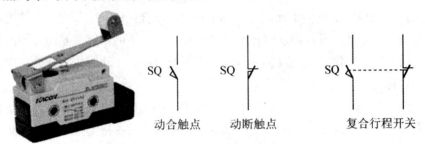

动合触点　　　动断触点　　　　复合行程开关

图 1-10　行程开关的外形和符号

1.2　配 电 电 器

低压配电电器是指在正常或事故状态下，接通或者断开用电设备和供电电网所用的电器，广泛应用于电力配电系统，以实现电能的输送和分配及系统的保护。

1.2.1　低压开关

低压开关主要用于隔离、转换及接通和断开电路，主要类型有刀开关、转换开关、低压断路器等，可以用于机床电路电源开关、局部照明电路的控制或者小容量电动机的控制。

1) 刀开关

刀开关又称闸刀，一般用于不需要经常断开与接通的交、直流低压电路中。在机床中，刀开关主要用作电源开关，一般不用来开断电动机的工作电流。

刀开关分单极、双极和三极，常用的三极刀开关允许长期通过电流有 100A、200A、400A、600A 和 1000A 五种。目前生产的产品有 HD(单极)和 HS(双极)等系列。负荷开关是由有快断刀极的刀开关与熔断器组成的铁壳开关，常用来控制小容量的电动机的不频繁启动和停止，常用型号有 HH4 系列。

刀开关的符号表示如图 1-11 所示，刀开关的选择应根据工作电流和电压来选择。

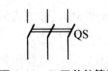

图 1-11　刀开关的符号

2) 组合开关

在小电流的情况下，常用组合开关(又称转换开关)实现线路的接通、断开和换接控制。图 1-12 所示是一种盒式转换开关结构示意图，它有许多对动触片，中间以绝缘材料隔开，常用型号有 HZ5、HZ10 系列等。

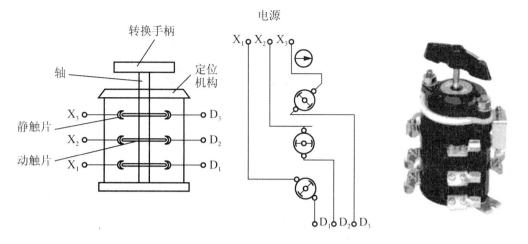

图 1-12　盒式转换开关结构示意图

1.2.2　低压断路器

低压断路器俗称自动空气开关，是低压配电网中的主要电器开关之一，可以接通和断开正常负载电流、电动机工作电流和过载电流，也可接通和断开短路电流。在不频繁操作的低压配电电路或开关柜中作为电源开关使用，并对电路、电气设备及电动机等实行保护，应用十分广泛。

低压断路器主要由触点系统、灭弧装置、保护装置、操作机构等组成；其工作原理如图 1-13 所示。图 1-13 中低压断路器的 3 副主触点串联在被保护的三相主电路中，由于搭钩勾住了弹簧，使主触点保持闭合状态。当电路正常工作时，电磁脱扣器中线圈所产生的吸力不能将它的衔铁吸合。当电路发生断路时，电磁脱扣器的吸力增加，将衔铁吸合，并撞击杠杆，把搭钩顶上去，在弹簧的作用下断开主触点，实现了短路保护。当电路上电压下降或失去电压时，欠电压脱钩器的吸力减少或失去吸力，衔铁被弹簧拉开，撞击杠杆，把搭钩顶开，断开主触点，实现过载保护。

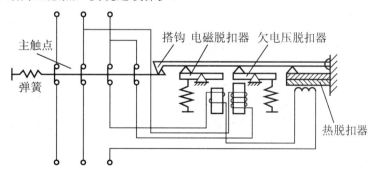

图 1-13　低压断路器的工作原理

低压断路器外形与符号如图 1-14 所示。

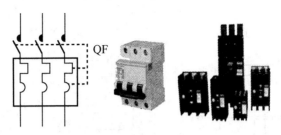

图 1-14　低压断路器符号与外形

1.2.3　熔断器

熔断器是一种当电流超过规定值一定时间后，以它本身产生的热量使熔体熔化而断开电路的电器。它广泛应用于低压配电系统和控制系统及用电设备中，起短路和过电流保护作用。熔断器与其他开关电器组合可构成各种熔断器组合电器，如熔断器式隔离器、熔断器式刀开关、隔离器熔断器组和负荷开关等。熔断器的符号与外形如图 1-15 所示。

图 1-15　熔断器的符号和外形

1.3　电气控制电路基础

电气控制电路是指将各种有触点的按钮、继电器、接触器等低压电器，用导线按一定的要求和方法连接起来，并能实现特定功能的电路。

为了表达生产机械电气控制电路的结构、原理等设计意图，同时也便于进行电器元件的安装、调整、使用和维修，需要将电气控制电路中各种电器元件及其连接用规定的图形表达出来，这种图就是电气控制电路图。电气控制电路图有电气原理图、电气元件布置图、电气安装接线图 3 种。

1.3.1　电气控制线路的绘制原则、图形及文字符号

电气控制电路图是工程技术的通用语言，为了便于交流与沟通，在绘制电气控制电路图时，电器元件的图形、文字符号必须符合国家标准。国家标准局参照国际电工委员会(IEC)颁布的有关文件，制定了与我国电气设备有关国家标准。电气控制电路中的图形符号、文字符号必须符合最新的国家标准。

1) 电气原理图

为了便于阅读与分析控制线路，根据简单、清晰、易懂的原则，电气原理图采用电器元件展开的形式绘制而成。图中包括所有电器元件的导电部件和接线端点，并不按照电气元件的实际位置来绘制，也不反映电气元件的形状和大小。由于电气原理图具有结构简单、

层次分明，便于研究和分析线路的工作原理等优点，所以无论在设计部门或生产现场都得到了广泛的应用。

电气控制电路一般由主回路和控制回路两大部分组成，通常将主回路和控制回路分开绘制。控制回路的电源线可分列两边或上下，各控制支路基本上按照电器元件的动作顺序由上而下或从左至右地绘制。各个电器的不同部分(如接触器的线圈和触头等)并不按照它的实际布置情况绘制在电路中，而是采用同一电器的各个部分分别绘制在它们完成作用的地方。在原理图中，各种电器的图形符号、文字符号均按规定绘制和标写，同一电器的不同部分用同一符号表示。如果在一个控制系统中，同一种电器(如接触器)同时使用多个，其文字符号的表示方法为在规定文字符号前或后加字母或数字以示区别。

因为各个电器在不同的工作阶段有不同的动作，触点时闭时开，而在原理图中只能表示一种情况，因此，规定在原理图中所有电器的触点均表示正常位置，即各种电器在线圈没有通电或没有使用外力时的位置。

2) 电器元件布置图

电器元件布置图主要是用来表明电气设备上所有电器元件的实际位置，并为生产机械电气控制设备的制造、安装、维修提供依据。

3) 电气安装接线图

电气安装接线图是按照电器元件的实际位置和实际接线绘制的，是根据电器元件布置最合理、连接导线最经济等原则来设计的。它为安装电气设备、电器元件之间进行配线及检修电气故障等提供了依据。对于某些较为复杂的电气设备，电器安装板上元件较多时，还可绘出安装板的接线图。对于简单设备，仅绘出接线图即可。在实际工作中，接线图常与电气原理图结合使用。

1.3.2　基本控制回路

1) 异步电动机的启动控制

由于三相笼型异步电动机具有结构简单、价格便宜、坚固耐用等优点而获得广泛的应用。电动机通电后由静止状态逐渐加速到稳定运行状态的过程称为电动机的启动，三相异步电动机有全压(直接)启动和降压启动两种方式。全压启动是一种简单、可靠、经济的启动方法，但由于全压启动时电动机器启动电流为额定电流的 4～7 倍，过大的启动电流一方面会造成电网电压显著下降，直接影响在同一电网工作的其他电动机及用电设备的正常运行；另一方面电动机频繁启动会严重发热，加速绕组老化，缩短电动机的寿命，所以全压启动电动机的容量受到一定的限制。

刀开关全压启动控制电路如图 1-16 所示。在三相交流电源和电动机之间只用刀开关或断路器手动控制电动机的启动和停止，适用于小容量、启停不频繁的电动机，如小型台钻、砂轮机等，电路中的熔断器起短路保护作用。在启动、停车频繁的场合，使用这种手动控制方法不方便也不安全，必须到现场操作，劳动强度大，不能在远距离进行控制，因此目前广泛采用按钮、接触器等电器来控制电动机的运转。

图 1-17 所示为采用接触器、按钮等器件的点动控制回路。当 SB 按下时，线圈 KM 通电，触点 KM 闭合，电动机转动；当 SB 松开时，线圈 KM 失电，触点 KM 断开，电动机停转。

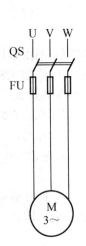

图 1-16　刀开关直接启动控制电路

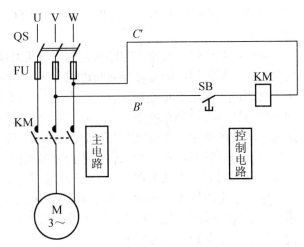

图 1-17　点动控制回路

2) 电动机点动、连续运行控制

图 1-18 所示为点动、连续运行控制回路。其中，SB 实现点动控制，SB2 实现连续运行控制；FR 为热保护继电器，中间继电器 KA 实现点动与连续运行操作之间的互锁。

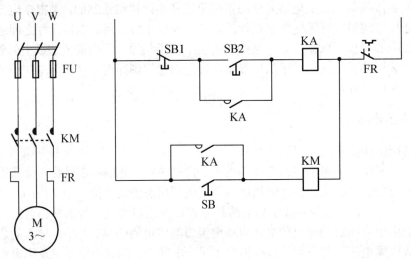

图 1-18　点动、连续控制回路

3) 电动机的正、反转控制

电动机在实际生产应用中，常常会要求设备能够实现可逆运转，如电梯升降、工作台前进与后退，主轴的正转和反转，吊钩的上升与下降等。这就要求电动机可以正反向工作。由三相异步电动机转动原理可知，若将接至电动机的三相电源进线中的任意两相对调，即可使电动机反转，所以可逆运行控制电路实质上是两个方向相反的单向运行电路，如图 1-19 所示。图 1-19 中，KMR、KMF 的动断触点为互锁触点，实现正转时 SBR 不起作用、反转时 SBF 不起作用。此外，为提高可靠性，可利用复合按钮实现机械互锁，其控制电路如图 1-20 所示。

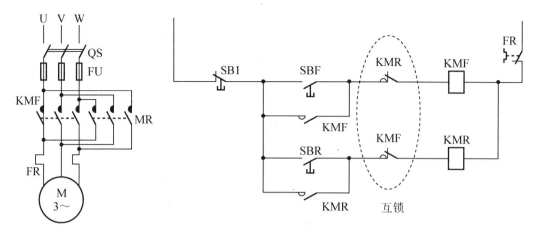

图 1-19　带互锁的正反转控制

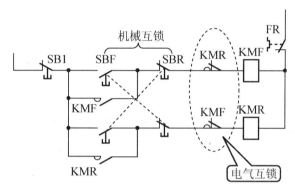

图 1-20　双重互锁的正反转控制回路

4) 电动机的 Y-△ 转换控制

容量小的电动机才允许采取全压启动，容量较大的笼型异步电动机因启动电流较大，一般采用降压启动方式。降压启动是指利用启动设备将电压适当降低后加到电动机的定子绕组上进行启动，待电动机启动运转后，再使其电压恢复到额定值正常运转，由于电流随电压的降低而减小，所以降压启动达到了减小启动电流的目的。由于电动机转矩和电压的平方成正比，所以降压启动导致电动机启动转矩大大降低，因此，降压启动需要在空载或轻载下启动。常见的降压启动的方法有定子绕组串电阻(电抗)降压启动、自耦变压器降压启动、星形-三角形降压启动和使用软启动器等。

Y-△ 降压启动是指电动机启动时，把定子绕组接成星形，以降低启动电压，限制启动电流；待电动机启动后，再把电子绕组改接成三角形，使电动机全压运行，如图 1-21 所示。只有正常运行时定子绕组作三角形连接的异步电动机才可采用这种降压启动方法。

转换过程：SB2 按下，KM 线圈得电，接通主电路；KM-Y 线圈得电，KM-△ 线圈失电；定时继电器 KT 启动延时；延时时间到，则 KM-Y 线圈失电，KM-△ 线圈得电，KT 线圈失电，完成转换。

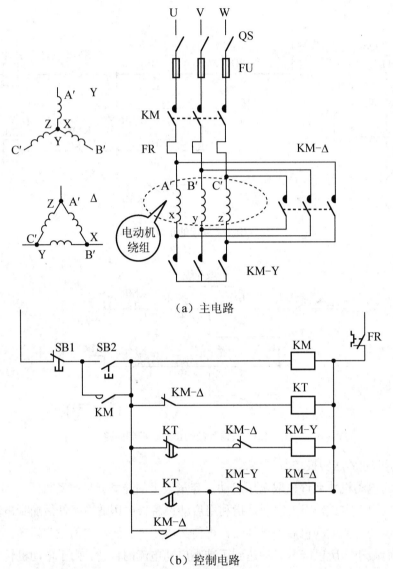

（a）主电路

（b）控制电路

图 1-21　Y-△转换控制

5）电动机的顺序控制

如图 1-22 所示，可实现两台电动机的顺序控制。当 SB2 按下后，线圈 KM1 得电、电动机 M1 启动；同时，KT 启动延时；延时时间到，线圈 KM2 得电、电动机 M2 启动。

6）电动机的行程控制

如图 1-23 所示，在行程的左、右端点处设置行程开关，可实现行车的行程控制。当 SB2 按下后，行车正向运行；运行至右端时 STA 被撞开，行车停止。当 SB3 按下后，反向运行至左端点，STB 被撞开后行车停止。其中，常闭触点 KMF、KMR 实现电气互锁。

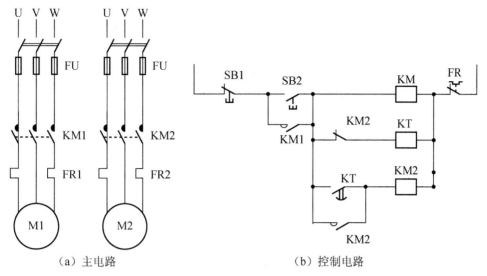

（a）主电路　　　　　　　　（b）控制电路

图 1-22　顺序控制回路

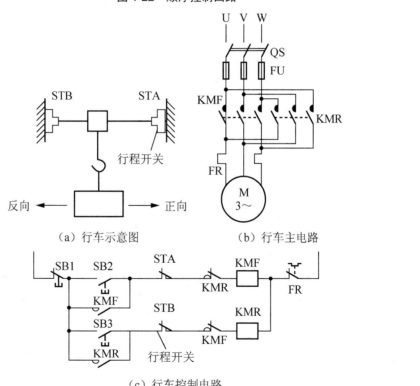

（a）行车示意图　　　　　（b）行车主电路

（c）行车控制电路

图 1-23　行程控制

本 章 小 结

本章简要介绍了电气控制系统中常用的低压电器基本原理、图形和符号，以及电动机控制等基本回路，为后续 PLC 系统设计、编程奠定了必要基础。

习　　题

1-1　接触器的作用是什么？如何从结构上区分交流接触器和直流接触器？

1-2　交流接触器和直流接触器能否互换使用？为什么？

1-3　两个交流接触器线圈是否可以串联使用？为什么？

1-4　电压继电器和电流继电器在电路中的作用是什么？在电路中如何连接？

1-5　时间继电器和中间继电器在电路中的作用是什么？时间是如何整定的？

1-6　熔断器的额定电流、熔体的额定电流、极限断开电流有何区别？

1-7　热继电器在电路中起什么作用？若电路中既装有熔断器，又装有热继电器，它们各起什么作用？能否互换使用？

1-8　低压断路器在电路中的作用是什么？有什么保护功能？

1-9　按钮和行程开关的异同点是什么？

1-10　查询常用电器产品样本，熟悉它们的规格、型号、适用场合。

1-11　复习直流电动机、三相交流电动机、步进电动机、伺服电动机的结构和工作原理。

1-12　设计 3 台电动机顺序控制电路，需设置热保护、电气互锁功能。

1-13　试设计某机床主电动机控制线路图，要求：

(1) 可正反转；

(2) 正向可点动；

(3) 两处起停；

(4) 有短路保护和过载保护。

1-14　设计一个工作台前进后退控制线路。工作台由电动机 M 带动，行程开关 ST1、ST2、分别装在终点和原点。要求：前进到终点后停顿一下再后退到原点停止；前进过程中能立即后退到原点。(画出主、控制电路，并用文字简单说明)

1-15　设计一个控制电路，要求第一台电动机启动 10s 后，第二台电动机自行启动，运行 10s 后，第一台电动机停止运行并同时使第三台电动机自行启动，再运行 15s 后，电动机全部停止运行。

1-16　某台机床主轴和润滑油泵各由一台电动机带动。要求主轴必须在油泵启动后才能启动，主轴能正/反转并能单独停车，设有短路、失电压及过载保护等。绘出电气控制原理图。

1-17　设计两台笼型电动机 M1、M2 的顺序启动/停止的控制电路，要求如下：

(1) M1、M2 能循序启动，并能同时或分别停止。

(2) M1 启动后 M2 启动，M1 可点动，M2 单独停止。

第 **2** 章

PLC 技术基础

知识要点

了解 PLC 的工作原理、S7-200 系列的软硬件基础及相关编程软件的使用。

相关知识

可编程控制器技术、编程语言等。

工程应用方向

PLC 的应用。

学习目标

了解 PLC 的工作原理及相关的软硬件基础,学习 STEP7-Micro/WIN32 编程软件的使用。

本章知识结构

(1) PLC 的工作原理与系统的基本软硬件基础。

(2) S7-200 系列的 PLC 基础以及编程基础。

(3) STEP7-Micro/WIN32 编程软件的使用。

2.1 PLC 的工作原理与系统组成

可编程控制器(Programmable Controller)是在继电器控制和计算机控制的基础上开发出来的，并逐渐发展成以微处理器为核心，综合了计算机技术、自动控制技术和通信技术等现代科技而发展起来的一种新型工业自动控制装置，是将计算机技术应用于工业控制领域的新产品。早期的可编程控制器主要用于代替继电器实现逻辑控制，因此称为可编程逻辑控制器(Programmable Logic Controller，PLC)。随着科技的发展，现代可编程控制的功能已经超过了逻辑控制的范围，适应命令的工作方式有所不同，在时序上，可编程控制器指令的串行工作方式与继电器—接触器逻辑判断的并行工作方式也不同。

2.1.1 PLC 的基本结构

PLC 种类繁多，但其组成结构和工作原理基本相同。PLC 采用了典型的计算机结构，主要由 CPU、存储器、I/O 模块(又称输入/输出单元)、电源等主要部件组成，如图 2-1 所示。

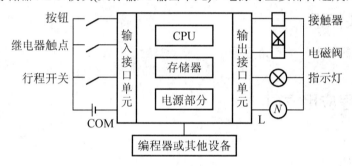

图 2-1 PLC 的基本结构

1. 中央处理单元

中央处理单元(CPU)一般由控制器、运算器和寄存器组成，这些电路都集成在一个芯片内，是 PLC 的核心部件。它按 PLC 中系统程序赋予的功能控制 PLC 有条不紊地进行工作。CPU 主要任务是如下：

(1) 接收、存储由编程工具输入的用户程序和数据。

(2) 用扫描方式通过 I/O 接口接收现场信号的状态或数据，并存入输入映像寄存器或数据存储器中。

(3) 诊断 PLC 内部电路的工作故障和编程中的语法错误等。

(4) PLC 进入运行状态后，从存储器逐条读取用户指令，经过命令解释后按指令规定的任务进行数据传送、逻辑或算术运算等。

(5) 根据运算结果更新有关标志位的状态和输出映像寄存器的内容，再经输出部件实现输出控制、制表打印或数据通信等功能。

2. 存储器

PLC 的存储器包括系统存储器和用户存储器两部分。

1) 系统存储器

系统存储器用来存放由 PLC 生产厂家编写的程序,并固化在 ROM 内,用户不能更改。它使 PLC 具有基本功能, 能够完成 PLC 设计者规定的各项工作。系统程序的内容主要包括系统管理程序、用户指令解释程序、标准程序模块与系统调用管理程序。

2) 用户存储器

用户存储器包括用户程序存储器和用户数据存储器两部分。用户程序存储器用来存放用户针对具体控制任务,用规定的 PLC 编程语言编写的应用程序。用户程序存储器根据所选的存储器单元类型的不同,可以是 RAM、EPROM 或 E^2PROM 存储器,其内容可以由用户任意修改和删除。用户数据存储器可以用来存放用户程序中使用器件的 ON/OFF 状态、数值和数据等。用户存储器的大小关系到用户程序容量大小,是反映 PLC 性能的重要指标之一。

PLC 使用的用户存储器类型有 3 种。

(1) 随机存取存储器(RAM)。用户可以用编程装置读出 RAM 中的内容,也可以将用户程序写入 RAM,因此 RAM 又称读/写存储器。它是易失性的存储器,电源中断后,其储存的信息将会丢失。RAM 的工作速度高,价格便宜,改写方便。在断开可编程控制器的外部电源后,可用锂电池保存 RAM 中的用户程序和某些数据。锂电池可用 2～5 年,需要更换锂电池时,由 PLC 发出信号通知用户。现在大部分 PLC 已不用锂电池来完成断电保护功能了。

(2) 只读存储器(ROM)。ROM 的内容只能读出,不能写入。它是非易失性的,电源消失后,其仍能保存储存的内容。ROM 一般用来存放可编程控制器的系统程序。

(3) 可电擦除可编程的只读存储器(EPROM 或 E^2PROM)。它是非易失性的,但是可以用编程装置对其编程,兼有 ROM 的非易失性和 RAM 的随机存取优点,但是信息写入所需的时间比 RAM 长得多。E^2PROM 用来存入用户程序和需长期保存的重要数据。

3. 输入/输出接口模块

输入/输出接口模块包括两部分:一部分是与被控设备相连接的接口电路;另一部分是输入和输出的映像寄存器。输入接口模块接收和采集两种类型的输入信号,一类是开关量输入信号,如按钮、选择开关、行程开关、继电器触点、接近开关、光电开关等;另一类是模拟量输入信号,如电位器、测速发电机和各种变送器的信号。输入接口电路将这些信号转换成 CPU 能够识别和处理的信号,并存到输入映像寄存器中。运行时 CPU 从输入映像寄存器读取输入信号并结合其他元器件的最新信息,按照用户程序进行计算,将有关输出的最新计算结果存到输出映像寄存器中。输出映像寄存器由输出点相对应的触发器组成,输出接口电路将其弱电控制信号转换成现场需要的强电信号输出,以驱动电磁阀、接触器、指示灯、调节阀(模拟量)、调速装置(模拟量)等被控设备的执行元件。

4. 电源

PLC 一般使用220V 交流电源或24V 直流电源,内部的开关电源为 PLC 的中央处理器、存储器等电路提供 5V、12V、24V 等直流电源,整体式小型 PLC 还提供一定容量的直流24V 电源,供外部传感器(如接近开关)等使用。

5. 扩展接口

扩展接口用于将扩展单元或功能模块与基本单元相连,使 PLC 的配置更加灵活。

6. 通信接口

为了实现"人-机"或"机-机"之间的对话，PLC 配置有多种通信接口。PLC 通过这些通信接口可以与触摸屏、打印机等相连，提供方便的人机交互途径；也可以与其他 PLC、计算机及现场总线网络相连，组成多机系统或工业网络控制系统。

7. 智能模块

为了满足更加复杂的控制功能的需要，PLC 配有多种智能模块。如满足位置调节需要的位置闭环控制模块，对高速脉冲进行计数和处理的高速计数模块等，这类智能模块都有自己的处理器系统。

8. 编程设备

过去的编程设备一般是编程器，其功能仅限于用户程序的读写和调试。现在 PLC 生产厂家不再提供编程器，取而代之是给用户配置在 PC 上运行的基于 Windows 的编程软件。使用编程软件可以在屏幕上直接生成和编辑梯形图、语句表、功能块图和顺序功能图程序，并可以实现不同编程语言的相互转换。程序被编译后下载到 PLC，也可以将 PLC 中的程序上传到计算机。程序可以保存和打印，通过网络还可以实现远程编程和传送。其实时调试功能非常强大，不仅能监视 PLC 运行过程中的各种参数和程序执行情况，还能进行智能化的故障诊断。

9. 其他部件

PLC 还配有存储器卡、电池卡等其他外部设备。

2.1.2 PLC 的工作原理

PLC 是一种工业控制计算机，它的工作原理是建立在计算机工作原理基础之上的，即通过执行反映控制要求的用户程序来实现，CPU 是以分时段的方式来处理各项任务的，计算机在每一瞬间只能做一件事，程序的执行是按程序顺序依次完成相应各电器的动作，所以 PLC 属于串行工作方式。

PLC 工作的全过程可用图 2-2 所示的运行框图来表示。整个过程可分为 3 部分。

第 1 部分是加电处理。机器加电后对 PLC 系统进行一次初始化，包括硬件初始化、I/O 模块配置检查、停电保持范围设定、系统通信参数配置及其他初始化处理等。

第 2 部分是扫描过程。PLC 加电处理阶段完成以后进入扫描工作过程。先完成输入处理，其次完成与其他外设的通信处理，再次进行时钟、特殊寄存器更新。当 PLC 处于 STOP 方式时，转入执行自诊断检查。当 PLC 处于 RUN 方式时，还要完成用户程序的执行和输出处理，再转入执行自诊断检查。

第 3 部分是出错处理。PLC 每扫描一次，就执行一次自诊断检查，确定 PLC 自身的动作是否正常，如 CPU、电池电量、程序存储器、I/O 和通信等是否异常或出错。如果检查出异常时，CPU 面板上的 LED 及异常继电器会接通。在特殊寄存器中会存入出错代码；当出现致命错误时，CPU 被强制为 STOP 方式，所有的扫描便停止。

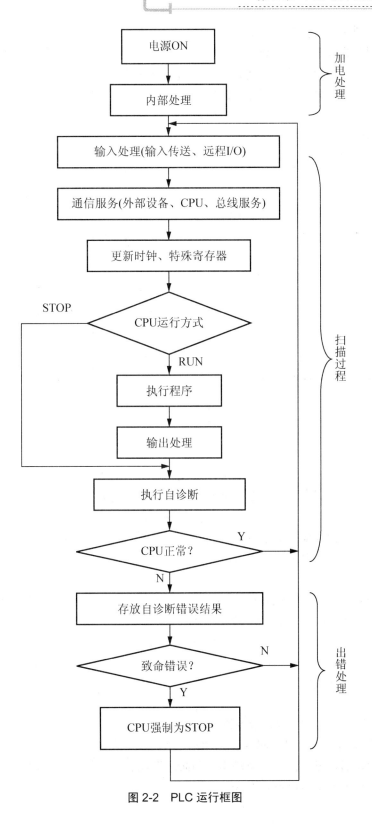

图 2-2　PLC 运行框图

PLC 是按图 2-2 所示的运行框图工作的。当 PLC 处于正常运行时,它将不断重复图 2-2 中的扫描过程,不断循环扫描地工作下去。分析上述扫描过程,如果对远程 I/O 特殊模块、更新时钟和其他通信服务等暂不考虑,扫描过程就只剩下"输入采样"、"程序执行"、"输出刷新" 3 个阶段。这 3 个阶段是 PLC 工作过程的核心内容,也是 PLC 工作原理的实质所在。下面对这 3 个阶段进行详细的分析,PLC 典型扫描周期如图 2-3 所示(不考虑立即输入、立即输出的情况)。

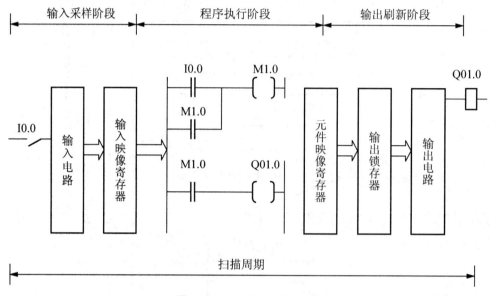

图 2-3　PLC 扫描工作过程

(1) 输入采样阶段。PLC 在输入采样阶段,首先扫描所有输入端子,并将各输入状态存入相应的输入映像寄存器中,此时输入映像寄存器被刷新。接着系统进入程序执行阶段,在程序输出刷新阶段,输入映像寄存器与外界隔离,无论输入信号如何变化,其内容保持不变,直到下一个扫描周期的输入采样阶段,才重新写入输入端的新内容。所以,一般来说,输入信号的宽度要大于一个扫描周期,或者说输入信号的频率不能太高,否则很可能造成信号的丢失。

(2) 程序执行阶段。进入程序执行阶段后,一般来说(因为还有子程序和中断程序的情况),PLC 按从左到右、从上到下的步骤顺序执行程序。当指令中涉及输入、输出状态时,PLC 就从输入映像寄存器中"读入"上个阶段采入的对应输入端子状态,从元件映像寄存器"读入"对应元件(软继电器)的当前状态,然后进行相应的运算,最新的运算结果马上再存入到相应的元件映像寄存器中。对元件映像寄存器来说,每一个元件的状态会随着程序执行过程而刷新。

(3) 输出刷新阶段。在所有指令执行完毕后,元件映像寄存器中所有输出继电器的状态(ON/OFF)在输出刷新阶段一起转存到输出锁存器中,通过一定方式集中输出,最后经过输出端子驱动外部负载。在下一个输出刷新阶段开始之前,输出锁存器的状态不会改变,从而相应输出端子的状态也不会改变。

PLC 在 RUN 工作模式时，扫描一次操作所需的时间称为扫描周期，其典型值为 1～ 100ms。

概括而言，PLC 是按集中输入、集中输出、不断循环的顺序扫描方式工作的。每一次扫描所用的时间称为扫描周期或工作周期。PLC 正常运行时，扫描周期的长短与 CPU 的运算速度、I/O 点的情况、用户应用程序的长短及编程情况等有关。不同指令其执行时间是不同的，从零点几微秒到上百微秒不等，故选用不同指令所用的扫描时间将会不同。

输入、输出滞后时间又称系统响应时间，是指 PLC 的外部输入信号发生变化的时刻至它控制的有关外部输出信号发生变化的时刻之间的时间间隔。输入模块的 RC 滤波电路消除输入端引入的干扰，消除因外接输入触点动作所产生的抖动引起的不良影响，滤波电路的时间常数决定了输入滤波时间的长短，其典型值为 10ms。输出模块的滞后时间与模块的类型有关，继电器型输出电路的滞后时间一般在 10ms 左右；双向晶闸管型输出电路在负载通电时的滞后时间约为 1ms；负载由通电到断电时的最大滞后时间为 10ms；晶体管型输出电路的滞后时间一般在 1ms 以下。由扫描工作方式引起的滞后时间最长可达两个多扫描周期。PLC 总的响应延迟时间一般只有数十毫秒，对于一般的控制系统是无关紧要的，对于少数高速控制系统就需要选用扫描时间短的 PLC，或采用其他相关软硬件措施。

2.1.3　PLC 的硬件基础

I/O 模块(I/O 单元)是外部设备与 PLC 连接的桥梁，I/O 模块通常可以实现电平转换、输出驱动、A/D 转换、D/A 转换、串/并行转换等功能。下面介绍几种常用的 I/O 模块并说明其工作原理。

1. PLC 的输入接口模块

1) 开关量输入接口

PLC 的开关量输入接口按照输入端电源种类的不同，分为直流输入接口单元和交流输入接口单元。

直流输入接口外接直流电源，电路如图 2-4 所示。虚线框内为 PLC 内部输入电路，框外左侧为外部用户接线，图 2-4 中只画出了对于一个输入点的输入电路，各个输入点对应的输入电路均相同。

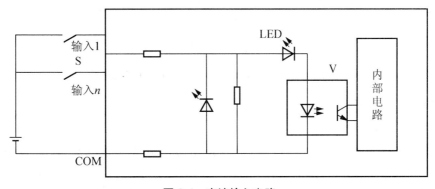

图 2-4　直流输入电路

图 2-4 中，V 为光耦合器，由发光二极管和光电晶体管组成，可以防止强电信号干扰起到隔离作用。其工作原理如下：当 S 闭合时，输入 LED 指示灯点亮，指示该点的输入状态；光耦合器 V 的输入发光二极管发光，经光耦合，光电晶体管导通，使内部电路对应的输入映像寄存器置"1"。当 S 断开时，输入 LED 指示灯不发光；光耦合器 V 不导通，使内部电路对应的输入映像寄存器置"0"。

交流输入接口外接交流电源，电路如图 2-5 所示。其光耦合器中有两个反向并联的发光二极管，故可以接收外部交流输入电压，其工作原理与直流输入单元基本相同。

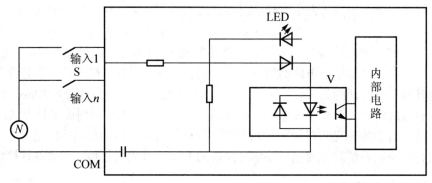

图 2-5　交流输入电路

2) 模拟量输入接口

模拟量输入接口的作用是把现场连续变化的模拟量标准信号转换成 PLC 能处理的若干位二进制数字信号。工业现场中模拟量信号的变化范围一般是不标准的，在送入模拟量单元时需经变送器变送处理才能使用。图 2-6 是模拟量输入接口单元的内部电路框图。模拟量信号输入后一般经运算放大器放大后进行 A/D 转换，再经光电耦合后，为 PLC 提供一定位数的数字量信号。

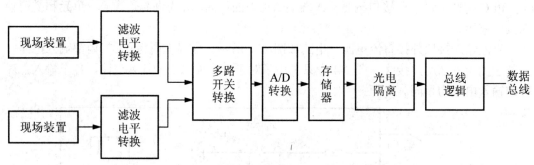

图 2-6　模拟量输入接口单元的内部电路框图

2. PLC 的输出接口模块

1) 开关量输出接口

PLC 的开关量输出接口电路按输出电路所用的开关器件的不同，可分为继电器输出型、晶体管输出型和晶闸管输出型。

在继电器输出电路中，采用的开关器件是继电器。电路如图 2-7(a)所示，点划线框内为 PLC 内部输出电路，框外右侧为外部用户接线。图 2-7(a)中只画出对应于一个输出点的输出电路，各个输出点所对应的输出电路均相同。其工作原理如下：当对应该路的输出锁存器状态为"1"时，输出 LED 指示灯点亮，指示该点的输出状态，小型直流继电器 K 得电吸合，其动合触点闭合，负载得电；当对应的输出锁存器状态为"0"时，LED 指示灯灭，K 线圈失电，其动合触点断开，负载失电。

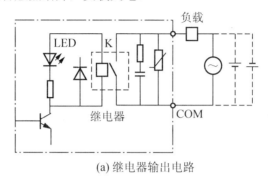

(a) 继电器输出电路

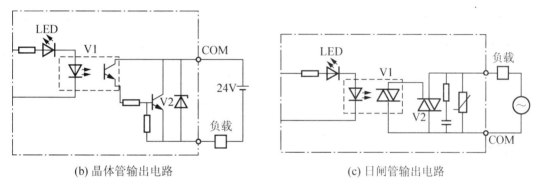

(b) 晶体管输出电路　　　　　　　　(c) 日闸管输出电路

图 2-7 开关量输出单元电路

在晶体管输出电路中，采用的开关器件是晶体管。电路如图 2-7(b)所示。其工作原理如下：当对应的输出锁存器状态为"1"时，输出 LED 指示灯点亮，光耦合器 V1 导通，输出晶体管 V2 饱和导通，负载得电。当对应该路的输出锁存器状态为"0"时，LED 指示灯灭，光耦合器 V1 截止，输出晶体管 V2 截止，负载失电。

在晶闸管输出电路中，采用的开关器件是双向晶闸管。电路如图 2-7(c)所示。其工作原理如下：当对应该路的输出锁存器状态为"1"时，输出 LED 指示灯点亮，光控双向晶闸管 V1 导通，输出双向晶闸管 VZ 导通，负载得电；当对应该路的输出锁存器状态为"0"时，LED 指示灯灭，光控双向晶闸管 V1 截止，输出双向晶闸管 V2 截止，负载失电。

继电器输出类型的 PLC 最为常用，其输出接口可使用交流和直流两种电源。但输出信号的通断频率不能太高；晶体管输出类型的 PLC，其输出接口的通断频率高，适合在运动控制系统(控制步进电动机等)中使用，但只能使用直流电源；晶闸管输出类型的 PLC，也适合对输出接口的通断频率要求较高的场合，但使用电源为交流电。具体选用哪一种输出类型的 PLC 应根据负载的实际需要选择。

PLC 技术与应用(西门子版)

2) 模拟量输出接口

模拟量输出接口的作用是将 PLC 运算处理的若干位数字量转换为相应的模拟量信号输出,以满足生产过程连续控制信号的需要。模拟量输出接口一般由光电隔离器、D/A 转换和信号驱动等环节组成。其原理框图如图 2-8 所示。模拟量输入/输出接口一般安装在专门的模拟量工作模块上。

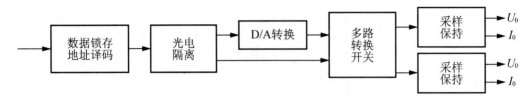

图 2-8　模拟量输出电路框图

2.1.4　PLC 的软件基础

PLC 作为一种专门为工业环境下应用而设计的计算机,必须具备相应的控制软件。PLC 控制软件总体上说,可以分为系统程序和应用程序两大部分,两者相对独立。系统程序和应用程序又包括若干不同用途的组成程序。

1. 系统程序

PLC 的系统程序一般由管理程序、指令译码程序、标准程序块 3 部分组成,其用途各不相同。

1) 管理程序

管理程序是系统程序的主体,主要功能是控制 PLC 进行正常工作,包括以下 3 方面:

(1) 系统运行管理,如控制 PLC 输入采样、输出刷新、逻辑运算、自诊断、数据通信等的时间次序。

(2) 系统内存管理,如规定各种数据、程序的存储区域与地址;将用户程序中使用的数据、存储地址转化为系统内部数据格式及实际的物理存储单元地址等。

(3) 系统自诊断,PLC 自诊断包括系统错误检测、用户程序的语法检查、指令格式检查、通信超时检查等。当系统发生错误时,可进行相应的报警与提示。

2) 指令译码程序

由于计算机最终识别的是机器码,因此在 PLC 内部必须将编程语言编制的用户程序转变为机器码。指令译码程序的作用就是在执行指令过程前将用户程序逐条翻译成为计算机能够识别的机器码。

3) 标准程序块

在有些 PLC 中(如 SIEMENS PLC),为方便用户编程,生产厂家将一些实现标准动作或特殊功能的 PLC 程序段,以类似子程序的形式存储于系统程序中,这样的"子程序"称为"标准程序块"。用户程序中如需完成"标准程序块"的动作或功能,只需通过调用相应的"标准程序块"并对其执行条件进行赋值即可。

2. 应用程序

PLC 应用程序是指用户根据各种控制要求和控制条件编写的 PLC 控制程序，因此常称为用户程序。应用程序的编制方法和采用的编程语言、用户程序的结构等取决于 PLC 的具体型号、生产厂家、使用的编程工具及个人习惯等。梯形图是目前最为常用的编程语言，其程序通俗易懂，编程直观方便。此外，语句表、功能块、顺序功能图、流程图及其他高级语言也可以在不同的场合使用。

国际电工委员会(IEC)1994 年 5 月公布的 IEC61131-3 提供了 5 种 PLC 的标准编程语言，其中有 3 种图形语言，即梯形图(Ladder Diagram，LD)、功能块图(Function Block Diagram，FBD)和顺序功能图(Sequential Function Chart，SFC)；两种文本语言，即结构化文本(Structured Text，ST)和语句表(Instruction List，IL)。不同的编程语言各有其特点和适用场合，不同电气工程师对它们的偏爱程度也不一样。在我国，人们对梯形图、语句表和顺序功能图比较熟悉，而很少有人使用功能块图和结构化文本。

1) 梯形图

梯形图是最早使用的一种 PLC 编程语言，也是现在最常用的编程语言。它是从继电器电路演变而来的，继承了继电器控制系统中的基本工作原理和电气逻辑关系的表示方法。两者有相似之处，也存在差异，如梯形图中的继电器是软继电器，不是物理继电器，输出线圈也不是物理线圈，不能直接驱动现场执行机构，PLC 内部继电器原则上可以无限次反复使用等。图 2-9(a)是典型的梯形图例子。其中，左右两条垂直的线称为母线，分别称为左母线和右母线，右母线通常可省略，母线之间是触点的逻辑连线和线圈的输出。

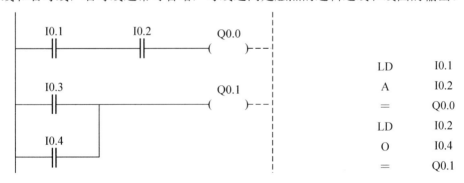

(a) 梯形图应用举例　　　　　　　　　　　(b) 语句表应用举例

图 2-9　梯形图和语句表应用举例

梯形图的一个关键概念是"能流"。图 2-9(a)中把左母线假想为电源"火线"，而把右母线假想为电源"零线"。如果有"能流"从左到右流向线圈，则线圈被激励(ON)；如果没有"能流"，则线圈未被激励(OFF)。"能流"可以通过被激励的动合触点和未被激励的动断触点从左向右流动，也可以通过并联触点的一个触点流向右边。"能流"任何时候都不会通过触点自右向左流动。引入"能流"概念，仅用于理解梯形图中各输出点的动作，实际上并不存在这种"能流"。在梯形图中，触点代表逻辑"输入"条件，如开关、按钮和内部条件等；线圈通常代表逻辑"输出"结果，如灯、接触器、中间继电器等。梯形图语言直观、清晰，易于理解，是 PLC 的首选编程语言。

2) 语句表

语句表又称指令表，是一种用助记符来描述程序的一种编程语言。例如，图 2-9(b)是图 2-9(a)对应的语句表程序，过去在没有基于 PC 的编程软件时，编制好的梯形图程序必须转换成语句表程序才能通过手持式编程器输入到 PLC 中。语句表就像汇编语言，机器的编码效率较高，但理解起来不方便，所以使用语句表编程的人不是很多。

3) 顺序功能图

顺序功能图，又称功能图，通常用来编制顺序控制类程序。它包含步、动作、转换 3 个要素。顺序功能图编程法将一个复杂的顺序控制过程分解为一些小的工作状态，对这些小状态功能分别处理后再将它们依顺序连接组合成整体的控制程序。

4) 功能块图

功能块图是另一种图形形式的 PLC 编程语言。它的使用类似电子电路中的各种门电路，加上输入、输出，通过一定的逻辑连接方式来完成控制逻辑，它也可以把函数(FUN)和功能块(FB)连接到电路中，完成各种复杂的功能和计算。使用功能块图，用户可以编制出自己的函数和功能块。

5) 结构化文本

目前，结构化文本是一种较新的编程语言，是一种用于 PLC 的结构化方式编程的语言，使用它可以编制出非常复杂的数据处理或逻辑控制程序。

2.2 S7-200 系列 PLC 基础

S7-200 是西门子公司推出的一种整体式小型 PLC，其具有结构紧凑、扩展性好、性价比高等优点，是各种小型控制系统的理想控制器。

2.2.1 S7-200 PLC CPU 简介

S7-200 PLC 在紧凑的外壳中组合了微处理器、集成电源、输入电路和输出电路，是一种功能强大的微型 PLC，S7-200 PLC CPU 外形如图 2-10 所示。下载程序后，S7-200 包含应用程序中需要用来监控、控制输入和输出设备的逻辑。

图 2-10 S7-200 PLC 外形

西门子提供不同的 S7-200 CPU 型号，具有多种特征和性能，有 CPU221、CPU222、CPU224、CPU226 共 4 种基本型供选择使用，不同的类型又有 DC 电源/DC 输入/DC 输出、AC 电源/DC 输入/继电器输出两种分类，它们具有不同的电源电压和控制电压。表 2-1 简要地比较了 CPU 的一些性能。要获取关于指定 CPU 的详细信息，参见 S7-200 系统手册。

表 2-1　S7–200 CPU 型号的比较

特征	CPU 221	CPU 222	CPU 224	CPU 226	CPU 226XM
物理尺寸/mm	90×80×62	90×80×62	120.5×80×62	190×80×62	190×80×62
程序内存/字节	4096	4096	8192	8192	16384
数据内存/字节	2048	2048	5120	5120	10240
内存备份	50h 典型的	50h 典型的	190h 典型的	190h 典型的	190h 典型的
本地板载 I/O	6 输入/4 输出	8 输入/6 输出	14 输入/10 输出	24 输入/16 输出	24 输入/16 输出
扩充模块	0 个模块	2 个模块	7 个模块	7 个模块	7 个模块
高速计数器 单相 双相	30kHz 时为 4 20kHz 时为 2	30kHz 时为 4 20kHz 时为 2	30kHz 时为 6 20kHz 时为 4	30kHz 时为 6 20kHz 时为 4	30kHz 时为 6 20kHz 时为 4
脉冲输出	1	1	2	2	2
实时时钟	部件	部件	内置	内置	内置
通讯端口	1 RS-485	1 RS-485	1 RS-485	2 RS-485	2 RS-485
浮点数学	是				
数字 I/O 图像大小	256(128 个输入，128 个输出)				
布尔型执行速度	0.37μs/指令				

2.2.2　S7-200 PLC 扩展模块

当 CPU 的 I/O 点数不够使用或者系统要求一些特殊功能的控制时，就要采用扩展模块。S7-200 系列包含许多种扩充模块。可以使用这些扩充模块将功能添加到 S7-200 CPU 中。表 2-2 提供了当前可用的扩充模块的列表。至于有关指定模块的详细信息，参见 S7-200 系统手册。

表 2-2　S7-200 扩充模块

扩充模块	类　　型		
离散模块输入	8×DC 输入 4×DC	8×AC 输入 4×继电器	16×DC 输入
离散输出模块	8×DC 输出 4×DC 输入/4×DC 输出	8×AC 输出 8×DC 输入/8×DC 输出	8×继电器 16×DC 输出/16×DC 输出
离散组合模块	4×DC 输入/4×继电器	8×DC 输入/8×继电器	16×DC 输入/16×继电器
模拟模块输入	4×模拟输入	4×热电偶输入	2×RTD 输入

扩充模块	类 型
模拟量输出模块	2×模拟输出
模拟量组合模块	4×模拟输入/1 模拟输出
智能模块	位置　调制解调器　PROFIBUSP　以太网　互联网
其他模块	自动化系统接口

1. I/O 扩展模块

用户可以使用主机 I/O 和扩展 I/O 模块。S7-200 系列 CPU 提供一定数量的主机数字量 I/O 点,但在主机 I/O 点数不够的情况下,就必须使用扩展模块的 I/O 点。典型的数字量输入/输出扩展模块有如下几种:

(1) 输入扩展模块 EM221 有 3 种,分别为 8 点 DC 输入、8 点 AC 输入、16 点直流输入模块。

(2) 输出扩展模块 EM222 有 3 种,分别为 8 点 DC 晶体管输出、8 点 AC 输出、8 点继电器输出。

(3) 输入/输出混合扩展模块 EM223 有 6 种,分别为 4 点(8 点、16 点)DC 输入/4 点(8 点、16 点)DC 输出、4 点(8 点、16 点)DC 输入/4 点(8 点、16 点)继电器输出。

2. 功能扩展模块

当需要完成某些特殊功能的控制任务时,CPU 主机可以扩展特殊功能模块。例如,要求进行 Profibus-DP 现场总线连接时,就需要 EM277 Profibus-DP 模块。

典型的功能模块有以下几种。

1) 模拟量输入/输出扩展模块

(1) 模拟量输入扩展模块 EM231 有 3 种:4 路模拟量输入、2 路热电阻输入和 4 路热电偶输入。

(2) 模拟量输出扩展模块 EM232:具有 2 路模拟量输出。

(3) 模拟量输入/输出扩展模块 EM235:具有 4 路模拟量输入/1 路模拟量输出(占用 2 路输出地址)。

2) 特殊功能模块

功能模块有 EM253 位置控制模块、EM277 Profibus-DP 模块、EM241 调制解调器模块、CP243-1 以太网模块、CP243-2 AS-I 接口模块等。

功能扩展模块性能的讲解请参见最新的 S7-200 PLC 的系统手册或本书后面的有关章节。

2.2.3　S7-200 PLC 系统配置

S7-200PLC 任一型号的主机都可以单独构成基本配置,组成一个独立的控制系统,PLC 主机的 I/O 配置是固定的,具有固定的 I/O 地址。一般通过主机带扩展模块的方式扩展 S7-200 PLC 的系统配置。S7-200PLC 各类 CPU 主机可带的扩展模块的数量是不同的。CPU221 不允许带扩展模块；CPU222 最多可带 2 个扩展模块；CPU224、CPU226、CPU226XM 最多可带 7 个扩展模块，且 7 个扩展模块中最多只能带 2 个智能扩展模块。下面通过具体例子来说明 I/O 点数扩展和编址的情况。

例如，某一控制系统选用 CPU224，系统所需的输入/输出点数为数字量输入 24 点、数字量输出 20 点、模拟量输入 6 点和模拟量输出 2 点。

本系统可有多种不同模块的选取组合，并且各模块在 I/O 链中的位置排列方式也可能有多种，图 2-11 所示为其中的一种模块连接形式，表 2-3 所示为其对应的各模块的编址情况。

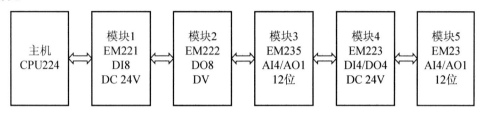

图 2-11　模块连接方式

表 2-3　各模块编址

主机 I/O	模块 1 I/O	模块 2 I/O	模块 3 I/O	模块 4 I/O	模块 5 I/O
I0.0 Q0.0	I2.0	Q2.0	AIW0 AQW0	I3.0 Q3.0	AIW8 AQW4
I0.1 Q0.1	I2.1	Q2.1	AIW2	I3.1 Q3.1	AIW10
I0.2 Q0.2	I2.2	Q2.2	AIW4	I3.2 Q3.2	AIW12
I0.3 Q0.3	I2.3	Q2.3	AIW6	I3.3 Q3.3	AIW14
I0.4 Q0.4	I2.4	Q2.4			
I0.5 Q0.5	I2.5	Q2.5			
I0.6 Q0.6	I2.6	Q2.6			
I0.7 Q0.7	I2.7	Q2.7			
I1.0 Q1.0					
I1.1 Q1.1					
I1.2					
I1.3					
I1.4					
I1.5					

由此可见，S7-200 系统扩展对输入/输出的组态规则如下：

(1) 同类型输入或输出的模块进行顺序编址。

(2) 对于数字量，输入/输出映像寄存器的单位长度为 8 位(1 个字节)，本模块高位实际位数未满 8 位的，未用位不能分配给 I/O 链的后续模块。

(3) 对于模拟量，输入/输出以 2 个字节(1 个字)递增方式来分配空间。

2.3　S7-200 PLC 的编程基础

2.3.1　数据类型

1. 基本数据类型

S7-200 PLC 的指令参数所用的基本数据类型有 1 位布尔型(BOOL)、8 位字节型 (BYTE)、16 位无符号整数型(WORD)、16 位有符号整数型(INT)、32 位无符号双字整数型 (DWORD)、32 位有符号双字整数型(DINT)、32 位实数型(REAL)。

2. 数据长度与数据范围

CPU 存储器中存放的数据类型可分为 BOOL、BYTE、WORD、INT、DWORD、DINT、 REAL。不同的数据类型具有不同的数据长度和数值范围，在上述数据类型中，用字节(B) 型、字(W)型、双字(D)型分别表示 8 位、16 位、32 位数据的数据长度；实数采用 32 位单 精度数来表示，其数值有较大的表示范围，正数为 1.175495E−38～3.402823E＋38，负数 为−1.175495E−38～3.402823E＋35。不同数据长度对应的数值范围如表 2-4 所示。例如， 数据长度为字(W)型的有符号整数(INT)的数值范围为−32768～32767，不同数据长度的数 值所能表示的数值范围是不同的。

表 2-4　不同长度的整数所表示的数值范围

整数长度	无符号整数表示范围		有符号整数表示范围	
	十进制表示	十六进制表示	十进制表示	十六进制表示
字节(8 位)	0～255	0～FF	−128～127	80～7F
字(16 位)	0～65535	0～FFFF	−32768～32767	8000～7FFF
双字(32 位)	0～4294967295	0～FFFFFFFF	−2147483648～2147483647	80000000～7FFFFFFF

在编程时经常会使用常数，常数数据长度可为字节、字和双字，在机器内部的数据都 以二进制存储，但常数的书写可以用二进制、十进制、十六进制、ASCII 码或浮点数等多 种形式，几种常数形式如表 2-5 所示。

表 2-5　常用的几种形式

进制	书写格式	举例
十进制	十进制数值	1052
十六进制	16#十六进制值	16#3F7A6
二进制	2#二进制值	2#1010_0011_1101_0001
ASCII 码	'ASCII 码文本'	'Show termimals.'
浮点数(实数)	ANSI/IEEE 754-1985 标准	1.036782E−36(正数) −1.036782E−36(负数)

2.3.2　数据存储

S7-200 PLC 的存储器分为用户程序区、系统区、数据区。

用户程序区用于存放用户程序，存储器为 E^2PROM 。

系统区又称 CPU 组态空间，用于存放有关 PLC 配置结构的参数，如 PLC 主机及扩展模块的 I/O 配置和编址，配置 PLC 站地址，设置保护口令、停电记忆保持区、软件滤波功能等，存储器为 E^2PROM。

数据区是用户程序执行过程中的内部工作区域，该区域存放输入信号、运算输出结果、计时值、计数值、高速计数值和模拟量数值等，存储器为 E^2PROM 和 RAM。数据区是 S7-200 PLC CPU 提供的存储器的特定区域，它包括输入映像寄存器(D)、输出映像寄存器(Q)、变量存储器(V)、内部标志位存储器(M)、顺序控制继电器存储器(S)、特殊标志位存储器(SM)、局部存储器(L)、定时器存储器(T)、计数器存储器(C)、模拟量输入映像寄存器(AD)、模拟量输出映像寄存器(AQ)、累加器(AC)、高速计数器(HC)，数据区使 CPU 的运行更快、更有效。

用户对程序区、系统区和部分数据区进行编辑，编辑后写入 PLC 的 E^2PROM。RAM 为 E^2PROM 存储器提供备份存储区，供 PLC 运行时动态使用；RAM 由大容量电容作停电保持，如表 2-6 所示。

表 2-6　数据存储

区域	说明	作为位存取	作为字节存取	作为字存取	作为双字存取	可保留	可强迫
I	离散输入和映像寄存器	读取/写入	读取/写入	读取/写入	读取/写入	否	是
Q	离散输出和映像寄存器	读取/写入	读取/写入	读取/写入	读取/写入	否	是
M	内部内存位	读取/写入	读取/写入	读取/写入	读取/写入	是	是
SM	特殊内存位 (SM0~SM29 为只读内存区)	读取/写入	读取/写入	读取/写入	读取/写入	否	否
V	变量内存	读取/写入	读取/写入	读取/写入	读取/写入	是	是
T	定时器当前值和定时器位	T 位 读取/写入	否	T 当前 读取/写入	否	T 当前-是 否	T 位-否
C	计数器当前值和计数器位	C 位 读取/写入	否	C 当前 读取/写入	否	C 当前-是 否	C 位-否
HC	高速计数器当前值	否	否	否	只读	否	否
AI	模拟输入	否	否	只读	否	否	是
AQ	模拟输出	否	否	只写	否	否	是
AC	累加器寄存器	否	读取/写入	读取/写入	读取/写入	否	否
L	局部变量内存	读取/写入	读取/写入	读取/写入	读取/写入	否	否
S	SCR	读取/写入	读取/写入	读取/写入	读取/写入	否	否

1) 输入映像寄存器

PLC 的输入端子是从外部接收输入信号的窗口，每一个输入端子与输入映像寄存器(I)的相应位相对应。输入点的状态在每次扫描周期开始(或结束)时进行采样，并将采样值存于输入映像寄存器，作为程序处理时输入点状态的依据。输入映像寄存器的状态只能由外部输入信号驱动，而不能在内部由程序指令来改变。

I、Q、V、M、S、SM、L 均可以按位、字节、字和双字来存取。

2) 输出映像寄存器

每一个输出模块的端子与输出映像寄存器(Q)的相应位相对应，CPU 将输出判断结果存放在输出映像寄存器中，在扫描周期的结尾，CPU 以批处理方式将输出映像寄存器的数值复制到相应的输出端子上，通过输出模块将输出信号传送给外部负载。可见 PLC 的输出端子是 PLC 向外部负载发出控制命令的窗口。

I/O 映像区实际上就是外部输入输出设备状态的映像区，PLC 通过 I/O 映像区的各个位与外部物理设备建立联系。I/O 映像区的每个位都可以映像输入、输出单元上的每个端子状态。

梯形图中的输入继电器、输出继电器的状态对应于输入/输出映像寄存器相应位的状态。I/O 映像区的建立使 PLC 工作时只和内存有关地址单元内所存的状态数据发生关系，而系统输出也只是给内存某一地址单元设定一个状态数据，用户程序存取映像寄存器中的数据要比存取输入、输出物理点快得多，这样不仅加快了程序执行速度，而且使控制系统在程序执行期间完全与外界隔开，从而提高了系统的抗干扰能力。此外，外部输入点的存取只能按位进行，而 I/O 映像寄存器的存取可按位、字节、字、双字进行，因而使操作更快更灵活。

3) 内部标志位存储器

内部标志位存储器(M)又称内部线圈，它模拟继电器控制系统中的中间继电器，用于存放中间操作状态或存储其他相关数据。内部标志位存储器以位为单位使用，也可以字节、字、双字为单位使用。

4) 变量存储器

变量存储器(V)存放全局变量、程序执行过程中控制逻辑操作的中间结果或其他相关的数据，变量存储器是全局有效，全局有效是指同一个存储器可以在任一程序分区(主程序、子程序、中断程序)被访问。

5) 局部存储器

局部存储器(L)用来存放局部变量，局部存储器只是局部有效，局部有效是指某一局部存储器只能在某一程序分区(主程序、子程序、中断程序)中被使用。S7-200 PLC 提供 64 个字节局部存储器(其中 LB60～LB63 为 STEP7-Micro/WIN32V3.0 及其以后版本软件所保留)；局部存储器可用作暂时存储器或为子程序传递参数。

6) 顺序控制继电器存储器

顺序控制继电器存储器(S)用于顺序控制(或步进控制)，顺序控制继电器指令基于顺序功能图(SFC)的编程方式，顺序控制继电器指令将控制程序的逻辑分段，从而实现顺序控制。

7) 特殊标志位存储器

特殊标志位存储器(SM)即特殊内部线圈，它是用户程序与系统程序之间的界面，为用户提供一些特殊的控制功能及系统信息，用户对操作的一些特殊要求也通过特殊标志位存储器通知系统。特殊标志位存储器区域分为只读区域(SM0～SM29)和可读写区域，在只读区域特殊标志位，用户只能使用其触点。例如，SM0.0 用于 RUN 监控，PLC 在 RUN 方式时 SM0.0 恒为 1；SM0.1 在开机后进入 RUN 方式时，该位将接通一个扫描周期；SM0.4能提供周期为 lmin、占空比为 50%的时钟脉冲；SM0.6 为扫描时钟，本次扫描置 1，下次扫描时置 0。

可读写特殊标志位用于特殊控制功能。例如，用于自由通信口设置的 SMB30，用于定时中断间隔时间设置的 SMB34/SMB35，用于高速计数器设置的 SMB36～SMB65，用于脉冲串输出控制的 SMB66～SMB85。

表 2-7 和表 2-8 分别为 SMB0 的各个位功能描述和 SM 其他状态字功能表。

表 2-7　SMB0 的各个功能描述

SMB0 的各个位	功能描述
SMB0.0	常闭触点，在程序运行时一直保持闭合状态
SMB0.1	该位在程序运行的第一个扫描周期闭合，常用于调用初始化子程序
SMB0.2	若永久保持的数据丢失，则改位在程序运行的第一个扫描周期闭合。可用于存储器错误标志位
SMB0.3	开机后进入 RUN 方式，该位将闭合一个扫描周期。可用于启动操作前为设备提供预热时间
SMB0.4	该位为 1min 时钟脉冲，30s 闭合，30s 断开
SMB0.5	该位为 1s 时钟脉冲，0.5s 闭合，0.5s 断开
SMB0.6	该位为扫描时钟，本次扫描闭合，下次扫描断开，不断循环
SMB0.7	该位指示 CPU 工作方式开关的位置(断开为 TERM 位置，闭合为 RUN 位置)。利用该位状态，当开关在 RUN 位置时，可使自由口通信方式有效，开关切换至 TERM 位置时，同编程设备的正常通信有效

表 2-8　SM 其他状态字功能表

状态字	功能描述
SMB1	包含了各种潜在的错误提示,可在执行某些指令或执行出错时由系统自动对相应位进行置位或复位
SMB2	在自由借口通信时，自由接口接受字符的缓冲区
SMB3	在自由借口通信时，发现接收到的字符中有奇偶校验错误时，可将 SM3.0 置位
SMB4	标志中断队列是否溢出或通信接口使用状态
SMB5	标志 I/O 系统错误
SMB6	CPU 模块识别(ID)寄存器
SMB7	系统保留

状态字	功能描述
SMB8~SMB21	I/O 模块识别和错误寄存器, 按字节对形式(相邻两个字节)存储扩展模块 0~6 的模块类型、I/O 类型、I/O 点数和测得的各模块 I/O 错误
SMB22~SMB26	记录系统扫描时间
SMB28~SMB29	存储 CPU 模块自带的模拟电位器所对应的数字量
SMB30 和 SMB130	SMB30 为自由接口通信时, 自由接口 0 的通信方式控制字节; SMB130 为自由接口通信时, 自由接口 1 的通信方式控制字节; 两字节可读可写
SMB31~SMB32	永久存储器(E2PROM)写控制
SMB34~SMB35	用于存储器定时中断的时间间隔
SMB36~SMB65	高速计时器 HSC0、HSC1、HSC2 的监视及控制寄存器
SM66~SMB85	高速脉冲输出(PTO/PWM)的监视及控制寄存器
SMB86~SMB94 SMB186~SMB194	自由接口通信时, 接口 0 或接口 1 接收信息状态寄存器
SMB98~SMB99	标志扩展模块总线错误号
SMB131~SMB165	高速计数器 HSC3、HSC4、HSC5 的监视及控制寄存器
SMB166~SMB194	高速脉冲输出(PTO)的包络定义表
SMB200~SMB299	预留给智能扩展模块, 保留其状态信息

8) 定时器存储器

定时器存储器(T)是模拟继电器控制系统中的时间继电器, 是累计时间增量的编程元件。定时器的工作过程与时间继电器基本相同, 提前置入时间预设值, 当定时器的输入条件满足时开始计时, 当前值从零开始按一定的时间单位增加; 当定时器的当前值达到预定值时定时器发生动作, 发出中断请求, PLC 响应, 同时发出相应的动作, 即常开触点闭合, 常闭触点断开。利用定时器的输入与输出触点可以得到控制所需要的延时时间。S7-200 PLC 定时器的时间基准有 3 种: 1ms、10ms、100ms。通常定时器的设定值由程序赋予, 需要时也可在外部设定。

9) 计数器存储器

计数器存储器(C)是累计其计数输入端脉冲电平由低到高的次数, 它有 3 种类型: 增计数、减计数、增减计数。通常计数器的设定值由程序赋予, 需要时也可在外部设定。

计数器存储器地址表示格式为 C(计数器号), 如 C3。这里 C3 包括两方面的变量信息: 计数器位和计数器当前值。计数器位表示计数器是否发生动作的状态, 当计数器的当前值达到预设值时, 该位被置为"1"; 计数器当前值表示计数器当前所累计的脉冲个数, 它用 16 位符号整数表示。指令中所存取的是当前值还是计数器位, 取决于所用指令, 带位操作的指令存取计数器位, 带字操作的指令存取的是计数器的当前值。

10) 模拟量输入映像寄存器

模拟量输入模块将外部输入的模拟信号的模拟量转换成 1 个字长(16 位)的数字量, 存放在模拟量输入映像寄存器(AI)中, 供 CPU 运算处理, 模拟量输入映像寄存器的值为只读值。模拟量输入映像寄存器的地址必须使用偶数字节地址来表示, 如 AIW0、AIW2、AIW4。

11) 模拟量输出映像寄存器

CPU 运算的相关结果存放在模拟量输出映像寄存器(AQ)中，供 D/A 转换器将 1 个字长(16 位)的数字量转换为模拟量，以驱动外部模拟量控制的设备，模拟量输出映像寄存器中的数字量为只写值。模拟量输出映像寄存器的地址必须使用偶数字节地址来表示，如 AQW0、AQW2、AQW4。

12) 累加器

累加器(AC)是用来暂时存储计算中间值的存储器，也可向子程序传递参数或返回参数。S7-200 PLC CPU 提供了 4 个 32 位累加器，即 AC0、AC1、AC2、AC3。累加器是可读写单元，可以按字节、字、双字存取累加器中的数值，由指令标识符决定存取数据的长度。例如，MOVB 指令存取累加器的字节，DECW 指令存取累加器的字，INCD 指令存取累加器的双字。按字节、字存取时，累加器只存取存储器中数据的低 8 位、低 16 位；以双字存取时，则存取存储器的 32 位。

13) 高速计数器

高速计数器(HC)用来累计高速脉冲信号，当高速脉冲信号的频率比 CPU 扫描速率更快时，必须要用高速计数器计数。高速计数器的当前值寄存器为 32 位，读取高速计数器当前值应以双字(32 位)来寻址，高速计数器的当前值为只读值。

2.3.3　寻址方式

写入程序时，可以使用以下 3 种指令操作数编址模式之一，即直接寻址、符号寻址、间接寻址。

1. 直接寻址

S7-200 在具有独特地址的不同内存位置存储信息，可以明确识别存取的内存地址。这将允许程序直接存取信息。直接寻址指定内存区、大小和位置，如 VW790 指内存区中的字位置 790。

欲存取内存区中的一个位，需要指定地址，包括内存区标识符、字节地址和前面带一个句点的位数。图 2-12 所示为存取位(又称为"字节位"编址)的一个范例。在该范例中，内存区和字节地址(I 表示"输入"，3 表示是"字节 3")后面是一个句点("."），用于分隔位址(位 4)。

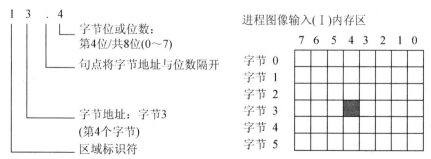

图 2-12　存取位举例

可以使用字节地址格式将大多数内存区(V、I、Q、M、S、L 和 SM)的数据存取为字节、字或双字。存取内存中数据的字节、字或双字，必须以与指定位址相似的方法指定地址，如图 2-13 所示，其中包括区域标识符、数据大小指定，以及字节、字或双字的字节地址。其他内存区中的数据(如 T、C、HC 和累加器)可使用地址格式存取，地址格式包括区域标识符和设备号码。

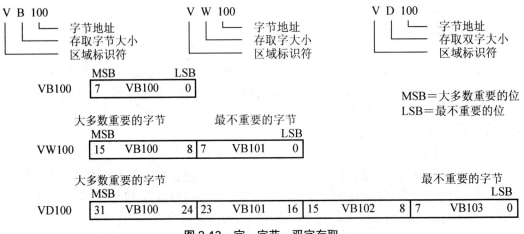

图 2-13 字、字节、双字存取

2. 符号寻址

符号寻址使用字母、数字、字符组合来识别地址。符号常数使用符号名识别常数或 ASCII 码字符值。对于 SIMATIC 程序，用符号表进行全局符号赋值。对于 IEC 程序，使用全局变量表进行全局符号赋值。如果在 SIMATIC 符号表或局部变量表中有指定的符号地址，可以在监视带有绝对(如 10.0)或符号(如 Pump1)表示的参数地址之间切换。符号编址功能从"监视"菜单控制，名称旁的复选符号表示该功能已打开。否则，所有的地址均仅显示为绝对地址。

如果为局部和全局级别的地址使用相同的名称，局部用法会优先。即如果程序编辑器在局部变量表中发现某一特定程序块的名称定义，则使用该定义。如果未发现定义，程序编辑器会检查符号表。例如，将 PumpOn 定义为全局符号，同时也在 SBR2 中(不是 SBR1 中)将其定义为局部变量。编译程序时，在 SBR2 中使用将局部定义用于 PumpOn，在 SBR1 中将全局定义用于 PumpOn。

3. 间接寻址

间接寻址使用指针存取内存中的数据。指针是包含另一个内存位置地址的双字内存位置，只能将 V 内存位置、L 内存位置或累加器寄存器(AC1、AC2、AC3)用作指针。建立指针，必须使用"移动双字"指令，将间接编址内存位置移至指针位置。指针还可以作为参数传递至子程序。

S7-200 允许指针存取以下内存区：I、Q、V、M、S、T(仅限当前值)和 C(仅限当前值)。不能使用间接编址存取单个位或存取 AI、AQ、HC、SM。

间接存取内存区数据，输入符号"&"和需要编址的内存位置，建立一个该位置的指针。指令的输入操作数前必须有"&"，表示内存位置的地址(而并非内存位置的内容)将被移入在指令输出操作数中识别的位置(指针)。

在指令操作数前面输入"*"为指定该操作数是一个指针。如图 2-14 所示，输入*AC1 指定 AC1 是"移动字"(MOVW)指令引用的字长度数值的指针。在该范例中，VB200 和 VB201 中存储的数值被移至累加器 AC0。

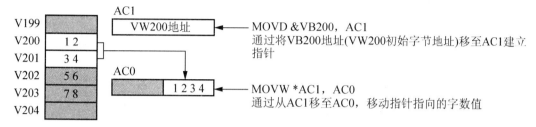

图 2-14 指针操作

如图 2-15 所示，指针数值可以被改动。由于指针是 32 位数值，所以使用双字指令修改指针数值。可使用简单算术操作(如加或递增)修改指针数值。

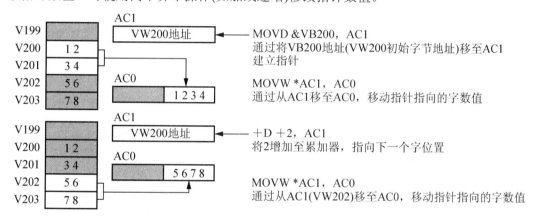

图 2-15 指针数值修改

间接存取字节，将指针用 1 递增或递减。欲间接存取字，将指针用 2 递增或递减。间接存取双字，将指针用 4 递增或递减。如果使终止位置超出 V 内存上限的起始位置递增双字，程序执行时会收到一则运行时间错误信息。存取定时器或计数器当前值(此为字数值)，将指针用 2 递增或递减。

2.4 STEP 7-Micro/WIN32 编程软件使用指南

2.4.1 编程软件的基本操作

1. 软件主界面

STEP 7-Micro/WIN32 V4.0 版编程软件的界面如图 2-16 所示。主界面一般可分为以下几个区：菜单条(包含 8 个主要菜单项)、工具条(快捷按钮)、引导条(快捷操作窗口)、指令树(Instruction Tree) (快捷操作窗口)、输出窗口和用户窗口(可同时或分别打开图中的 5 个用户窗口)。除菜单条外，用户可根据需要决定其他窗口的取舍和样式的设置。

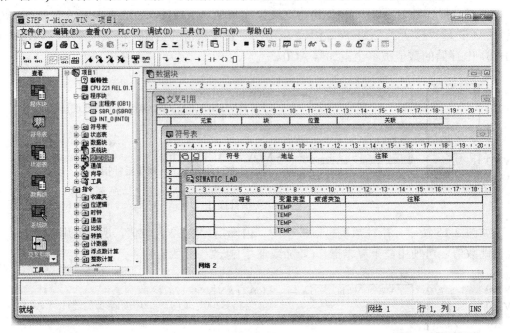

图 2-16　软件主界面

1) 菜单条

菜单条允许使用鼠标单击或对应热键的操作，这是必选区。各主要菜单项功能如下：

(1) 文件(File)。文件操作如新建、打开、关闭、保存文件，上装和下载程序，还有文件的打印预览、设置和操作等。

(2) 编辑(Edit)。程序编辑的工具，如选择、复制、剪切、粘贴程序块或数据块，同时提供查找、替换、插入、删除和快速光标定位等功能。

(3) 查看(View)。查看可以设置软件开发环境的风格，如决定其他辅助窗口(引导窗口、指令树窗口、工具条按钮区)的打开与关闭；包含引条中所有的操作项目；选择不同语言的编程器(包括 LAD、STL、FBD 三种)。

(4) 可编程控制器(PLC)。PLC 可建立与 PLC 联机时的相关操作，如改变 PLC 的工作方式、在线编译、查看 PLC 的信息、清除程序和数据、设置时钟、存储器卡操作、程序比较、PLC 类型选择及通信设置等。在此还提供离线编译的功能。

(5) 调试(Debug)。调试用于联机调试。

(6) 工具(Tools)。工具可以调用复杂指令向导(包括 PID 指令、NETR/NETW 指令和HSC 指令)，使复杂指令编程工作大大简化；安装文本显示器 TD200 向导；用户化界面风格(设置按钮及按钮样式，在此可添加菜单项)；用选择子菜单也可以设置 3 种编辑器的风格，如字体、指令盒的大小等。

(7) 窗口(Windows)。窗口可打开一个或多个，并可进行窗口之间的切换；还可以设置窗口的排放形式，如层叠、水平和垂直等。

（8）帮助(Help)。它通过帮助菜单上的目录和索引检阅几乎所有相关的使用帮助信息，帮助菜单还提供网上查询功能，而且在软件操作过程中的任何步骤或任何位置，都可以按 Fl 键来显示在线帮助，大大方便了用户的使用。

2) 工具条

工具条提供简便的鼠标操作，将最常用的 STEP7-Micro/WIN32 操作以按钮形式设定到工具条中。可以用"查看(View)"菜单中的"工具条(Toolbars)"选项来显示或隐藏 3 种工具条：标准(Standard)、调试(Debug)和指令(Instructions)。

3) 引导条

引导条可用"查看(View)"菜单中的"引导条(Navigation Bar)"选项来选择是否打开。引导条可为编程提供按钮控制的快速窗口切换功能，包括程序块(Program Block)、符号表(Symbol Table)、状态图表(State Chart)、数据块(Data Block)、系统块(System Block)、交叉索引(Cross Reference)和通信(Communication)。

单击任何一个按钮，则主窗口切换成此按钮对应的窗口。

引导条中的所有操作都可用"指令树(Instruction Tree)"窗口或"查看(View)"菜单来完成，可以根据个人喜好来选择使用引导条或指令树。

4) 指令树

指令树可用"查看(View)"菜单中"指令树(Instruction Tree)"选项来选择是否打开，其可提供编程时用到的所有快捷操作命令和 PLC 指令。

5) 交叉引用

交叉引用表列举出程序中使用的各编程元件所有的触点、线圈等在哪一个程序块的哪一个网络中出现，以及对应指令的助记符。还可以查看哪些存储器区域已经被使用，是作为位使用还是作为字节、字或双字使用。在运行(RUN)模式下编辑程序时，可以查看程序当前正在使用的跳变触点的编号。

双击交叉引用表中的某一行，可以显示出该行的操作数和指令对应的程序块中的网络。交叉引用表并不下载到 PLC，程序编译成功后才能看到交叉引用表的内容。

6) 数据块

数据块窗口可以设置和修改变量存储区内各种类型存储区的一个或多个变量值，并加注必要的注释说明。

7) 状态表

状态表可在联机调试时监视各变量的值和状态。

8) 符号表

实际编程时为了增加程序的可读性，常用带有实际含义的符号作为编程元件代号，而不是直接使用元件在主机中的直接地址。例如，编程中用 Start 作为编程元件代号，而不用 I0.3。符号表可用来建立自定义符号与直接地址之间的对应关系，并可附加注释，从而使程序清晰易读。

9) 输出窗口

输出窗口用来显示程序编译的结果信息，如各程序块(主程序、子程序的数量及子程序号、中断程序的数量及中断程序号)及其大小、编译结果有无错误、错误编码和位置等。

10) 状态条

状态条也称任务栏，与一般的任务栏功能相同。

11) 编程器

编程器可用梯形图、语句表或功能图表编程器编写用户程序，或在联机状态下从 PLC 上装用户程序进行读程序或修改程序。

12) 局部变量表

每个程序块都对应一个局部变量表，在带参数的子程序调用中，参数的传递就是通过局部变量表进行的。

2. 通信参数的设置与在线连接的建立

1) PC/PPI 电缆的安装与设置

一般选用价格便宜的 PC/PPI 电缆或 PPI 多主站电缆连接编程计算机与 PLC，将 RS-232 端连接到计算机的 RS-232 通信接口，将 PPI 的 RS-485 端连接到 CPU 模块的通信接口。

为了实现 PLC 与计算机的通信，需要完成下列设置：

(1) 双击指令树"通信"文件夹中的"设置 PG/PC 接口"图标，在弹出的对话框中设置编程计算机的通信参数。

(2) 双击指令树文件夹"系统块"中的"通信端口"图标，设置 PLC 通信接口的参数，默认的站地址为 2，波特率为 9600bit/s。设置完成后需要把系统块下载到 PLC 后才会起作用。

(3) 通过 PPI 电缆上的 DIP 开关设置 PPI 电缆的参数。

2) 计算机与 PLC 在线连接的建立

STEP7-Micro/WIN 中双击指令树中的"通信"图标，或执行菜单命令"查看"→"组件"→"通信"程站(即 S7-200)将弹出"通信"对话框。在将新的设置下载到 S7-200 之前，应设置远程的地址，使它与 S7-200 的地址相同。双击"通信"对话框中"双击刷新"旁边的蓝色箭头组成的图标，编程软件将会自动搜索连接在网络上的 S7-200。这一步不是建立通信连接必需的操作。

3) PLC 中信息的读取

执行菜单命令"PLC"→"信息"，将显示出 PLC 的 RUN/STOP 状态、以 ms 为单位的扫描周期、CPU 的型号和版本、错误信息、FO 模块的配置和状态。可单击"刷新扫描周期"按钮用来读取扫描周期的最新数据。

如果 CPU 配有智能模块，选中要查看的模块，单击"EM 信息"按钮，将弹出一个对话框，显示模块型号、模块版本号、模块错误信息和其他有关的信息。

4) CPU 事件的历史记录

S7-200 保留一份带时间标记的主要 CPU 事件的历史记录，包括什么时候上电，什么时候进入 RUN 模式，什么时候出现了致命错误等。应设置实时时钟，这样才能得到事件记录中正确的时间标记。

与 PLC 建立通信连接后，执行菜单命令"PLC"→"信息"，在弹出的对话框中单击"历史事件"按钮，可以查看 CPU 事件的历史记录。

3. 编程的准备工作

在为控制系统编程之前，应新建一个项目，可用"文件(File)"菜单中的"新建"命令，在主窗口将显示新建的程序文件的主程序区；也可以用工具条中的按钮来完成。

执行菜单命令"文件"→"打开"，或者单击工具条上的对应按钮，可以打开已有的项目。项目存放在扩展名为.mwp 的文件中。

用户可以依据实际编程需要进行以下操作。

1) 确定主机型号

首先要根据实际应用情况选择 PLC 型号。右击"项目 1(CPU224)"图标，在弹出的快捷菜单中选择"类型(Type)"，执行菜单命令"PLC"→"类型(Type)"，然后在弹出的对话框中选择所有的 PLC 型号。

2) 程序更名

项目文件更名：如果新建了一个程序文件，可执行菜单命令"文件(File)"→"另存为(Save as)"，然后在弹出的对话框中输入希望的名称。

子程序和中断程序更名：在指令树窗口中，右击要更名的子程序或中断程序名称，在弹出的快捷菜单中选择"重命名(Rename)"，然后输入名称。

主程序的名称一般默认为 MAIN，任何项目文件的主程序只有一个。

3) 添加一个子程序或一个中断程序

方法 1：在指令树窗口中，右击"程序块(Program Block)"图标，在弹出的快捷菜单中选择"插入子程序(Insert Subroutine)"或"插入中断程序(Insert Interrupt)"项。

方法 2：执行菜单命令"编辑(Edit)"→"插入(Insert)"。

方法 3：在编辑窗口中单击编辑区，在弹出的快捷菜单中选择"插入(Insert)"命令。新生成的子程序和中断程序根据已有的子程序和中断程序的数目，默认名称为 SBR_n 和 INT_n，用户可以自行更名。

4. 编写与传送用户程序

编辑和修改控制程序是程序员利用 STEP7-Micro/WIN32 编程软件要做的最基本的工作，此软件有较强的编辑功能。本节仅以梯形图编辑器为例介绍一些基本编辑操作，其语句表和功能块图编辑器的操作可类似进行。

下面以图 2-17 所示的梯形图程序为例，介绍程序的编辑过程和各种操作。

1) 输入编程元件

梯形图的编程元件(编程元素)主要有线圈、触电、指令盒、标号及连接线。输入方法有以下两种：

(1) 用指令树窗口中的"指令(Instructions)"所列的一系列指令类别分别编排在不同子目录中，找到要输入的指令并双击，如图 2-17 所示。

(2) 用指令工具条上的一组编程按钮，单击"触点"、"线圈"和"指令盒"按钮，从弹出窗口的下拉菜单所列出的指令中选择要输入的指令即可。工具条中的编程按钮和弹出的窗口下拉菜单如图 2-18 和图 2-19 所示。

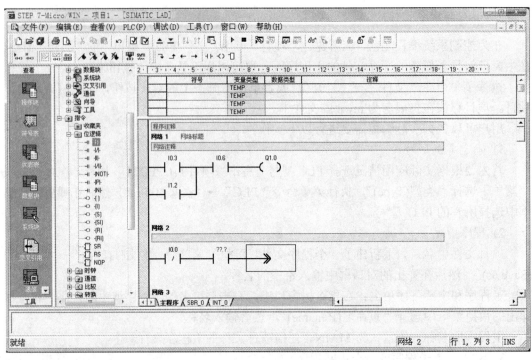

图 2-17 梯形图应用举例

图 2-18 编程按钮　　　　　　　　图 2-19 窗口下拉菜单

(1) 顺序输入。

在一个网络中，如果只有编程软件的串联连接，输入和输出都无分叉，则视作顺序输入。方法非常简单，只需从网络的开始依次输入各编程元件即可，每输入一个元件，光标自动向后移动到下一列。在图 2-17 中，网络 1 所示为一个顺序输入例子。

图 2-17 中网络 2 的图形是一个网络的开始，此图形表示可在此继续输入元件。

而网络 2 已经连续在一行上输入了两个触点，若想再输入一个线圈，可以直接在指令树中双击线圈图标。图 2-20 中的方框为光标(大光标)，编程元件就是在光标处被输入。

(2) 输入操作数。

图 2-17 中的 "？？.？" 表示此处必须要有操作数，且操作数为触点的名称。可单击 "？？.？"，然后键入操作数。

(3) 任意添加输入。

如果想在任意位置添加一个编程元件，只需单击这一位置将光标移到此处，然后输入编程元件即可。

2) 复杂操作

用指令工具条中的编程按钮(图 2-18)可编辑复杂结构的梯形图，本例中的实现如图 2-20所示。方法是单击图中第一行下方的编程区域，则在本行下一行的开始处显示光标(图 2-20中的方框)，然后输入触点，生成新的一行。

输入完成后出现图 2-21 所示的界面，将光标移到要合并的触点处，单击按钮即可。如果要在一行的某个元件后向下分支，可将光标移到该元件，单击按钮，然后便可在生成的分支顺序输入各元件。

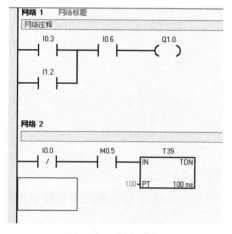
图 2-20　新生成行

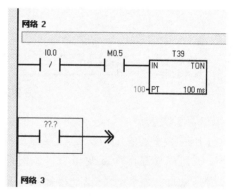
图 2-21　向上合并

3) 插入和删除

编程中经常用到插入和删除一行、一列、一个网络、一个子程序或中断程序等。实现这些操作方法有两种：在编程区右击要进行操作的位置，弹出下拉菜单，选择"插入"或"删除"选项，再弹出子菜单，单击要插入或删除的项，然后进行编辑；也可用"编辑"菜单中的命令进行上述相同的操作。

对于元件的剪切、复制或粘贴等操作方法也与上述类似。

4) 块操作

利用块操作对程序进行大面积删除、移动、复制十分方便，块操作包括块选择、块剪切、块复制和块粘贴。这些操作非常简单，与一般字处理软件中的相应操作方法完全相同。

5) 符号表

为了方便程序的调试和阅读，可以用符号表来定义变量的符号地址，较简单的程序也可以不用符号表。双击指令树的"符号表"文件夹中的"用户定义 1"图标，打开自动生成的符号表。右击符号表中的某一行，在弹出的快捷菜单中选择"插入行"命令，可以在所选行的上面插入新的一行，执行菜单命令"插入"→"新符号表"，可以生成新的符号表。输入完最后一行的注释后按 Enter 键，将会在该行下面自动生成新的行。

使用符号表，可将直接地址编号用具有实际含义的符号代替，有利于程序清晰易读。使用符号表有两种方法：

(1) 在编程时使用直接地址(如 I0.0)，然后打开符号表，编写与直接地址对应的符号(如与 I0.0，对应的符号为"启动")，编译后由软件自动转换名称。

(2) 在编程时直接使用符号名称，然后打开符号表，编写与符号对应的直接地址，编译后得到相同的结果。

要进入符号表，可执行菜单命令"检视"→"符号表"或单击引导条窗口中的"符号表"按钮，符号表窗口如图 2-22 所示。单击单元格可进行符号名、对应直接地址的录入，也可加注释说明；右击单元格，可进行修改、插入、删除等操作。

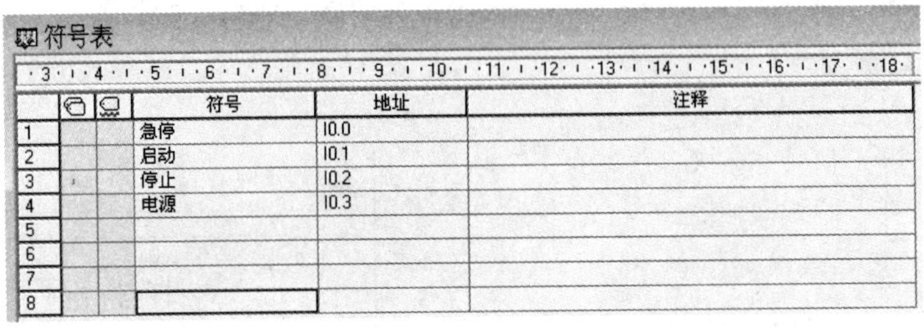

			符号	地址	注释
1			急停	I0.0	
2			启动	I0.1	
3			停止	I0.2	
4			电源	I0.3	
5					
6					
7					
8					

图 2-22　符号表窗口

6) 局部变量表

打开局部变量表的方法是将鼠标指针移到编辑器的程序编辑区的上边缘，拖动上边缘向下，则自动显露出局部变量表，此时即可设置局部变量。使用带参数的子程序调用指令时会用到局部变量表，在此不再详述。

7) 注释

梯形图编程器中的"网络 n (Networkn)"标志每个梯级，同时又是标题栏，可在此为本梯级加标题或必要的注释说明，使程序清晰易读。其方法如下：双击"网络 n"区域，弹出对话框，此时可以在"题目(Title)"文本框中键入标题，在"注释(Comment)"文本框中键入注释。

8) 编程语言转换

软件可实现 3 种编程语言(编辑器)之间的任意切换。选择"查看(View)"菜单，然后单击 STL、LAD 或 FBD 便可进入对应的编程环境。使用最多的是 STL 和 LAD 之间的互相切换，STL 的编程可以按照或不按照网络块的结构顺序编程，但 STL 只有在严格按照网络块编程的格式下编程才可以切换到 LAD，否则无法实现转换。

9) 编译

程序编辑完成后，可执行菜单命令"PLC"→"编译(Compile)"进行离线编译。编译结束后，会在输出窗口显示编译结果信息。

10) 下载程序

如果编译无误，便可单击"下载"按钮，把用户程序下载到 PLC 中。

11) 上载程序

上载前应建立起计算机与 PLC 之间的通信连接，在 STEP7-Micro/WIN 中新建一个空项目来保存上载的块，项目中原有的内容将被上载的内容覆盖。

单击工具条中的"上载"按钮，或者执行菜单命令"文件"→"上载"，将弹出上载对话框。上载对话框与下载对话框的结构基本相同，只是在上载对话框的右下部仅有多选框"成功后关闭对话框"。用户可以用多选框选择是否上载程序块、数据块、系统块、配方和数据记录配置。单击"上载"按钮，开始上载过程。

2.4.2　程序调试与运行监控

1. 基于程序编辑器的程序状态监控

在运行 STEP7-Micro/WIN32 的计算机与 PLC 之间建立起通信连接，并将程序下载到 PLC 后，执行菜单命令"调试"→"开始程序状态监控"，或单击工具条中的"程序状态监控"按钮，可以用程序状态监控功能监控程序运行的情况。

如果需要暂停程序状态监控，单击工具条中的"暂停程序状态监控"按钮，当前的数据保留在屏幕上。再次单击该按钮，继续执行程序状态监控。

1) 梯形图程序的程序状态监控

必须在梯形图程序状态操作开始之前选择程序状态监控的数据采集模式。执行菜单命令"调试"→"使用执行状态"后，进入执行状态，该命令行的前面出现一个"√"。在这种状态模式下，只有在 PLC 处于 RUN 模式时才刷新程序段中的状态值。

在 RUN 模式启动程序状态功能后，将用颜色显示出梯形图中各元件的状态(图 2-23)，左边的垂直"电源线"和与它相连的水平"导线"变为蓝色。如果位操作数为 1(ON)，其常开触点和线圈变为蓝色，它们中间出现蓝色方块，有"能流"流过的"导线"也变为蓝色。如果有能流流入方框指令的 EN(使能)输入端，且该指令被成功执行时，方框指令的方框变为蓝色。定时器和计数器的方框为绿色时表示它们包含有效数据。红色方框表示执行指令时出现了错误。灰色表示无能流、指令被跳过、未调用或 PLC 处于 STOP (停止)模式。

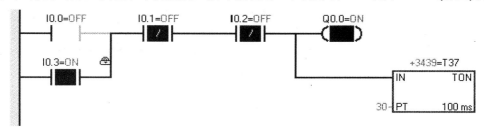

图 2-23　梯形图程序的状态监控

执行菜单命令"工具"→"选项"，弹出"选项"对话框，在"程序编辑器"选项卡中设置梯形图编辑器中栅格(即矩形光标)的宽度、字符的大小、仅显示符号或同时显示符号和地址等。

在上述的执行状态下，执行菜单命令"调试"→"使用执行状态"，菜单中该命令行前面的"√"消失，进入扫描结束状态。

2) 语句表程序的程序状态监控

启动语句表的程序状态监控功能和启动梯形图的方法完全相同。图 2-24 中操作数 3 的右边是逻辑堆栈中的值。

	操作数 1	操作数 2	操作数 3	0123	中
LD	I0.0	OFF		0000	0
O	I0.3	ON		1000	1
AN	I0.1	OFF		1000	1
AN	I0.2	OFF		1000	1
=	Q0.0	ON		1000	1
TON	T37, 30	+8894	30	1000	1

图 2-24　语句表程序的状态监控

用菜单命令"工具"→"选项"打开"选项"对话框，如图 2-25 所示，在"程序编辑器"的 STL 状态，可以设置语句表程序状态监控的内容，每条指令最多可以监控 4 个当前值和 1 个指令状态位。

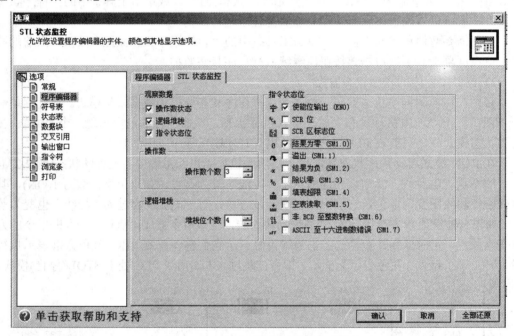

图 2-25　语句表程序状态监控的设置

状态信息从位于编辑窗口顶端的第一条 STL 语句开始显示。向下滚动编辑窗口时，将从 CPU 获取新的信息。

2．用状态表监控与调试程序

如果需要同时监控的变量不能在程序编辑器中同时显示，可以使用状态表的监控功能。

1）打开和编辑状态表

在程序运行时，可以用状态表来读、写、强制和监控 PLC 的变量。双击目录树的"状态表"文件夹中的"用户定义 1"图标，或者执行菜单命令"查看"→"组件"→"状态表"，均可以打开状态表，并对它进行编辑。如果项目中有多个状态表，可以用状态表编辑器底部的标签切换它们。

在状态表中执行菜单命令"编辑"→"插入"→"行"，或者右击状态表中的单元，在弹出的菜单中的执行"插入"→"行"命令，可以在状态表中当前光标位置的上部插入新的行。将光标置于状态表最后一行中的任意单元后，按向下的箭头键，在状态表的底部将会增添一个新的行。在符号表中选中变量并将其复制到状态表中(只复制符号列)，可以快速创建状态表。

2) 创建新的状态表

可以创建几个状态表，以分别监控不同的元件组。右击指令树中的"状态表"或单击已经打开的状态表，执行弹出的菜单中的"插入"→"状态表"命令，可以创建新的状态表。

3) 启动和关闭状态表的监控功能

与 PLC 的通信连接成功后，打开状态表，执行菜单命令"调试"→"开始状态表监控"或单击工具条上的"状态表监控"按钮，可以启动状态时监控 8 点、16 点或 32 点变量。

4) 单次读取状态信息

状态表被关闭时，执行菜单命令"调试"→"单次读取"或单击工具条上的"单次读取"按钮，可以从 PLC 收集当前的数据，并在状态表中的"当前值"列显示出来，执行用户程序时并不对它进行更新。如要连续收集状态表信息，应启动状态表的监控功能。

5) 趋势图

可以用下列方法之一在状态表的表格视图和趋势视图之间切换：

(1) 执行菜单命令"查看"→"查看趋势图"。

(2) 用鼠标右键单击状态表，然后执行弹出的菜单中的"查看趋势图"命令。

(3) 单击调试工具条的"趋势图"按钮。

单击工具条中的"暂停趋势图"按钮或执行菜单命令"调试"→"暂停趋势图"，可以"冻结"趋势图。实时趋势功能不支持历史趋势，即不会保留超出趋势图窗口的时间范围的趋势数据。

3. 用状态表强制改变数值

1) 强制的基本概念

在 RUN 模式且对控制过程影响较小的情况下，可以对程序中的某些变量强制性地赋值。S7-200 CPU 允许强制性地给所有的 I/O 点赋值，此外还可以改变最多 16 个内部存储器数据(V 或 M)或模拟量 I/O(AI 或 AQ)。V 或 M 可以按字节、字或双字来改变，只能从偶数字节开始以字为单位改变模拟量(如 AIW6)。强制的数据永久性地存储在 CPU 的 E^2PROM 中。

通过强制 V、M、T 或 C，可以用来模拟逻辑条件。通过强制 I/O 点，可以用来模拟物理条件。在写入或强制输出时，如果 S7-200 与其他设备相连，可能导致系统出现无法预料的情况，引起人员伤亡或设备损坏，所以只有合格的人员才能进行强制操作。

2) 强制的操作方法

启动状态表的监控功能后，可以用"调试"菜单中的命令或工具条中与调试有关的按钮执行下列操作：强制、取消强制、取消全部强制、读取全部强制、单次读取和全部写入。右击状态表中的某个操作数，在弹出的菜单中可以选择对该操作数强制或取消强制。

(1) 全部写入。完成了对状态表中变量的改动后，可以用全部写入功能将所有的改动传送到 PLC。执行程序时，修改的数值可能被程序改写成新的数值，物理输入点(I)的状态不能用此功能修改。

(2) 强制。在状态表的地址列选中一个操作数，在"新数值"列写入希望的数据，然后单击工具条中的"强制"按钮。被强制的数值旁边将显示强制图标(见图 2-24 中的 I0.3)。一旦使用了强制功能，每次扫描都会将修改的数值用于该操作数，直到取消对它的强制。

(3) 对单个操作数取消强制。选择一个被强制的操作数，然后单击工具条中的"取消强制"按钮，被选择的地址的强制图标将会消失。也可以用鼠标右键单击该地址后再进行操作。

(4) 取消全部强制。如果希望从状态表中取消全部强制，可以单击工具条中的"取消全部强制"按钮，使用该功能之前不必选中某个地址。

(5) 读取全部强制。执行"读取全部强制"功能时，状态表中被强制的地址的当前值列将在已经被显式强制、隐式强制或部分隐式强制的地址处显示相应的图标。

4. 在 STOP 模式下写入和强制输出

必须执行菜单命令"调试"→"STOP (停止)模式下写入—强制输出"，才能在 STOP 模式中启用该功能。打开 STEP7-Micro/WIN 32 或打开不同的项目时，作为默认状态，没有选中该菜单选项，以防止在 PLC 处于 STOP 模式时写入或强制输出。

5. 调试用户程序的其他方法

1) 使用书签

工具条中的 4 个旗帜形状的按钮与书签有关，可以用它们来生成和清除书签，跳转到上一个或下一个书签所在的位置。

2) 单次扫描

从 STOP 模式进入 RUN 模式，首次扫描位(SM0.1)在第一次扫描时为 1 状态。由于执行速度太快，在程序运行状态很难观察到首次扫描刚结束时 PLC 的状态。

在 STOP 模式执行菜单命令"调试"→"首次扫描"，PLC 进入 RUN 模式，执行一次扫描后，自动回到 STOP 模式，可以观察到首次扫描后的状态。

3) 多次扫描

PLC 处于 STOP 模式时，执行菜单命令"调试"→"多次扫描"，在弹出的对话框中指定执行程序扫描的次数(1~9999 次)，单击"确认"按钮，执行完指定的扫描次数后，自动返回 STOP 模式。

本 章 小 结

本章简单学习了 PLC 的基本原理及相关的软硬件基础,同时简要介绍了 STEP7-Micro/WIN32 编程软件的使用。

习　题

2-1 填空。

(1) PLC 主要由_____、_____、_____和_____组成。

(2) 继电器的线圈"断电"时，其常开触点_____，常闭触点_____。

(3) 外部的输入电路接通时，对应的输入过程映像寄存器为_____状态，梯形图中对应的常开触点_____，常闭触点_____。

(4) 若梯形图中输出 Q 的线圈"断电"，对应的输出过程映像寄存器为_____状态，在修改输出阶段后，继电器型输出模块中对应的硬件继电器的线圈_____，其常开触点_____，外部负载_____。

2-2 整体式 PLC 与模块式 PLC 各有什么特点？分别适用于什么场合？

2-3 RAM 与 E^2PROM 各有什么特点？

2-4 数字量交流输入模块与直流输入模块分别适用于什么场合？

2-5 数字量输出模块有哪几种类型？它们各有什么特点？

2-6 简述 PLC 的扫描工作过程。

2-7 构成 PLC 的主要部件有哪几个？各部分主要作用是什么？

2-8 描述 PLC 的工作方式。输入映像寄存器、输出映像寄存器、输出寄存器在 PLC 中各起什么作用？

2-9 PLC 与继电器控制的差异是什么？

2-10 频率变送器的量程为 45～55Hz，输出信号为 DC0～10V，模拟量输入模块输入信号的量程为 DC0～10V，转换后的数字量为 0～10，设转换后得到的数字为 8，试求以 0.01Hz 为单位的频率值。

2-11 用于测量锅炉炉膛压力(−60～60Pa)的变送器的输出信号为 4～20mA，模拟量输入模块将 0～20mA 转换为数字 0～320 以内，设转换后得到的数字为 N，试求以 0.01Pa 为单位的压力值。

2-12 试设计某液压滑台 PLC 控制系统。开始滑台位于原位，压下 SQ1，按下启动按钮，滑台快进，到达某一位置时压下 SQ2，变为工进，到达终点位置压下 SQ3，变为快退，退到原位又重新开始下一循环。控制滑台电磁阀分别为快进阀 YV1、工进阀 YV2、快退阀 YV3。要求画出 PLC 外部接线图，说明地址分配。

第3章

S7-200PLC 基本指令及应用

知识要点

学习 S7-200PLC 的基本指令及其应用，学会使用 PLC 完成简单的任务。

相关知识

PLC 基本指令。

工程应用方向

通过学习简单的 PLC 基本指令，为后续复杂 PLC 的编程打下基础。

学习目标

能够熟练掌握 S7-200PLC 的基本指令并使用这些指令完成简单的程序编写。

本章知识结构

(1) 基本编程指令；
(2) 程序控制指令。

3.1　基本编程指令

3.1.1　位逻辑指令

1. 加载标准触点(输入)指令

加载标准触点的梯形图表示：加载标准常开触点由左母线连接标准常开触点构成，其中标准常开触点由两条竖线并标示触点位地址 bit 组成；加载标准常闭触点由左母线连接标准常闭触点构成，其中标准常闭触点由两条竖线夹左下倾斜线并标示触点位地址 bit 组成。加载标准触点的语句表表示：加载标准常开触点由操作码 LD (Load)和标准常开触点位地址 bit 构成；加载标准常闭触点由操作码 LDN (Load Not)和标准常闭触点位地址 bit 构成。加载标准触点用梯形图和语句表的表示如图 3-1 所示。

图 3-1　标准接触点指令

加载标准触点的功能：常开触点是在其线圈不得电时，触点是断开的(即触点状态为 OFF 或为 0)，而其线圈得电时，触点是闭合的(即触点状态为 ON 或为 1)；常闭触点是在其线圈不得电时，触点是闭合的(即触点状态为 ON 或为 1)，而其线圈得电时，触点是断开的(即触点状态为 OFF 或为 0)。总之，在程序执行过程中，标准触点起开关的作用。

在语句表中的 LD (Load)指令，表示一个逻辑梯级的编程开始。CPU 执行 LD 指令时，首先将指令操作的位(bit)值装入逻辑堆栈栈顶，故也称栈装载指令，然后将堆栈其余各级内容依次下压一级，直至最后一级内容丢失。语句表中 LDN(Load Not)指令是对常闭触点编程，执行 LDN 指令时，将操作数的位(bit)值取反后，再做相应的"装载"操作。操作数范围：I、Q、M、SM、T、C、V、S、L(位)。

2. 立即加载标准触点(输入)指令

立即加载标准触点的梯形图表示：立即加载常开触点由左母线连接立即常开触点构成，其中立即常开触点由两条竖线夹字母 I 并标示触点位地址 bit 组成；立即加载常闭触点由左母线连接立即常闭触点构成，其中立即常闭触点由两条竖线夹左下倾斜线及字母 I 并标示触点位地址 bit 组成。

立即加载标准触点的语句表表示：立即加载常开触点由操作码 LDI (Load Immediately)和立即常开触点位地址 bit 构成；立即加载常闭触点由操作码 LDNI (Load Not Immediately)和立即常闭触点位地址 bit 构成。

立即触点用梯形图和语句表的表示如图 3-2 所示。立即触点的功能：含有立即触点的指令称为立即指令，它是为加快输入输出响应速度而设置的，当立即指令执行时，CPU 直接读取其物理输入点的值，而不是等到更新输入映像寄存器。当某物理输入点的触点闭合时，相应的常开立即触点的位(bit)值为 1、常闭立即触点的位(bit)值为 0；当该物理输入点的触点断开时，相应的常开立即触点的位(bit)值为 0、常闭立即触点的位(bit)值为 1。在程序执行过程中，立即触点起开关作用。

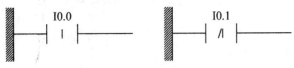

图 3-2 立即触点指令

输出操作与立即输出操作用梯形图、语句表的表示如图 3-3 所示。

Q0.1 ——(|)   Q0.0 ——(|)

(a) 输出操作指令   (b) 立即输出操作指令

图 3-3 输出操作指令和立即输出操作指令

逻辑与操作的功能：用于单个触点的串联连接，在梯形图中，逻辑与描述了触点的串联，同电气控制一样，只有各触点都接通(都为高电平)，才会有输出，可以应用于要求几个条件同时成立的控制。

各种情形的逻辑与操作用梯形图表示如图 3-4 所示。

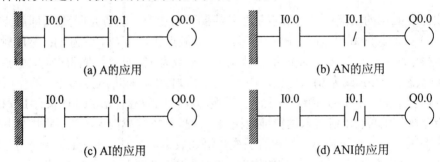

图 3-4 逻辑与操作指令的应用

逻辑或操作的功能：用于单个触点的串联连接，逻辑或是指两个元件的状态只要有一个是高电平就有输出，只有当两个元件都是低电平时才无输出，可以应用于满足条件之一就要求进行某项操作的控制。例如，水轮发电机组一般事故停机同时导叶剪断销被剪断或转速上升至 140%额定转速，两个条件仅具备其一就要求机组进行紧急事故停机。

各种情形的逻辑或操作用梯形图表示如图 3-5 所示。

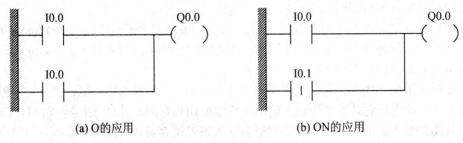

图 3-5 逻辑或操作指令的应用

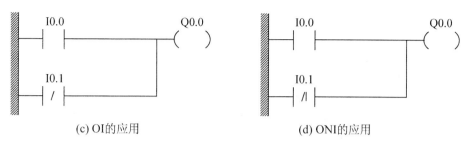

(c) OI的应用　　　　　　　　　　　(d) ONI的应用

图 3-5　逻辑或操作指令的应用(续)

3. 置位/复位操作指令

置位/复位指令说明：①置位或复位指令可用于电动机的启、停控制程序，如表 3-1 所示；②指定触点一旦被置位，则保持接通状态，直到对其进行复位操作，而指定触点一旦被复位，则变为断开状态，直到对其进行置位操作；③如果用复位指令 "R bit, N"，对定时器或计数器进行复位操作，则被指定的 T 或 C 的位被复位，同时其当前值被清零；④S、R 指令可多次使用相同编号的各类触点，使用次数不限。

表 3-1　置位/复位指令梯形图、语句表及功能表

	LAD	STL	功能
置位指令	S-bit ——(S) 　　　N	S bit, N	从 S-bit 开始的 N 个元件置 1 并启动保持
复位指令	S-bit ——(R) 　　　N	R bit, N	从 S-bit 开始的 N 个元件清零并自保持

4. 取非触点指令和空操作指令

取非操作的梯形图表示：取非操作是在一般触点上加写 NOT 字符构成的。取非操作的语句表表示：取非操作是由操作码 NOT 构成，它只能和其他操作联合使用，本身没有操作数。取非操作的功能：取非操作把源操作数的状态取反作为目标操作数输出。当源操作数的状态为 OFF(或 0)时，取非操作的结果状态应该是 ON(或 1)；当源操作数的状态为 ON(或 1)时，取非操作的结果状态应该是 OFF (或 0)。取非触点指令编程举例如图 3-6 所示。

图 3-6　取非触点指令编程

5. 空操作 NOP

N 指令不影响程序的执行，NOP 是 No Operation 的缩写，操作数 N 是一个在 1～255 之间的常数，该指令是一条无动作、无目标元件占一个程序步的指令，执行 NOP 指令只能使程序计数器加 1，所以占用一个机器周期。程序中加入 NOP 指令可以预留编程过程中需要追加指令的程序步，用于修改程序，另外 PLC 的执行程序全部清除后用 NOP 显示。

3.1.2 堆栈操作

AND(与)载入(ALD)指令采用逻辑 AND(与)操作将堆栈第一级和第二级中的数值组合，并将结果载入堆栈顶部。执行 ALD 后，堆栈深度减 1。

OR(或)载入(OLD)指令采用逻辑 OR(或)操作将堆栈第一级和第二级中的数值组合，并将结果载入堆栈顶部。执行 OLD 后，堆栈深度减 1。

逻辑进栈(LPS)指令复制堆栈中的顶值并使该数值进栈。堆栈底值被推出栈并丢失。

逻辑出栈(LPP)指令将堆栈中的一个数值出栈。第二个堆栈数值成为堆栈新顶值。

逻辑读取(LRD)指令将第二个堆栈数值复制至堆栈顶部。不执行进栈或出栈，但旧堆栈顶值被复制破坏。

载入堆栈(LDS)指令复制堆栈中的堆栈位 n，并将该数值置于堆栈顶部。堆栈底值被推出栈并丢失。

关于堆栈指令的说明：①堆栈指令主要用于组织复杂的逻辑关系，无须操作数；②由于堆栈空间只有 9 层，所以 LPS 和 LPP 指令的连续使用不得超过 9 次；③合理运用 LPS、LRD、LPP 指令可达到简化程序的目的，但应注意，LPS 与 LPP 必须配对使用，而在它们之间可以多次使用 LRD 指令。

堆栈操作指令应用举例如图 3-7 所示，堆栈操作原理如图 3-8 所示。

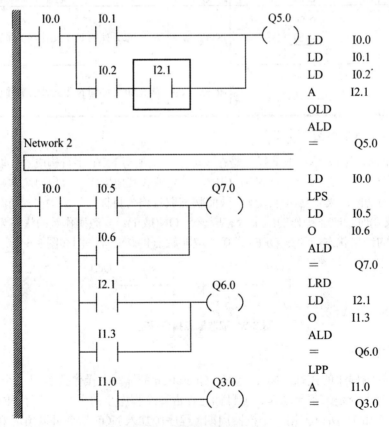

图 3-7　堆栈操作指令应用举例

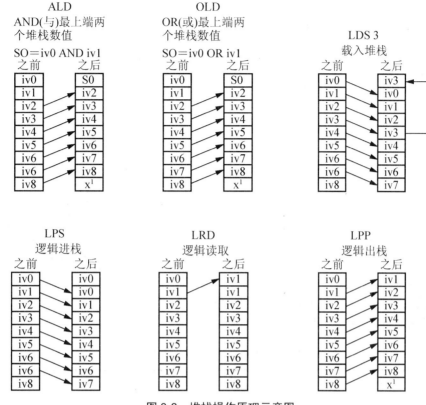

图 3-8　堆栈操作原理示意图

1. 数值未知(可能是 0 或 1);
2. 执行 LPS 指令后，iv8 丢失

3.1.3　定时器

　　定时器指令在编程中首先要设置预置值，用以确定定时时间。在程序的运行过程中，定时器不断累计时间。当累计的时间与设置时间相等时，定时器发生动作，以实现各种定时逻辑控制工作。S7-200 系列 PLC 提供了接通延时定时器(TON)、断开延时定时器(TOF)、记忆接通延时定时器(TONR)3 种类型的定时器，定时器的分辨率(时基)也有 3 种，分别为 1ms、10ms、100ms。分辨率指定时器中能够区分的最小时间增量，即精度。具体的定时时间 T 由预置值 PT 和分辨率的乘积决定，如设置预置值 PT＝1000，选用的定时器分辨率为 10ms，则定时时间为 T＝10ms×1000＝10s。定时器的分辨率由定时器号决定，如表 3-2 所示，S7-200 系列 PLC 共提供定时器 256 个，定时器号的范围为 0～255。定时器编号由定时器名称和常数(0～255)来表示，即 Tn，如 T32。定时器号包括定时器的当前值和定时器位的两个变量信息。定时器的当前值用于存储定时器当前所累计的时间，它是一个 16 位的存储器，存储 16 位带符号的整数，最大计数值为 32767。接通延时定时器 TON 与断开延时定时器 TOF 分配的是相同的定时器号，这表示该部分定时器号能作为这两种定时器

使用。但在实际使用时要注意，同一个定时器号在一个程序中不能既为接通延时定时器 TON，又为断开延时定时器 TOF。

表 3-2　定时器各类型所对应定时器号及分辨率

定时器类型	分辨率/ms	最大计时范围/s	定时器号
TONR	1	32.767	T0，T64
	10	327.67	T1～T4，T65～T68
	100	3276.7	T5～T31，T69～T95
TON、TOF	1	32.767	T32，T96
	10	327.67	T33～T36，T97～T100
	100	3276.7	T37～T63，T101～T255

对于 TONR 和 TON，当定时器的当前值等于或大于预置值时，该定时器位被置为 1，即所对应的定时器触点闭合；对于 TOF，当输入 IN 接通时，定时器位被置 1，当输入信号由高变低负跳变时启动定时器，达到预定值 PT 时，定时器位断开。

定时器指令的梯形图、语句表格式如表 3-3 所示，其操作数如表 3-4 所示。

表 3-3　定时器指令的梯形图、语句表格式

名称	接通延时定时器	记忆接通延时定时器	断开延时定时器
定时器类型	TON	TONR	TOF
语句表	TON Tn，PT	TONR Tn，PT	TOF Tn，PT
梯形图	Tn — IN TON — PT	Tn — IN TONR — PT	Tn — IN TOF — PT

表 3-4　定时器指令的操作数

输入/输出	可用操作数
Tn	常数(0～255)
IN	能流
PT	VW，IW，QW，MW，SW，SMW，LW，AIW，T，C，AC，常数，*VD，*AC，*LD

下面对 3 种类型定时器的工作原理进行分析。

1. 接通延时定时器

接通延时定时器(TON)指令在启用输入为"打开"时，开始计时。当前值(T×××)大于或等于预设时间(PT)时，定时器位为"打开"。启用输入为"关闭"时，接通延时定时

器当前值被清除。达到预设值后，定时器仍继续计时，达到最大值 32767 时，停止计时。TON、TONR 和 TOF 定时器有 3 种分辨率。分辨率由图 3-9 所示的定时器号码决定。每一个当前值都是时间基准的倍数。例如，10ms 定时器中的计数 50 表示 500ms。可以将 TON 用于单间隔计时。可用"复原"(R)指令复原任何定时器。"复原"指令执行下列操作：定时器位＝关闭，定时器当前值＝0。接通延时定时器应用举例如图 3-9 所示。

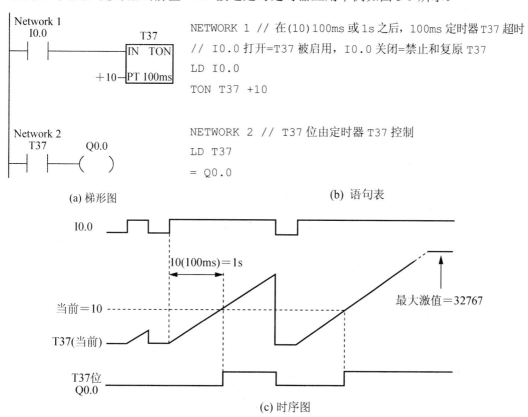

图 3-9　接通延时定时器应用举例

2. 断开延时定时器

断开延时定时器(TOF)用于在输入关闭后，延迟固定的一段时间再关闭输出。启用输入打开时，定时器位立即打开，当前值被设为 0。输入关闭时，定时器继续计时，直到消逝的时间达到预设时间。达到预设值后，定时器位关闭，当前值停止计时。如果输入关闭的时间短于预设数值，则定时器位仍保持在打开状态。TOF 指令必须遇到从"打开"至"关闭"的转换才开始计时。如果 TOF 定时器位于 SCR 区域内部，而且 SCR 区域处于非现用状态，则当前值被设为 0，计时器位被关闭，而且当前值不计时。可用"复原"(R)指令复原任何定时器。"复原"指令执行下列操作：定时器位＝关闭，定时器当前值＝0，复原后，TOF 定时器要求启用输入从"打开"转换为"关闭"，以便重新启动。

断开延时定时器应用举例如图 3-10 所示。

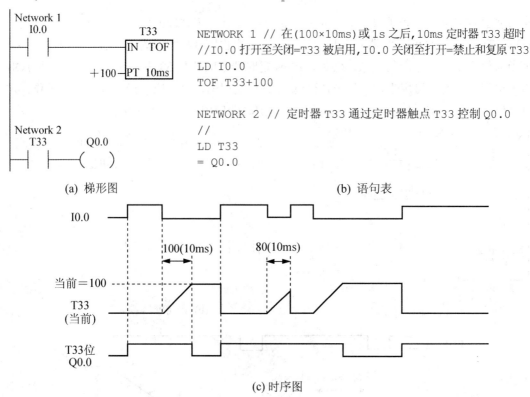

NETWORK 1 // 在(100×10ms)或1s之后,10ms 定时器 T33 超时
//I0.0 打开至关闭=T33 被启用,I0.0 关闭至打开=禁止和复原 T33
LD I0.0
TOF T33+100

NETWORK 2 // 定时器 T33 通过定时器触点 T33 控制 Q0.0
//
LD T33
= Q0.0

(a) 梯形图   (b) 语句表

(c) 时序图

图 3-10   断开延时定时器应用举例

3. 保持型接通延时定时器

保持型接通延时定时器(TONR)指令在启用输入为"打开"时,开始计时。当前值(T×××)大于或等于预设时间(PT)时,计时位为"打开"。当输入为"关闭"时,保持保留性延迟定时器当前值。可使用保留性接通延时定时器为多个输入"打开"阶段累计时间。使用"复原"指令(R)清除保留性延迟定时器的当前值。达到预设值后,定时器继续计时,达到最大值 32767 时,停止计时。可以将 TONR 用于累积多个计时间隔。可用"复原"(R)指令复原任何定时器。"复原"指令执行下列操作:定时器位=关闭,定时器当前值=0,只能用"复原"指令复原 TONR 定时器。

保持型接通延时定时器应用举例如图 3-11 所示。

应用定时器指令应注意以下几个问题:

(1) 不能把一个定时器号同时用作断开延时定时器(TOF)和接通延时定时器(TON),TOF 及 TON 不能共享相同的定时器号。例如,不能有 TON T32 和 TOF T32。

(2) 使用复位(R)指令对定时器复位,执行复位指令时,定时器位断开,定时器当前值清零。

(3) 记忆接通延时定时器(TONR)只能通过复位指令进行复位操作。

(4) 断开延时定时器(TOF)在复位后,要再启动,需在允许输入端有一个负跳变(由 ON 到 OFF)的输入信号启动计时。

NETWORK 1 // 10 毫秒 TONR 定时器在 PT=(100×10 毫秒) 或 1s 时超时
//
LD I0.0
TONR T1+100

NETWORK 2 // T1 位由定时器 T1 控制
// 在定时器总共累积 1s 后，打开 Q0.0
LD T1
=Q0.0

NETWORK 3 // TONR 定时器必须由带有 T 地址的复原指令复原
//当 I0.1 打开时，复原定时器 T1（当前和位）
LD I0.1
R T1 1

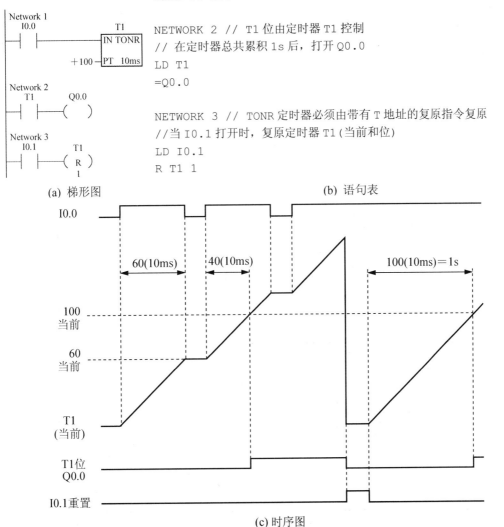

(a) 梯形图　　　　　　　　　　　　(b) 语句表

(c) 时序图

图 3-11　保持型接通延时定时器应用举例

(5) 不同分辨率的定时器它们当前值的刷新周期是不同的。1ms 分辨率定时器启动后，定时器对 1ms 的时间间隔进行计时，每隔 1ms 刷新一次定时器位和定时器当前值，而不和扫描周期同步，也就是说，定时器位和定时器当前值在扫描周期大于 1ms 的一个周期中要刷新几次，由于定时器在 1ms 内可以在任何地方启动，预设值必须大于最小需要时间间隔。例如，使用 1ms 定时器要确保至少 56ms 的时间间隔，预设值应该设为 57，1ms 定时器的编程应用举例如图 3-12(a)所示。10ms 分辨率定时器启动后，对 10ms 时间间隔进行计时，程序执行时，在每次扫描周期的开始对 10ms 定时器刷新，也就是说在一个扫描周期内定时器位和定时器当前值保持，把累计的 10ms 的间隔数加到启动的定时器的当前值，由于定时器在 10 ms 内可以在任何地方启动，预设值必须大于最小需要时间间隔。例如使用 10ms 定时器要确保至少 140ms 的时间间隔，预设值应该设为 15，10ms 定时器的编程应用举例如图 3-12(b)所示。子程序和中断程序中不宜用 100ms 定时器，主程序中不能重复使用同一 100ms 的定时器号，100ms 分辨率定时器启动后，对 100ms 时间间隔进行计时，只有在定时器指令执行时，100ms 定时器的当前值才被刷新，但是 100ms 定时器在每次扫描周期的开始刷新(也就是说在一个扫描周期内定时器位和定时器当前值保持)把累计的 100ms 间隔数加到启动的定时器的当前值，只有定时器指令执行时，100ms 定时器的当前值才刷新。因此，如果 100ms 定时器激活，但是每个扫描周期没有执行定时器指令，定时器的当前值不刷新造成时间丢失，同样地如果在一个扫描周期内多次执行相同的 100ms 定时器指令就会造成多计时间，定时器仅用在定时器指令每个扫描周期精确执行一次的地方，由于定时器在 100ms 内可以在任何地方启动，预设值必须大于最小需要时间间隔。例如，使用 100ms 定时器时为了保证至少 2100ms 的时间间隔，预设时间值应该设为 22。100ms 定时器的编程应用举例如图 3-12(c)所示。

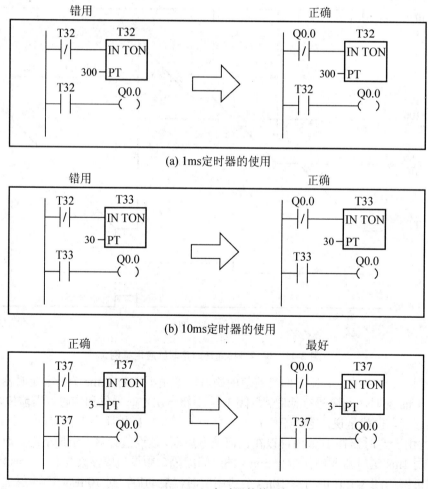

(a) 1ms定时器的使用

(b) 10ms定时器的使用

(c) 100ms定时器的使用

图 3-12　自动触发一次定时器应用举例

【例 3-1】自制脉冲源的设计：在实际应用中，经常会遇到需要产生一个周期确定而占空比可调的脉冲系列，这样的脉冲用两个接通延时的定时器即可实现。试设计一个周期为 10s、占空比为 0.4 的脉冲系列，该脉冲的产生由输入端 I15.7 控制。

分析：采用定时器 T254 和 T255 组成，如图 3-13 所示。当 I15.7 由 0 变为 1 时，因 T255 的非是接通的，故 T254 被启动并且开始计时，当 T254 的当前值 PV 达到设定值 PT1 时，T254 的状态由 0 变为 1，由于 T254 为 1 状态，这时 T255 被启动，T255 开始计时。

梯形图如图 3-13 所示。

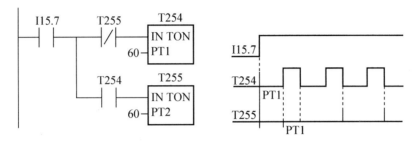

图 3-13　自制脉冲源的编程

当 T255 的当前值 PV 达到其设定值 PT2 时，T255 瞬间由 0 变为 1 状态，T255 的瞬间 1 状态使得 T254 的启动信号变为 0 状态，则 T254 的当前值 PV＝0，T254 的状态变为 0，T254 的 0 状态使得 T255 变为 0 状态，又重新启动 T254 开始下一周期的运行。

从以上分析可知，T255 计时开始到 T255 的 PV 值达到 PT2 期间 T254 的状态为 1，这个脉冲宽度取决于 T255 的 PT 值 PT2，而 T254 计时开始到达设定值期间 T254 的状态为 0，两个定时器的 PT 值相加就是脉冲的周期。

如果 T254 的设定值由 VW0 提供，T255 的设定值由 VW2 提供，就组成了周期 $T＝(VW0)＋(VW2)$，占空比 $\tau＝(VW2)/[(VW0)＋(VW2)]$ 的脉冲序列。

3.1.4　计数器

定时器对时间的计量是通过对 PLC 内部时钟脉冲的计数实现的。计数器的运行原理和定时器基本相同，只是计数器是对外部或内部由程序产生的计数脉冲进行计数的。在运行时，首先为计数器设置预置值 PV，计数器检测输入端信号的正跳变个数，当计数器当前值与预置值相等时，计数器发生动作，从而完成相应控制任务。

S7-200 系列 PLC 提供了 3 种类型的计数器：向上计数(CTU)、向下计数(CTD)、向上/向下计数(CTUD)，总共有 256 个。计数器编号由计数器名称和常数(0～255)组成，表示方法为 Cn，如 C99。3 种计数器使用同样的编号，所以在使用中要注意，同一个程序中，每个计数器编号只能出现一次。计数器编号包括两个变量信息：计数器的当前值和计数器位。计数器的当前值用于存储计数器当前所累计的脉冲数。它是一个 16 位的存储器，存储 16 位带符号的整数，最大计数值为 32767。

对于 CTU、CTUD 来说，当计数器的当前值等于或大于预置值时，该计数器位被置为 1，即所对应的计数器触点闭合；对于 CTUD 来说，当计数器当前值减为 0 时，该计数器位被置为 1。

计数器指令的梯形图、语句表格式如表 3-5 所示,其可用操作数如表 3-6 所示。

表 3-5 计数器指令的梯形图、语句表格式

名称	增计数器	增减计数器	减计数器
计数器类型	CTU	CTUD	CTD
语句表	CTU Cn, PV	CTUD Cn, PV	CTD Cn, PV
梯形图	增计数器梯形图 CU CTU / R / PV, Cn	增减计数器梯形图 CU CTUD / CD / R / PV, Cn	减计数器梯形图 CD CTD / LD / PV, Cn

表 3-6 计数器指令的可用操作数

输入/输出	可用操作数
Cn	常数(0~255)
CU, CD, LD, R	能流
PV	VW, IW, QW, MW, SW, SMW, LW, AIW, T, C, AC, 常数, *VD, *AC, *LD

注:(1) 操作数均为 INT(整型)值;(2) 常数较为常用。

下面简单分析 3 种计数器的工作原理:

1) 向上计数(CTU)

每次向上计数输入 CU 从关闭向打开转换时,向上计数(CTU)指令从当前值向上计数。当前值(C×××)大于或等于预设值(PV)时,计数器位(C×××)打开。复原(R)输入打开或执行"复原"指令时,计数器被复原。达到最大值(32767)时,计数器停止计数。计数器范围:C×××=C0 至 C255 在 STL 中,CTU 复原输入是堆栈顶值,向上计数输入是装载在第二个堆栈位置的值。

注释: 因为每个计数器有一个当前值,请勿将相同的计数器号码设置给一个以上的计数器(号码相同的向上计数器、向上/向下计数器和向下计数器访问相同的当前值)。

2) 向下计数(CTD)

每次向下计数输入光盘从关闭向打开转换时,向下计数(CTD)指令从当前值向下计数。当前值 C××× 等于 0 时,计数器位(C×××)打开。载入输入(LD)打开时,计数器复原计数器位(C×××)并用预设值(PV)载入当前值。达到 0 时,向下计数器停止计数,计数器位 C××× 打开。计数器范围:C×××=C0 至 C255 在 STL 中,CTD 载入输入是堆栈顶值,而向下计数输入是装载在第二个堆栈位置的数值。

注释: 因为每个计数器有一个当前值,请勿将相同的计数器号码设置给一个以上的计

数器(号码相同的向上计数器、向上/向下计数器和向下计数器存取相同的当前值)。

向下计数应用举例如图 3-14 所示。

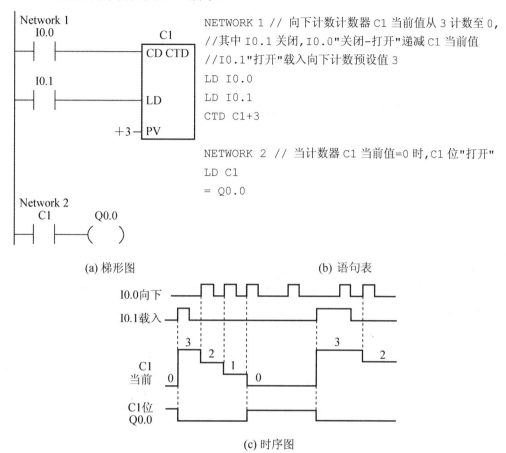

NETWORK 1 // 向下计数计数器 C1 当前值从 3 计数至 0,
//其中 I0.1 关闭,I0.0"关闭-打开"递减 C1 当前值
//I0.1"打开"载入向下计数预设值 3
LD I0.0
LD I0.1
CTD C1+3

NETWORK 2 // 当计数器 C1 当前值=0 时,C1 位"打开"
LD C1
= Q0.0

(a) 梯形图　　　　　　　　　　　　(b) 语句表

(c) 时序图

图 3-14　向下计数应用举例

3) 向上/向下计数(CTUD)

每次向上计数输入 CU 从关闭向打开转换时,向上/向下计数(CTUD)指令向上计数;每次向下计数输入光盘从关闭向打开转换时,向下计数。计数器的当前值(C×××)保持当前计数。每次执行计数器指令时,预设值(PV)与当前值进行比较。在达到最大值(32767)时,位于向上计数输入位置的下一个上升沿使当前值返转为最小值(−32768)。在达到最小值(−32768)时,位于向下计数输入位置的下一个上升沿使当前计数返转为最大值(32767)。当当前值(C×××)大于或等于预设值(PV)时,计数器位(C×××)打开。否则,计数器位关闭。当"复原"(R)输入打开或执行"复原"指令时,计数器被复原。达到 PV 时,CTUD计数器停止计数。

计数器范围:C×××=C0 至 C255 在 STL 中,CTUD 复原输入是堆栈顶值,向下计数输入是装载在第二个堆栈位置的值,向上计数输入是装载在第三个堆栈位置的值。

注释:因为每个计数器有一个当前值,请勿将相同的计数器号码设置给一个以上的计数器。(号码相同的向上计数器、向上/向下计数器和向下计数器存取相同的当前值)。

向上/向下计时应用举例如图 3-15 所示。

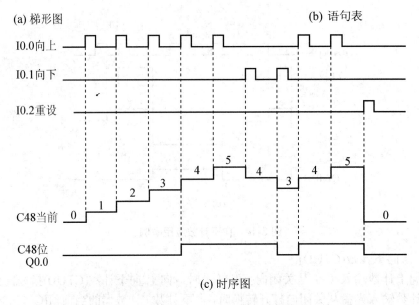

NETWORk 1 // I0.0向上计数 - I0.1向下计数 - I0.2将当
前值复原为 0
LD I0.0
LD I0.1
 LD I0.2
CTUD C48+4

NETWORK 2 // 当前值>=4 时,向上/向下计数计数器 C48
打开C48位

(a) 梯形图   (b) 语句表

(c) 时序图

图 3-15　向上/向下计数应用举例

3.2　程序控制指令

3.2.1　结束指令

1. 条件结束指令

条件结束指令(END) (表 3-7)根据前面的逻辑关系终止当前的扫描周期。只能在主程序中使用条件结束指令。

表 3-7　程序控制指令

梯　形　图	语　句　表	描　　述
END	END	程序的条件结束
STOP	STOP	切换到 STOP 模式
WDR	WDR	看门狗复位
JMP	JMP　n	跳到定义的标志
LBL	LBL　n	定义一个跳转的标志
—	CALL　n(N1,…)	调用子程序
RET	CRET	从子程序条件返回
FOR	FOR INDX，INIT，FINAL	循环
NEXT	NEXT	循环结束
DIAG_LED	DLED	诊断 LED

2. 停止指令

停止指令 STOP 使 PLC 从运行(RUN)模式进入停止(STOP)模式,立即终止程序的执行。如果在中断程序中执行停止指令,中断程序立即终止,并忽略全部等待执行的中断,继续执行主程序的剩余部分,并在主程序的结束处,完成从运行方式至停止方式的转换。

3.2.2　监控定时器复位指令

监控定时器又称看门狗(Watchdog),它的定时时间为 500ms,每次扫描它都被自动复位。正常工作时扫描周期小于 500ms,它不起作用。

在以下情况下扫描周期可能大于 500ms,监控定时器会停止执行用户程序:

(1) 用户程序很长。

(2) 出现中断事件时,执行中断程序的时间较长。

(3) 循环指令使扫描时间延长。

为了防止在正常情况下监控定时器动作,可以将监控定时器复位指令 WDR 插入到程序中适当的地方,使监控定时器复位。如果 FOR-NEXT 循环程序的执行时间太长,下列操作只有在扫描周期结束时才能执行:

(1) 通信(自由端口模式除外)。

(2) I/O 更新(立即 I/O 除外)。

(3) 强制更新。

(4) SM 位更新(不能更新 SM0,SMB0～SMB29 只读)。

(5) 运行时间诊断。

(6) 在中断程序中的 STOP 指令。

带数字量输出的扩展模块也有一个监控定时器,每次使用 WDR 指令时,应对每个扩展模块的某一个输出字节使用立即写(BIW)指令来复位扩展模块的监控定时器。

3.2.3　循环指令

在控制系统中经常遇到需要重复执行若干次同样的任务的情况,这时可以使用循环指令。FOR 语句表示循环开始，NEXT 语句表示循环结束，并将堆栈的栈顶值设为 1。驱动 FOR 指令的逻辑条件满足时，反复执行 FOR 与 NEXT 之间的指令。在 FOR 指令中，需要设置指针 INDX(或称为当前循环次数计数器)、起始值 IMT 和结束值 FINAL，它们的数据类型均为整数。

假设 INIT 为 1，FINAL 为 20，每次执行 FOR 与 NEXT 之间的指令后，INDX 的值加 1，并将运算结果与结束值 FINAL 比较。如果 INDX 大于结束值，则循环终止，FOR 与 NEXT 之间的指令将被执行 20 次。如果起始值大于结束值，则不执行循环。

下面是使用 FOR/NEXT 循环的注意事项：

(1) 如果启动了 FO 形 NEXT 循环，除非在循环内部修改了结束值，否则循环就一直进行，直到循环结束。在循环的执行过程中，可以改变循环的参数。

(2) 再次启动循环时，它将初始值 IMT 传送到指针 INDX 中。FOR 指令必须与 NEXT 指令配套使用。允许循环嵌套，即 FOR-NEXT 循环在另一个 FOR-NEXT 循环之中，最多可以嵌套 8 层。图 3-16 中的 I2.1 接通时，执行 20 次标有 1 的外层循环，I2.1 和 I2.2 同时接通时，每执行一次外层循环，执行 8 次标有 2 的内层循环。

【例 3-2】在 I0.5 的上升沿，求 B10-VB29 中 20 个字的异域值。

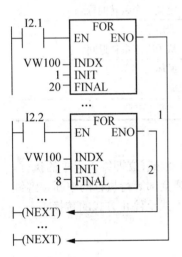

图 3-16 循环指令

```
网络 1
LD      I0.5
EU              //在 I0.5 的上升沿
MOVB    0,AC0   //累加器清 0
MOVD    &VB10,AC1  //累加器 1(存储区指针)指向 VB10
FOR     VW0,1,20   //循环开始
网络 2
LD      SM0.0
XORB    *AC1,AC0   //字节异或
INCB    AC1     //指针 AC1 的值 1,指向下一个变量存储器字节
网络 3
NEXT            //循环结束
网络 4
LD      I0.5
EU
MOVB    AC0,VB40  保存异或结果
```

3.2.4 跳转与标号指令

栈顶的值为 1(即 JMP 线圈通电)时，条件满足，跳转指令 JMP (Jump)使程序流程转到对应的标号 LBL (label)处，标号指令用来指示跳转指令的目的位置。JMP 与 LBL 指令中

的操作数 n 为常数 0～255，JMP 和对应的 LBL 指令必须在同一
个程序块中。图 3-17 中 I2.1 的常开触点闭合时，程序流程将跳
到标号 LBL4 处。

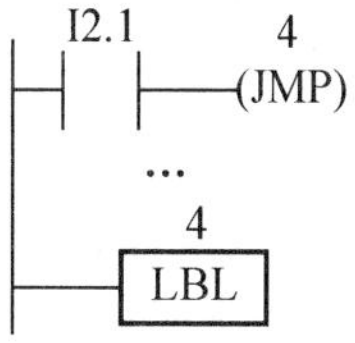

3.2.5　子程序的编写和调用

图 3-17　跳转与标号指令

S7-200 CPU 的控制程序由以下程序组织单位(CPU)类型
组成：

主程序：程序的主体(称为 OB1)，是放置控制应用程序指令的位置。主程序中的指令
按顺序执行，每经过一个 CPU 扫描周期时执行一次。

子程序：指令的一个选用集，存放在单独的程序块中，仅在主程序、中断例行程序或
另一个子程序调用时被执行。

中断例行程序：指令的一个选用集，存放在单独的程序块中，仅在中断事件发生时被
执行。

STEP 7-Micro/WIN 为每个 CPU 在程序编辑器窗口中提供单独的标记组织程序。主程
序(OB1)总是第一个被标记，其后才是建立的子程序或中断例行程序。

子程序由子程序标号开始，到子程序返回指令结束，S7-200 PLC 的 Micro/WIN32 编
程软件为每个子程序自动加入子程序标号和子程序返回指令，在编程时，子程序开头不用
编程者另加子程序标号，子程序末尾也不需另加返回指令。

子程序的优点在于它可以用于对一个大的程序进行分段及分块，使其成为较小的更容
易管理的程序块，程序调试、检查、维护时可充分利用这项优势；通过使用较小的子程序
块，会使对一些区域及整个程序检查及故障排除变得更加简单；子程序只有在需要时才被
调用、执行，有利于有效使用 PLC、充分利用 CPU 以缩短程序扫描时间。

1. 建立子程序

系统默认 SBR＿0 为子程序，当然可采用下列任意一种方法建立子程序：

(1) 从"编辑"菜单中，选择插入一个子程序。

(2) 从"指令树"中，右击"程序块"图标，并从弹出的快捷菜单选择插入一个子程序。

(3) 从"程序编辑器"窗口中，右击，并从弹出的快捷菜单选择插入一个子程序。

只要插入了子程序，程序编辑器底部会出现一个新标签(SBR＿n)，标记新的子程序，
此时可对新的子程序编程。

2. 子程序调用与返回指令

子程序调用与返回指令的梯形图表示：子程序调用指令由子程序调用允许端 EN、子
程序调用助记符 SBR 和子程序标号 n 构成；子程序返回指令由子程序调用允许端 EN、子
程序返回助记符 RET 构成。

返回指令由子程序返回条件、子程序返回操作码 CRET 构成。子程序有子程序调用和
子程序返回两大类指令，子程序调用可以带参数也可以不带参数，如果子程序带有参数时，
可以附上调用时所需的参数；子程序返回又分为条件返回和无条件返回。

子程序的操作：主程序可以用子程序调用指令 CALL 来调用一个子程序，调用后程序控制权就交给了子程序 SBR _ n，程序扫描将转到子程序入口处执行，子程序结束后，必须返回主程序。每个子程序必须以无条件返回指令 RET 作为结束，STEP7—Micro/WIN32 为每个子程序自动加入无条件返回指令 RET；有条件子程序返回指令 CRET，在使能端有效时，终止子程序 SBR _ n。子程序执行完毕，控制程序回到主程序中子程序调用指令 CALL 的下一条指令。

3. 嵌套和递归

程序中总共可有 64 个子程序(CPU 226XM 可有 128 个子程序)。在主程序中，可以嵌套子程序(在子程序中放置子程序调用指令)，最大嵌套深度为 8。但无法从中断例行程序嵌套子程序。子程序调用无法被放置在任何从中断例行程序调用的子程序中。递归(子程序调用自身)不被禁止，但在子程序中使用递归时应当小心。

4. 带参数的子程序(可移动子程序)调用

1) 子程序的参数

在 SIMATIC 符号表或 IEC 的全局变量表中定义的变量为全局变量。程序中的每个程序组织单元(Program Organizational Unit，POU)均有自己的由 64 字节 L 存储器组成的局部变量表。它们用来定义有范围限制的变量，局部变量只在它被创建的 POU 中有效。与之相反，全局符号在各 POU 中均有效，但只能在符号表 F 全局变量表中定义。全局符号与局部变量名称相同时，在定义局部变量的 POU 中，该局部变量的定义优先，该全局定义只能在其他 POU 中使用。

局部变量有以下优点：

(1) 如果在子程序中只使用局部变量，不使用绝对地址或全局符号，不作任何改动就可以将子程序移植到别的项目中去。

(2) 如果使用临时变量(TEMP)，同一片物理存储器可以在不同的程序中重复使用。局部变量还用来在子程序和调用它的程序之间传递输入参数和输出参数。在编程软件中，将水平分裂条拉至程序编辑器视窗的顶部，则不再显示局部变量表，但是它仍然存在。将分裂条下拉，再次显示局部变量表。

子程序可能有要传递的参数(变量和数据)，这时可以在子程序调用指令中包含相应参数，它可以在子程序与调用程序之间传送，如图 3-18 所示。为了移动子程序，应避免使用任何全局变量/符号(I、Q、M、SM、AI、AQ、V、T、C、S、AC 内存中的绝对地址)，这样可以导出子程序并将其导入另一个项目中。子程序中的参数由地址符号名、参数名称(最多 8 个字符)、变量类型和数据类型来描述。子程序最多可传递 16 个参数，传递的参数在子程序局部变量表中定义，如表 3-8 所示。

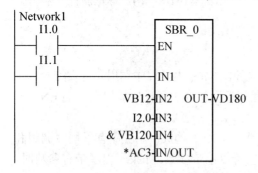

图 3-18 带参数调用子程序

表 3-8　STEP—Micro/WIN 局部变量表

局部变量	参数名称	变量类型	数据类型	局部变量	参数名称	变量类型	数据类型
	EN	IN	BOOL	LD3	IN4	IN	DWORD
L0.0	IN1	IN	BOOL	LW7	IN/OUT	IN/OUT	WORD
LB1	IN2	IN	BYTE	LD9	OUT	OUT	DWORD
L2.0	IN3	IN	BOOL	LD11	OUT	OUT	REAL

（注：表头含 SIMATIC LAD / SIMATIC LAD 两组）

如果要为子程序指定参数，可以使用该子程序的局部变量表来定义参数，S7-200 已为每个程序都安排了局部变量，每个程序内都有独立的局部变量表，必须利用选定该子程序后出现的局部变量表为该子程序定义局部变量，编辑局部变量时，必须保证选定正确标签。

2）局部变量的类型

局部变量表中的变量有传入子程序参数 IN、传出子程序参数 OUT、传入/传出子程序参数 IN/OUT 和暂时变量 TEMP 4 种类型。

IN（输入）型：将指定位置的参数传入子程序。如果参数是直接寻址（如 VB10），在指定位置的数值被传入子程序。如果参数是间接寻址（如＊AC1），地址指针指定地址的数值被传入子程序。如果参数是数据常量（如 16#1234）或地址（如&VB100），常量或地址数值被传入子程序。

OUT（输出）型：将子程序的结果数值返回至指定的参数位置。输出参数可以采用直接寻址和间接寻址，但常量（如 16#1234）和地址（如&VB120）不允许用作输出参数。

IN/OUT（输入/输出）型：调用子程序时，将指定参数位置的数值传入子程序，返回时，将子程序的执行结果的数值返回至同一地址。输入/输出型的参数可以采用直接寻址和间接寻址，但不允许使用常量（如 16#1234）和地址（如&VB120）。

在子程序中可以使用 IN、IN/OUT、OUT 类型的变量和调用子程序 POU 之间传递参数。

TEMP 型：暂时变量，系局部存储变量，只能用于子程序内部暂时存储中间运算结果，不能用来传递参数。

3）数据类型

局部变量表中的数据类型包括：能流、布尔（位）、字节、字、双字、整数、双整数和实数型。

能流：能流仅用于位（布尔）输入。能流输入必须用在局部变量表中其他类型输入之前，且仅用于位（布尔）输入，只有输入参数允许使用。在梯形图中表达形式为用触点（位输入）将左侧母线和子程序的指令盒连接起来。

布尔：该数据类型用于位输入和输出。

字节、字、双字：这些数据类型分别用于 1、2 或 4 个字节不带符号的输入或输出参数。

整数、双整数：这些数据类型分别用于 2 或 4 个字节带符号的输入或输出参数。

实数：该数据类型用于单精度（4 个字节）IEEE 浮点数值。

4）建立带参数子程序的局部变量表

局部变量表隐藏在程序显示区，将梯形图显示区向下拖动可以露出局部变量表，在局部变量表中输入变量名称、变量类型、数据类型等参数后，双击指令树中子程序(或选择单击方框快捷按钮，在弹出的菜单中选择子程序项)，在梯形图显示区显示出带参数的子程序调用指令盒。

局部变量表变量类型的修改方法：用光标选中变量类型区，单击鼠标右键得到一个下拉菜单，单击选中的类型，在变量类型区光标所在处可以得到选中的类型。

局部变量表使用局部变量存储器，当在局部变量表中加入一个参数时，系统自动给该参数分配局部变量存储空间。子程序传递的参数放在子程序的局部存储器(L)中，局部变量表最左列是系统指定的每个被传递参数的局部存储器地址。当子程序调用时，输入参数值被复制到子程序的局部变量存储器中；当子程序完成时，从局部变量存储器区复制输出参数值到指定的输出参数地址。

在子程序中，局部变量存储器的参数值分配如下：按照子程序指令的调用顺序，参数值分配给局部变量存储器，起始地址是 L0.0，连续位参数值分配一个字节，从 Lx.0 到 Lx.7；字节、字和双字值按照字节顺序分配在局部变量存储器(LBx、LWx、LDx)中。

5) 带参数子程序调用指令

对于梯形图程序，在子程序局部变量表中为该子程序定义参数后将生成客户化的调用指令块(图 3-18)，指令块中自动包含子程序的输入参数和输出参数。在 LAD 程序的 POU中插入调用指令：第一步，打开程序编辑器窗口中所需的 POU，光标滚动至调用子程序的网络处；第二步，在指令树中，打开"子程序"文件夹然后双击；第三步，为调用指令参数指定有效的操作数。有效操作数如下：存储器的地址、常量、全局变量及调用指令所在的 POU 中的局部变量(并非被调用子程序中的局部变量)。

注意：①如果在使用子程序调用指令后，修改该子程序的局部变量表，调用指令则无效。必须删除无效调用，并用反映正确参数的最新调用指令代替该调用。②子程序和调用程序共用累加器，不会因使用子程序对累加器执行保存或恢复操作。

在带参数的调用子程序指令中，参数必须与子程序局部变量表中定义的变量完全匹配，参数顺序必须以输入参数开始，其次是输入/输出参数，然后是输出参数。位于指令树中子程序名称的工具将显示每个参数的名称。

3.3 PLC 编程与应用

3.3.1 梯形图的编程规则

梯形图编程的基本规则如下：

(1) PLC 内部元器件触点的使用次数是无限制的。

(2) 梯形图的每一行都是从左边先开始，然后是各种触点的逻辑连接，最后以线圈或指令盒结束。触点不能放在线圈的右边，如图 3-19 所示。

图 3-19　梯形图画法例 1

(3) 线圈和指令盒一般不能直接连接在左边的母线上，如需要可通过特殊的中间继电器 SM0.0(常 ON 特殊中间继电器)完成，如图 3-20 所示。

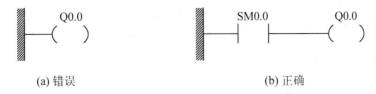

(a) 错误

(b) 正确

图 3-20 梯形图画法例 2

(4) 在程序中，同一编号的线圈使用两次及两次以上称为双线圈输出。双线圈输出非常容易引起误动作，所以应该避免使用。S7-200PLC 中不允许双线圈输出。

(5) 应把串联多的电路块尽量放在最上边，把并联多的电路块尽量放在最左边。这样一是节省指令，减少用户程序区域；二是美观，如图 3-21 所示。

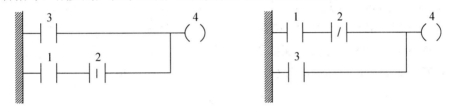

(a) 把串联多的电路放在最上边

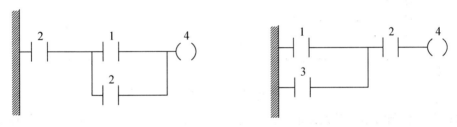

(b) 把并联多的电路块放在最左边

图 3-21 梯形图画法例 3

(6) 如图 3-22(a)电路重新编排后，图 3-22(b)和图 3-22(a)相比，可节省指令，减少用户程序区域。

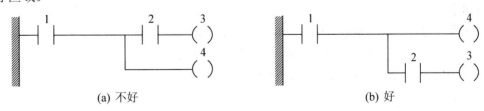

(a) 不好

(b) 好

图 3-22 梯形图画法例 4

(7) 不包含触点的分支线条应放在垂直方向，不要放在水平方向，以便于读图和图形的美观，如图 3-23 所示。使用编程软件则不可能出现这种情况。

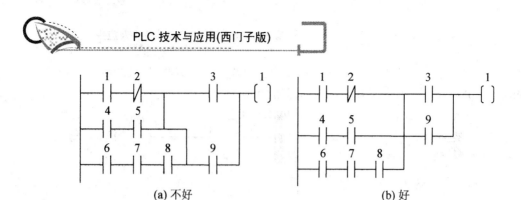

(a) 不好　　　　　　　　　　　　　(b) 好

图 3-23　梯形图画法例 5

3.3.2　基本指令的简单应用

1.　自锁控制

自锁控制是控制电路中最基本的环节之一，常用于对输入开关和输出继电器的控制电路。

如图 3-24 所示的自锁程序中，I0.0 闭合使 Q0.0 线圈通电，随之 Q0.0 触点闭合。此后即使 I0.0 触点断开，Q0.0 线圈仍保持通电。只有当常闭触点 I0.0 断开时，Q0.0 才断电，Q0.0 触点断开。若想再启动继电器 Q0.0，只有重新闭合触点 I0.0。

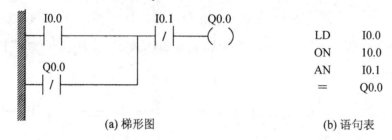

LD	I0.0
ON	10.0
AN	I0.1
=	Q0.0

(a) 梯形图　　　　　　　　　　　　(b) 语句表

图 3-24　自锁控制

这种自锁控制常用于以无锁定开关启动开关的情况，或者用只接通一个扫描周期的触点去启动一个持续动作的控制电路。

2.　互锁控制

互锁控制(联锁控制)是控制电路中最基本的环节之一，常用于对输入开关和输出继电器控制电路。

在如图 3-25 所示的互锁程序中，Q0.0 和 Q0.1 只要有一个继电器先接通，另一个继电器就不能再接通，从而保证在任何时候两者都不能同时启动。这种互锁控制常用于被控的是一组不允许同时动作的对象，如电动机正、反转等。

3.　长延时电路

许多控制场合需用到长延时，长延时电路可用小时(h)、分钟(min)作为单位来设定。如图 3-26 所示分别是长延时电路的梯形图和语句表。输出 Q0.0Q 输入 I0.0 接通后 6h20min 才接通。

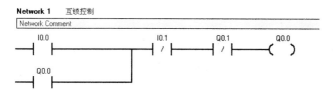

(a) 梯形图　　　　　　　　　(b) 语句表

图 3-25　互锁控制

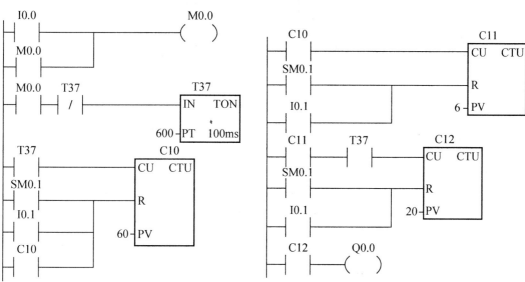

(a) 梯形图

LD	I0.0		LD	C10
O	M0.0		LD	SM0.1
=	M0.0		O	I0.1
			CTU	C11, +6
LD	M0.0			
AN	T37		LD	C11
TON	T37, +600		A	T37
			LD	SM0.1
LD	T37		CTU	C12, +20
LD	SM0.1			
O	I0.1		LD	C12
O	C10		=	Q0.0
CTU	C10, +60			

(b) 语句表

图 3-26　长延时电路

4. 分频电路

在许多控制场合，需要对控制信号进行分频。以二分频为例，要求输出脉冲 Q0.0 是输入信号脉冲 I0.1 的二分频。如图 3-27 所示分别是二分频电路的梯形图、语句表和时序图。在梯形图中用了 3 个辅助继电器，编号分别是 M0.0、M0.1、M0.2。图 3-27 中，当输入 I0.1 在 t_1 时刻接通(ON)，此时内部辅助继电器 M0.0 上将产生单脉冲。然而输出线圈 Q0.0 在此之前并未得电，其对应的常开触点处于断开状态。因此，扫描程序至第 3 行时，尽管 M0.0 得电，内部辅助继电器 M0.0 也不可能得电。扫描至第 4 行时，Q0.0 得电并自锁。此后这部分程序虽多次扫描，但由于 M0.0 仅接通一个扫描周期，M0.2 不可能得电。Q0.0 对应的常开触点闭合，为 M0.2 的得电做好了准备。等到 t_2 时刻，输入 I0.1 再次接通(ON)，M0.2 对应的常闭触点断开。执行第 4 行程序时，输出线圈 Q0.0 失电，输出信号消失。以后，虽然 I0.1 继续存在，但由于 M0.0 是单脉冲信号，虽多次扫描第 4 行，输出线圈 Q0.0 也不可能得电。在 t_3 时刻，输出 I0.1 第 3 次出现(ON)，M0.0 上又产生单脉冲，输出 Q0.0 再次接通。在 t_4 时刻，输出 Q0.0 再次失电……得到输出正好是输入信号的二分频。这种逻辑每当有控制信号时，就将状态翻转，因此也可用作触发器。

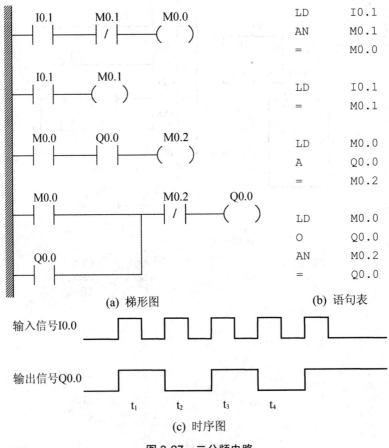

图 3-27　二分频电路

5. 闪烁控制电路

如图 3-28 所示为一个振荡电路。当输入 I0.0 接通时，输出 Q0.0 闪烁，接通和断开交替进行。接通时间为 1s，由定时器 T38 设定；断开时间为 2s，由定时器 T37 设定。

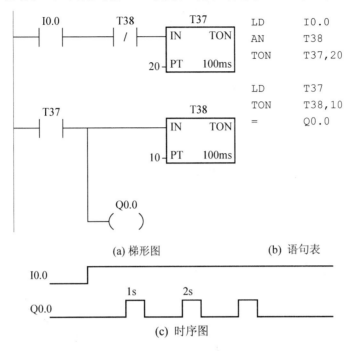

(a) 梯形图　　　　　　(b) 语句表

(c) 时序图

图 3-28　闪烁控制电路

6. 电动机顺序启/停控制电路

要求：有 3 台电动机 M1、M2、M3，按下启动按钮，电动机按 M1、M2、M3 正序启动；按下停止按钮，电动机 M1、M2、M3 逆序启动。

设：输入信号 I0.0 为启动按钮，I0.1 为停止按钮。

输出信号 Q0.0 为电动机 M1，Q0.1 为电动机 M2，Q0.2 为电动机 M3。

电动机顺序启/停控制的两种编程方式分别如图 3-29 和图 3-30 所示。电机的启动时间间隔为 1min，停止时间间隔为 30s。

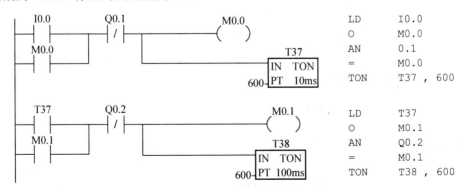

图 3-29　电动机顺序启/停编程方式 1

PLC 技术与应用(西门子版)

```
LD   I0.1
O    M0.2
AN   T39
=    M0.2
TON  T39 , 300

LD   T39
O    M0.2
AN   T40
=    M0.3
TON  T40 , 300

LD   I0.0
O    Q0.0
AN   T40
=    Q0.0

LD   T37
O    Q0.1
AN   T39
=    Q0.1

LD   T38
O    Q0.2
AN   I0.1
=    Q0.2
```

(a) 梯形图　　　　　　(b) 语句表

图 3-29　电动机顺序启/停编程方式 1(续)

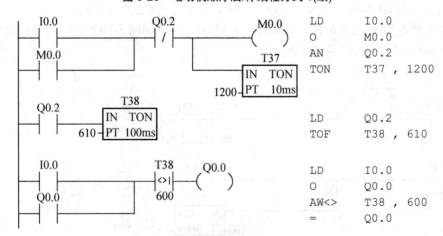

```
LD   I0.0
O    M0.0
AN   Q0.2
TON  T37 , 1200

LD   Q0.2
TOF  T38 , 610

LD   I0.0
O    Q0.0
AW<> T38 , 600
=    Q0.0
```

图 3-30　电动机顺序启/停编程方式 2

78

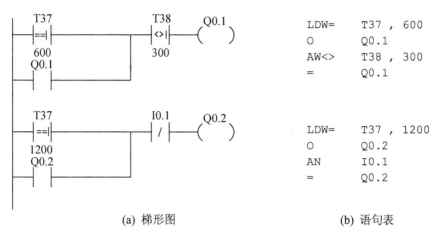

| (a) 梯形图 | (b) 语句表 |

图 3-30　电动机顺序启/停编程方式 2(续)

在图 3-30 中，使用了一个断电延时定时器 T38，它计时到设定值后，当前值停在设定值处而不像通电延时定时器一样继续往前计时。所以 T38 的定时器设定值在此设定为 610，这使得再次按启动按钮 I0.0 时，T38 不等于 600 的比较触点为闭合状态，M1 能够继续启动。

3.4　实　训　一

3.4.1　三相异步电动机的正反转控制

控制要求：按下正转启动按钮，电动机正转启动。

在电动机正转时反转按钮 SB2 是不起作用的，只有当按下停止按钮 SB3 时电动机才停止工作；在电动机反转时正转按钮 SB1 是不起作用的，只有当按下停止按钮 SB3 时电动机才停止工作。电动机正、反转控制示意图和梯形图如图 3-31 和图 3-32 所示。

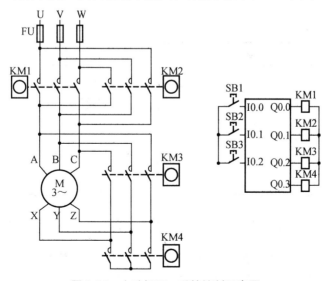

图 3-31　电动机正、反转控制示意图

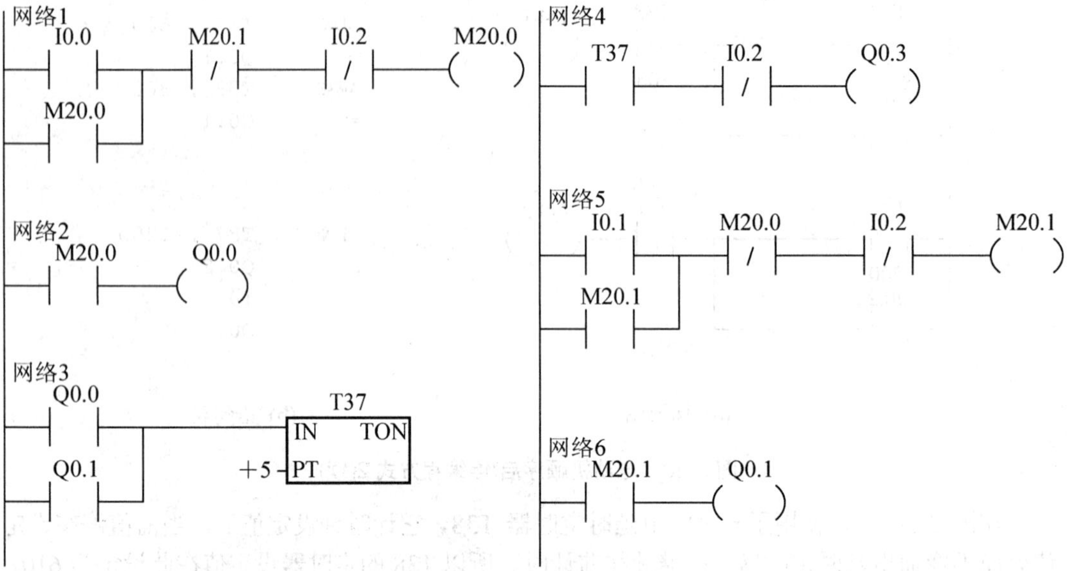

网络1
```
   I0.0      M20.1     I0.2        M20.0
   ─┤├──┬──────┤/├───────┤/├────────( )
         │
  M20.0  │
   ─┤├───┘
```

网络2
```
  M20.0               Q0.0
   ─┤├─────────────────( )
```

网络3
```
  Q0.0                            T37
   ─┤├──┬──────────────────   IN    TON
        │                    +5─PT
  Q0.1  │
   ─┤├──┘
```

网络4
```
   T37       I0.2              Q0.3
   ─┤├────────┤/├──────────────( )
```

网络5
```
   I0.1      M20.0     I0.2        M20.1
   ─┤├──┬──────┤/├───────┤├─────────( )
         │
  M20.1  │
   ─┤├───┘
```

网络6
```
  M20.1               Q0.1
   ─┤├─────────────────( )
```

图 3-32　电动机正、反转控制梯形图

电动机启动：按启动按钮 SB1，I0.0 的动合触点闭合，M20.0 线圈得电，M20.0 的动合触点闭合，Q0.0 线圈得电，即接触器 KM1 的线圈得电，0.5s 后 Q0.3 线圈得电，即接触器 KM4 的线圈得电，电动机作星形连接启动，此时电动机正转；按启动按钮 SB2，I0.2 的动合触点闭合，M20.1 线圈得电，M20.1 的动合触点闭合，Q0.1 线圈得电，即接触器 KM2 的线圈得电，0.5s 后 Q0.3 线圈得电，电动机作星形连接启动，此时电动机反转。在电动机正转时反转按钮 SB2 是不起作用的，只有当按下停止按钮 SB3 时电动机才停止工作；在电动机反转时正转按钮 SB1 是不起作用的，只有当按下停止按钮 SB3 时电动机才停止工作。

输入/输出地址分配如表 3-9 所示。

表 3-9　输入/输出地址分配

	名　称	符　号	地址编号
	正转启动按钮	SB1	I0.0
输入信号	反转启动按钮	SB2	I0.1
	停止按钮	SB3	I0.2
	接触器 1	KM1	Q0.0
输出信号	接触器 2	KM2	Q0.1
	接触器 4	KM3	Q0.2

3.4.2　三相异步电动机星/三角形换接启动控制

电动机启动：按启动按钮 SB1，I0.0 的动合触点闭合，M20.0 线圈得电，M20.0 的动合触点闭合，同时 Q0.0 线圈得电，即接触器 KM1 的线圈得电，1s 后 Q0.3 线圈得电，即接触器 KM3 的线圈得电，电动机作星形连接启动；6s 后 Q0.3 的线圈失电，同时 Q0.2 线圈得电，电动机转为三角形运行方式，按下停止按钮 SB3 电动机停止运行。星/三角形换接启动控制梯形图如图 3-33 所示。

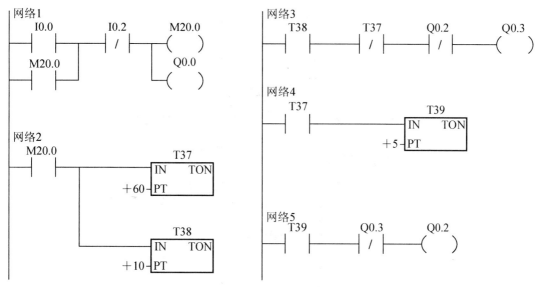

图 3-33 星/三角形换接启动控制梯形图

输入/输出地址分配如表 3-10 所示。

表 3-10 输入/输出地址分配

	名 称	符 号	地址编号
输入信号	正转启动按钮	SB1	I0.0
	反转启动按钮	SB2	I0.1
	停止按钮	SB3	I0.2
输出信号	接触器 1	KM1	Q0.0
	接触器 2	KM2	Q0.1
	接触器 4	KM3	Q0.2

3.4.3 十字路口交通灯控制

十字路口交通灯示意图如图 3-34 所示。信号灯受一个启动开关控制，当启动开关接通时，信号灯系统开始工作，且先南北红灯亮，东西绿灯亮，东西和南北的 LED 数码管由 25s 开始倒计时。当启动开关断开时，所有信号灯都熄灭，LED 数码管复位显示 25；南北红灯亮维持 25s，在南北红灯亮的同时东西绿灯也亮，并维持 20s；东西和南北的 LED 数码管也开始由 25s 开始倒计时，到 20s 时，东西绿灯闪亮，闪亮 3s 后熄灭。在东西绿灯熄灭时，东西黄灯亮，并维持 2s。到 2s 时，东西黄灯熄灭，东西红灯亮，同时，南北红灯熄灭，绿灯亮，东西和南北的 LED 数码管又由 25s 开始倒计时。东西红灯亮维持 30s。南北绿灯亮维持 20s，然后闪亮 3s 后熄灭。同时南北黄灯亮，维持 2s 后熄灭，这时南北红灯亮，东西绿灯亮。周而复始。十字路口交通灯控制梯形图如图 3-35 所示。

十字路口交通灯控制

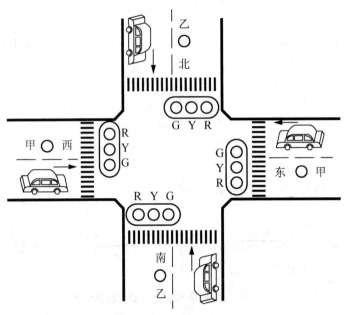

图 3-34　十字路口交通灯示意图

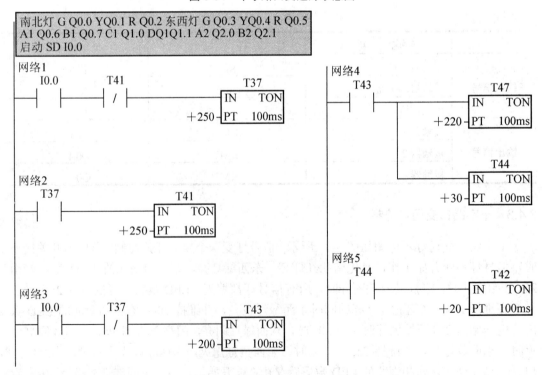

图 3-35　十字路口交通灯控制梯形图

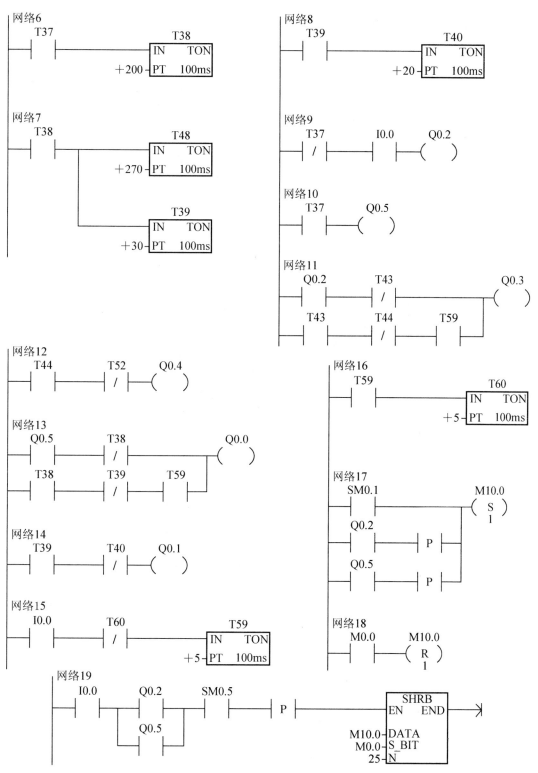

图 3-35　十字路口交通灯控制梯形图(续)

PLC 技术与应用(西门子版)

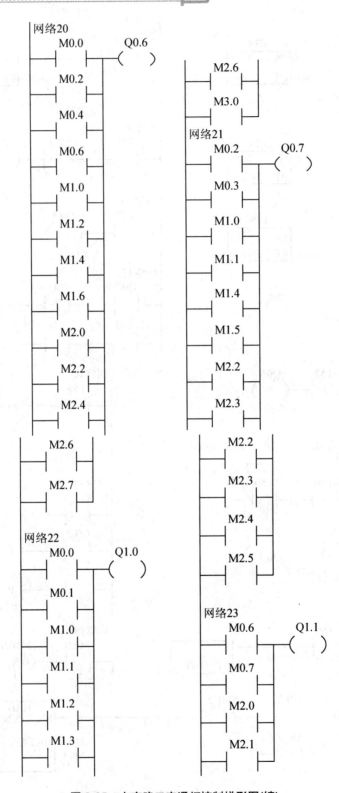

图 3-35　十字路口交通灯控制梯形图(续)

84

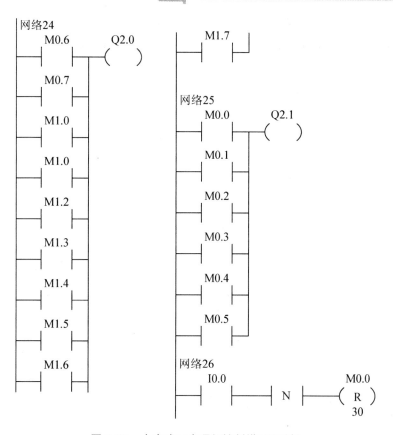

图 3-35   十字路口交通灯控制梯形图(续)

地址分配如表 3-11 所示。

表 3-11   地址分配

输入	SD	输出	G	Y	R	输出	G	Y	R
	I0.0	南北	Q0.0	Q0.1	Q0.2	东西	Q0.3	Q0.4	Q0.5
输出	D2	C2	B2	A2	D1	C1	B1	A1	
		Q2.1	Q2.0	Q1.1	Q1.0	Q0.7	Q0.6		

本 章 小 结

本章主要通过学习简单的编程指令来完成 PLC 的软件实现基础,同时使用这些软件来完成简单的应用。

习   题

3-1 填空。

(1) 接通延时定时器(TON)的输入(IN)电路时开始定时,当前值大于等于设定值时其定时器位变为_____,其常开触点_____,常闭触点_____。

(2) 接通延时定时器(TON)的输入(IN)电路时被复位,复位后其常开触点_____,常闭触点_____,当前值等于_____。

(3) 若加计数器的计数输入电路(CU)、复位输入电路(R)计数器的当前值加1 。当前值大于等于设定值(PV)时,其常开触点_____,常闭触点_____。复位输入电路时,计数器被复位,复位后其常开触点_____,常闭触点_____,当前值为_____。

(4) 输出指令(=)不能用于_____过程映像寄存器。

(5) SM _____在首次扫描时为 ON,SM0.0 一直为_____。

3-2 写出图 3-36 所示梯形图的语句表程序。

3-3 写出图 3-37 所示梯形图的语句表程序。

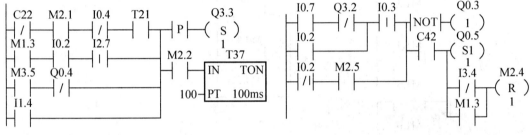

图 3-36 习题 3-2 的图   图 3-37 习题 3-3 的图

3-4 写出图 3-38 所示梯形图的语句表程序。

3-5 画出图 3-39 中 M0.0 的波形图。

3-6 指出图 3-40 中的错误。

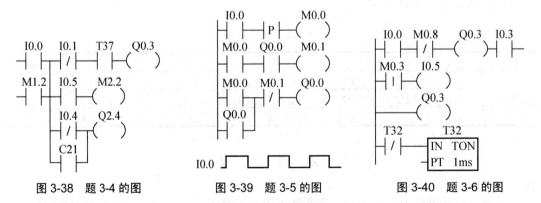

图 3-38 题 3-4 的图   图 3-39 题 3-5 的图   图 3-40 题 3-6 的图

3-7 画出图 3-41(a)中语句表程序对应的梯形图。

3-8 画出图 3-41(b)中语句表程序对应的梯形图。

3-9 画出图 3-41(c)中语句表程序对应的梯形图。

3-10 用接在 I0.0 输入端的光电开关检测传送带上通过的产品,有产品通过时 I0.0 为 ON,如果在 10s 内没有产品通过,由 Q0.0 发出报警信号,用 I0.0 输入端外接的开关解除报警信号。画出梯形图,并写出对应的语句表程序。

```
LDI   I0.2
AN    I0.0
O     Q0.3
ONI   I0.1                        LD    I0.7
LD    Q2.1      LD    I0.1        AN    I2.7
O     M3.7      AN    I0.0        LDI   I0.3
AN    I1.5      LPS               ON    I0.1
LDN   I0.5      AN    I0.2        A     M0.1
A     I0.4      LPS               OLD
OLD             A     I0.4        LD    I0.5
ON    M0.2      =     Q2.1        A     I0.3
ALD             LPP               O     I0.4
O     I0.4      A     I4.6        ALD
LPS             R     Q0.3,1      ON    M0.2
EU              LRD               ONT
=     M3.7      A     I0.5        =1    Q0.4
LPP             =     M3.6        LD    I2.5
AN    I0.4      LPP               LDN   M3.5
NOT             AN    I0.4        ED
SI    Q0.3,1    TON   T37,25      CTU   C41,30
   (a)             (b)              (c)
```

图 3-41　题 3-7、题 3-8、题 3-9 的图

3-11　用 S、R 和跳变指令设计满足图 3-42 所示波形的梯形图。

3-12　在按钮 I0.0 按下后 Q0.0 变为 1 状态并自保持(图 3-43)，I0.0 输入 3 个脉冲后(用加计数器 C1 计数)，T37 开始定时，5s 后 Q0.0 变为 0 状态，同时 C1 被复位，在 PLC 刚开始执行用户程序时，C1 也被复位，设计出梯形图。

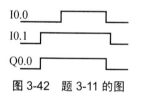

图 3-42　题 3-11 的图

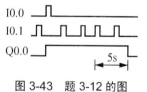

图 3-43　题 3-12 的图

第**4**章
S7-200PLC 顺序控制指令及应用

知识要点

熟悉 S7-200 系列 PLC 顺序控制指令，掌握其应用。

相关知识

PLC 基本指令。

工程应用方向

顺序控制设计方法逻辑清晰，在工程设计中应用比较普遍。

4.1 顺序控制设计方法与顺序功能图

4.1.1 顺序控制设计方法

所谓顺序控制，是指按照生产工艺预先规定的顺序，在各个输入信号的作用下，根据内部状态和时间的顺序，在生产过程中各个执行机构自动地、有秩序地进行操作。所谓顺序控制设计法就是针对顺序控制的一种专门设计方法。使用顺序控制设计法时，需先根据系统的工艺过程画出顺序功能图，然后根据顺序功能图设计出梯形图。有的 PLC 为用户提供了顺序功能图语言，在编程软件中生成顺序功能图后便完成了编程工作。顺序控制设计方法是一种比较先进的设计方法，容易被初学者接受。

4.1.2 顺序功能图

顺序功能图(Sequential Function Chart)是描述控制系统的控制过程、功能和特性的一种图形，也是设计 PLC 的顺序控制程序的有力工具。顺序功能图并不涉及所描述的控制功能的具体技术，它是一种通用的技术语言，可以供进一步设计和不同专业的人员之间进行技术交流用。顺序功能图以功能为主线，表达准确、条理清晰、规范、简洁，是设计 PLC 顺序控制程序的重要工具。

顺序功能图主要由步、有向连线、转换、转换条件和动作(或命令)组成。

1) 步的基本概念

顺序控制设计法最基本的思想是将系统的一个工作周期划分为若干个顺序相连的阶段，这些阶段称为步(Step)，并用编程元件(如位存储器 M 和顺序控制继电器 S)来代表各步。步是根据输出量的状态变化来划分的：在任何一步之内，各输出量的 ON/OFF 状态不变，但是相邻两步输出量总的状态是不同的。步的这种划分方法使代表各步的编程元件的状态与各输出量的状态之间有着极为简单的逻辑关系。

顺序控制设计法用转换条件控制代表各步的编程元件，让它们的状态按一定的顺序变化，然后用代表各步的编程元件去控制 PLC 的各输出位。

图 4-1 中的波形图给出了控制锅炉的鼓风机和引风机的要求。按下启动按钮后，应先启动引风机，延时 12s 后再开鼓风机。按下停止按钮后，应先停鼓风机，10s 后再停引风机。根据 Q0.0 和 Q0.1 的 ON/OFF 状态的变化，一个工作周期可以分为 3 步，分别用 M0.1～M0.3 来代表这 3 步。另外，还应设置一个等待启动的初始步。图 4-2 是描述该系统的顺序功能图，图中用矩形方框表示步，方框中可以用数字表示该步的编号，也可以用代表该步的编程元件的地址作为步的编号，如 M0.0 等，如此，在根据顺序功能图设计梯形图时较为方便。

2) 初始步

与系统的初始状态相对应的步称为初始步。初始状态一般是系统等待启动命令的相对静止的状态。初始步用双线方框表示，每一个顺序功能图至少应该有一个初始步。

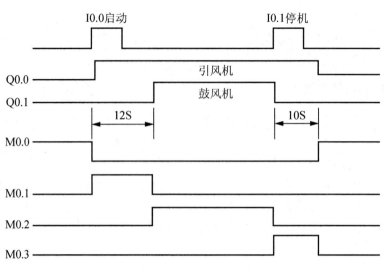

图 4-1　波形图

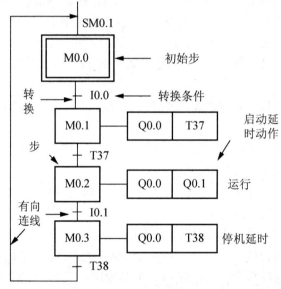

图 4-2　顺序功能图

3) 与步对应的动作或命令

可以将一个控制系统划分为被控系统和施控系统。例如，在数控车床系统中，数控装置是施控系统，而车床是被控系统。对于被控系统，在某一步中要完成某些"动作"(Action)；对于施控系统，在某一步中则要向被控系统发出某些"命令"(Command)。为了叙述方便，下面将命令或动作统称为动作，并用矩形框中的文字或符号表示动作，该矩形框应与相应的步的符号相连。如果某一步有几个动作，可以用图 4-3 中的两种画法来表示，但是并不隐含这些动作之间的任何顺序。在顺序功能图中，动作(或命令)可分为"非存储型"和"存储型"两种。例如，某步的存储型命令"打开 1 号阀并保持"，是指该步活动时 1 号阀打开，该步不活动时继续打开；非存储型命令"打开 1 号阀"，是指该步活动时打开，不活动时关闭。

图 4-3 动作

除了以上的基本结构外,使用动作的修饰词(表 4-1)可以在一步中完成不同的动作。修饰词允许在不增加逻辑的情况下控制动作。例如,可以使用修饰词 L 来限制配料阀打开的时间。

表 4-1 动作修饰词

N	非存储型	当步变为不活动步时动作终止
S	置位(存储)	当步变为不活动步时动作继续,直到动作被复位
R	复位	终止被 S、SD、SL 或 DS 启动的动作
L	时间限制	步变为活动步时动作启动,直到步变为不活动步或设定时间到
D	时间延迟	步变为活动步时定时器被启动,若延迟之后步仍为活动步 动作被启动和继续,直到步变为不活动步
P	脉冲	当步变为活动步时,动作启动且只执行一次
SD	存储与时间延迟	在时间延迟之后启动动作,直到动作被复位
DS	延迟与存储	在时间延迟之后若步仍为活动步,动作被启动,直到动作被复位
SL	存储与时间限制	步变为活动步时动作被启动,直到设定的时间到或动作被复位

由图 4-2 可知,在连续的 3 步内输出位 Q0.0 均为 1 状态,为了简化顺序功能图和梯形图,可以在第 2 步将 Q0.0 置位,返回初始步后将 Q0.0 复位,如图 4-4 所示。

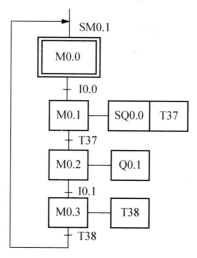

图 4-4 顺序功能图

4) 活动步

当系统正处于某一步所在的阶段时，该步处于活动状态，称该步为"活动步"。步处于活动状态时，相应的动作被执行；步处于不活动状态时，相应的非存储型动作被停止执行。

4.1.3 有向连线与转换条件

1) 有向连线

在顺序功能图中，随着时间的推移和转换条件的更新，将会发生步的活动状态的改变，这种改变按有向连线规定的路线和方向进行。在画顺序功能图时，将代表各步的方框按它们成为活动步的先后次序顺序排列，并用有向连线将它们连接起来。步的活动状态习惯的改变方向是从上到下或从左至右，在这两个方向有向连线上的箭头可以省略。如果不是上述的方向，应在有向连线上用箭头注明方向。在可以省略箭头的有向连线上，为了更易于理解也可以加箭头。

如果在画图时有向连线必须中断，如在复杂的图中或用几个图来表示一个顺序功能图时，应在有向连线中断之处标明下一步的标号和所在的页数，如步 83、12 页。

2) 转换

转换用有向连线上与有向连线垂直的短划线来表示，转换将相邻两步分隔开。步的活动状态的进展是由转换的实现来完成的，并与控制过程的发展相对应。

3) 转换条件

使系统由当前步进入下一步的信号称为转换条件。转换条件可以是外部的输入信号，如按钮、指令开关、限位开关的接通或断开等；也可以是 PLC 内部产生的信号，如定时器、计数器常开触点的接通等；还可能是若干个信号的逻辑组合。

图 4-2 中的启动按钮 I0.0 和停止按钮 I0.1 的常开触点、定时器延时接通的常开触点是各步之间的转换条件。图 4-2 中有两个 T37，它们的意义完全不同。与步 M0.1 对应的方框相连的动作框中的 T37 表示 T37 的线圈应在步 M0.1 所在的阶段"通电"，在梯形图中，T37 的指令框与 M0.1 的线圈并联。转换旁边的 T37 对应于 T37 延时接通的常开触点，它被用来作为步 M0.1 和 M0.2 之间的转换条件。转换条件是与转换相关的逻辑状态，可以用文字语言、布尔代数表达式或图形符号标注在表示转换的短线旁边，使用最多的是布尔代数表达式，如图 4-5(a)所示。

转换条件 I0.0 和 $\overline{I0.0}$ 分别表示当输入信号 I0.0 为 1 状态和 0 状态时转换实现。符号 ↑I0.0 和 ↓I0.0 分别表示当 I0.0 从 0 状态到 1 状态和从 1 状态到 0 状态时转换实现。实际上不加符号"↑"，转换也是在 I0.0 的上升沿实现的，因此一般不加"↑"。

图 4-5(b)中用高电平表示步 M0.3 为活动步，反之则用低电平表示。转换条件 $I0.3+\overline{I0.5}$ 表示 I0.3 的常开触点或 I0.5 的常闭触点闭合，在梯形图中则用两个触点的并联电路来表示"或"逻辑关系。

在顺序功能图中，只有当某一步的前一步是活动步时，该步才有可能变成活动步。如果用没有断电保持功能的编程元件代表各步，进入 RUN 工作方式时，它们均处于 0 状态，则必须在开机时接通一个扫描周期的初始化脉冲 SM0.1 的常开触点作为转换条件，将初始步预置为活动步(图 4-2)，否则因顺序功能图中没有活动步，系统将无法工作。如果系统有自动、手动两种工作方式，顺序功能图是用来描述自动工作过程的，这时还应在系统由手动工作方式进入自动工作方式时，用一个适当的信号将初始步置为活动步。

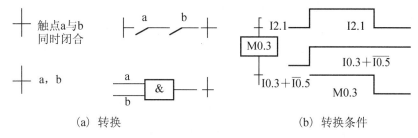

（a）转换　　　　　　　　　　　　　　（b）转换条件

图 4-5　转换与转换条件

4.2　顺序功能图的基本结构

1. 单序列

单序列由一系列相继激活的步组成，每一步的后面仅有一个转换，每一个转换的后面只有一个步，如图 4-6(a)所示。单序列没有下述的分支与合并。

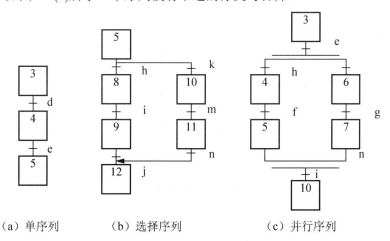

（a）单序列　　　　（b）选择序列　　　　（c）并行序列

图 4-6　单序列、选择序列与并行序列

2. 选择序列

选择序列的开始称为分支如图 4-6(b)所示，转换符号只能标在水平连线之下。如果步 5 是活动步，并且转换条件 h=1，则发生由步 5→步 8 的进展。如果步 5 是活动步，并且 k=1，则发生由步 5→步 10 的进展。如果将转换条件 k 改为 k·h，则当 k 和 h 同时为 ON 时，将优先选择 h 对应的序列，一般只允许同时选择一个序列。

选择序列的结束称为合并，如图 4-6(b)所示，几个选择序列合并到一个公共序列时，用需要重新组合的序列相同数量的转换符号和水平连线来表示，转换符号只允许标在水平连线之上。如果步 9 是活动步，并且转换条件 j=1，则发生由步 9→步 12 的进展。如果步 n 是活动步，并且 n=l，则发生由步 11→步 12 的进展。

3. 并行序列

并行序列用来表示系统的几个同时工作的独立部分的工作情况。并行序列的开始称为分支,如图 4-6(c)所示。当转换的实现导致几个序列同时激活时,这些序列称为并行序列。当步 3 是活动的,并且转换条件 e=1,步 4 和步 6 同时变为活动步,同时步 3 变为不活动步。为了强调转换的同步实现,水平连线用双线表示。步 4 和步 6 被同时激活后,每个序列中活动步的进展将是独立的。在表示同步的水平双线之上,只允许有一个转换符号。并行序列的结束称为合并(图 4-6)转换符号。当直接连在双线上的所有前级步,在表示同步的水平双线之下,只允许有一个(步 5 和步 7)处于活动状态,并且转换条件 i=1 时,才会发生步 5 和步 7 到步 10 的进展,即步 5 和步 7 同时变为不活动步,而步 10 变为活动步。

4. 复杂的顺序功能图举例

图 4-7 是某剪板机的示意图。开始时压钳和剪刀在上限位置,限位开关 I0.0 和 I0.1 为 ON。按下启动按钮,工作过程如下:首先板料右行(Q0.0 为 ON)至限位开关 I0.3 动作,然后压钳下行(Q0.1 为 ON 并保持),压紧板料后,压力继电器 I0.4 为 ON,压钳保持压紧,剪刀开始下行(Q0.2 为 ON);剪断板料后,I0.2 变为 ON,压钳和剪刀同时上行(Q0.3 和 Q0.4 为 ON,Q0.1 和 Q0.2 为 OFF),它们分别碰到限位开关 I0.0 和 I0.1 后,分别停止上行;待完全停止后,又开始下一周期的工作;剪完 10 块料后停止工作并停在初始状态。

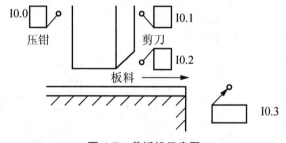

图 4-7　剪板机示意图

系统的顺序功能图如图 4-8 所示。图 4-8 中有选择序列、并行序列的分支与合并。步 M0.0 是初始步,加计数器 C0 用来控制剪料的次数,每次工作循环 C0 的当前值在步 M0.7 加 1。没有剪完 10 块料时,C0 当前值小于设定值 10,其常闭触点闭合;转换条件 C0 满足,将返回步 M0.1,重新开始下一周期的工作。剪完 10 块料后,C0 的当前值等于设定值 10,其常开触点闭合;转换条件 C0 满足,将返回初始步 M0.0,等待下一次启动命令。

步 M0.5 和步 M0.7 是等待步,它们用来同时结束两个子序列。只要步 M0.5 和步 M0.7 都是活动步,就会发生步 M0.5 和步 M0.7 到步 M0.0 或步 M0.1 的转换,步 M0.5 和步 M0.7 同时变为不活动步,而步 M1.0 或步 M0.1 变为活动步。

顺序功能图中转换实现的基本规则如下。

1) 转换实现的条件

在顺序功能图中,步的活动状态的进展是由转换的实现来完成的。转换实现必须同时满足两个条件:

(1) 该转换所有的前级步都是活动步。

(2) 相应的转换条件得到满足。

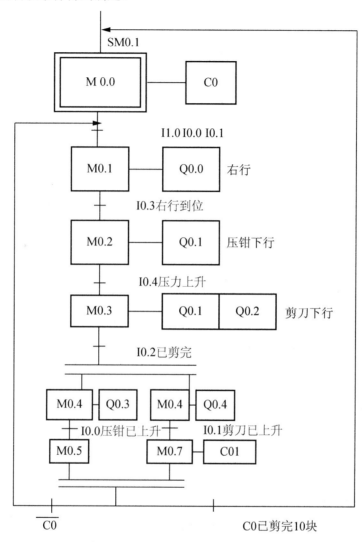

图 4-8　剪板机的顺序功能图

这两个条件是缺一不可的。以剪板机为例，如果取消了第一个条件，假设在板料被压住时因误操作按了启动按钮，也会使步 M0.1 变为活动步，致使板料右行，因此造成了设备的误动作。

如果转换的前级步或后续步不止一个，转换的实现称为同步实现(图 4-9)。为了强调同步实现，有向连线的水平部分用双线表示。

2) 转换实现应完成的操作

转换实现时应完成以下两个操作：

(1) 使所有由有向连线与相应转换符号相连的后续步都变为活动步。

(2) 使所有由有向连线与相应转换符号相连的前级步都变为不活动步。

转换实现的基本规则是根据顺序功能图设计梯形图的基础，它适用于顺序功能图中的各种基本结构和后续将要介绍的各种顺序控制梯形图的编程方法。在梯形图中，用编程元件(如 M 和 S)代表步，当某步为活动步时，该步对应的编程元件为 ON。当该步之后的转换条件满足时，转换条件对应的触点或电路接通，因此可以将该触点或电路与代表所有前级步的编程元件的常开触点串联，作为与转换实现的两个条件同时满足对应的电路。

图 4-9 中的转换条件为 $I0.1 \cdot \overline{I0.0}$，步 M0.2 和步 M0.4 是该转换的前级步，应将 I0.1、M0.2、M0.4 的常开触点和 I0.0 的常闭触点串联，作为转换实现的两个条件同时满足对应的电路。在梯形图中，该电路接通时，应使所有代表前级步的编程元件(步 M0.2 和步 M0.4)

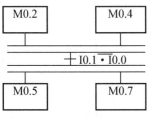

图 4-9 转换的同步实现

复位(变为 0 状态并保持)，同时使所有代表后续步的编程元件(步 M0.5 和步 M0.7)置位(变为 1 状态并保持)。

以上规则可以用于任意结构中的转换，其区别如下：在单序列中，一个转换仅有一个前级步和一个后续步；在并行序列的分支处，转换有几个后续步(见图 4-9)，在转换实现时应同时将它们对应的编程元件置位；在并行序列的合并处，转换有几个前级步，它们均为活动步时才有可能实现转换，在转换实现时应将它们对应的编程元件全部复位；在选择序列的分支与合并处，一个转换实际上只有一个前级步和一个后续步，但是一个步可能有多个前级步或多个后续步。

3) 绘制顺序功能图时的注意事项

下面是针对绘制顺序功能图时常见的错误提出的注意事项：

(1) 两个步绝对不能直接相连，必须用一个转换将它们分隔开。

(2) 两个转换也不能直接相连，必须用一个步将它们分隔开。

(3) 顺序功能图中的初始步一般对应于系统等待启动的初始状态，这一步可能没有输出处于 ON 状态。初始步是必不可少的，一方面因为该步与它的相邻步相比，从总体上说输出变量的状态各不相同；另一方面如果没有该步，无法表示初始状态，系统也无法返回等待启动的停止状态。

(4) 自动控制系统应能多次重复执行同一个工艺过程，因此，在顺序功能图中一般应有由步和有向连线组成的闭环，即在完成一次工艺过程的全部操作之后，应从最后一步返回初始步，系统停留在初始状态(单周期操作，如图 4-2 所示)，在连续循环工作方式时，应从最后一步返回下一工作周期开始运行的第一步(如图 4-8 所示)。

4.2.1 单序列

图 4-10 是某小车运动的示意图、顺序功能图和梯形图。设小车在初始位置时停在左边，限位开关 I0.2 为 1 状态。按下启动按钮后，小车向右运动(简称右行)，碰到限位开关 I0.1 后，停在该处，3s 后开始左行，碰到 I0.2 后返回初始步，停止运动。根据 Q0.0 和 Q0.1 状态的变化，一个工作周期可以分为左行、暂停和右行 3 步；另外，还应设置等待启动的初始步，分别用 S0.0～S0.3 来代表这 4 步。启动按钮 I0.0 和限位开关的常开触点、T37 延时接通的常开触点是各步之间的转换条件。

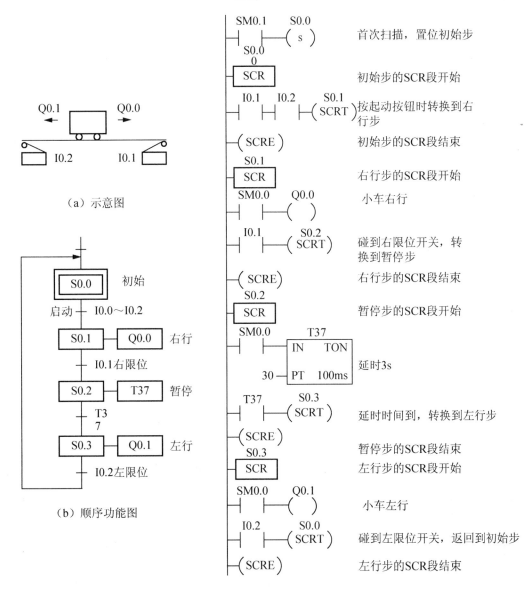

（a）示意图

（b）顺序功能图

（c）梯形图

图 4-10　小车控制的示意图、顺序功能图与梯形图

在设计梯形图时，用 SCR 和 SCRE 语句表示 SCR 段的开始和结束。在 SCR 段中用 SM0.0 的常开触点来驱动在该步中应为 1 状态的输出点(Q)的线圈，并用转换条件对应的触点或电路来驱动转换到后续步的 SCRT 指令。

如果用编程软件的"程序状态"功能来监视处于运行模式的梯形图，可以看到因为直接接在左侧电源线上，每一个 SCR 方框都是蓝色的，但是只有活动步对应的 SCRE 线圈通电，并且只有活动步对应的 SCR 区内的 SM0.0 的常开触点闭合，不活动步的 SCR 区内的 SM0.0 的常开触点处于断开状态。因此，SCR 区内的线圈受到对应的顺序控制继电器的控制，SCR 区内的线圈还能受与它串联的触点或电路的控制。

首次扫描时,SM0.1 的常开触点接通一个扫描周期,使顺序控制继电器 S0.0 置位,初始步变为活动步,只执行 S0.0 对应的 SCR 段。如果小车在最左边,I0.2 为 1 状态,此时按下启动按钮 I0.0,指令"SCRT S0.1"对应的线圈得电,使 S0.1 变为 1 状态,操作系统使 S0.0 变为 0 状态,系统从初始步转换到右行步,只执行 S0.1 对应的 SCR 段。在该段中 SM0.0 的常开触点闭合,Q0.0 的线圈得电,小车右行。在操作系统没有执行 S0.1 对应的 SCR 段时,Q0.0 的线圈不会通电。右行碰到右限位开关时,I0.1 的常开触点闭合,将实现右行步 S0.1 到暂停步 S0.2 的转换。定时器 T37 用来使暂停步持续 3s。延时时间到时 T37 的常开触点接通,使系统由暂停步转换到左行步 S0.3,直到返回初始步。

4.2.2 选择序列

图 4-11 中步 S0.0 之后有一个选择序列的分支,当它是活动步,并且转换条件 I0.0 得到满足,后续步 S0.1 将变为活动步,S0.0 变为不活动步。如果步 S0.0 为活动步,并且转换条件 I0.2 得到满足,后续步 S0.2 将变为活动步,S0.0 变为不活动步。

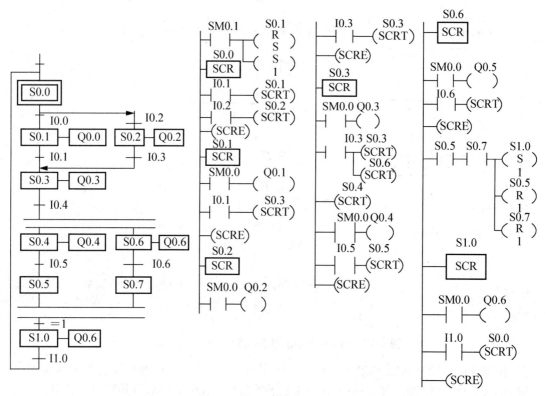

图 4-11　选择序列与并行序列的顺序功能图与梯形图

当 S0.0 为 1 状态时,它对应的 SCR 段被执行,此时若转换条件 I0.0 为 1 状态,该程序段中的指令"SCRT S0.1"被执行,将转换到步 S0.1。若 I0.2 的常开触点闭合,将执行指令"SCRT S0.2",转换到步 S0.2。

在图 4-11 中,步 S0.3 之前有一个选择序列的合并,当步 S0.1 为活动步(S0.1 为 1 状态),

并且转换条件 I0.1 满足，或步 S0.2 为活动步，并且转换条件 I0.3 满足，步 S0.3 都应变为活动步。在步 S0.1 和步 S0.2 对应的 SCR 段中，分别用 I0.1 和 I0.3 的常开触点驱动指令"SCRT S0.3"，就能实现选择序列的合并。

4.2.3　并行序列

图 4-11 中步 S0.3 之后有一个并行序列的分支，当步 S0.3 是活动步，并且转换条件 I0.4 满足，步 S0.4 与步 S0.6 应同时变为活动步，这是用 S0.3 对应的 SCR 段中 I0.4 的常开触点同时驱动指令"SCRT S0.4"和"SCRT S0.6"来实现的。与此同时，S0.3 被自动复位，步 S0.3 变为不活动步。

步 S1.0 之前有一个并行序列的合并，因为转换条件为 1(总是满足)，转换实现的条件是所有的前级步(即步 S0.5 和步 S0.7)都是活动步。图 4-11 中用以转换为中心的编程方法，将 S0.5 和 S0.7 的常开触点串联，来控制对 S1.0 的置位和对 S0.5、S0.7 的复位，从而使步 S1.0 变为活动步，步 S0.5 和步 S0.7 变为不活动步。

4.2.4　应用实例

【例 4-1】使用传送带将大小球分类，大小球分拣及传送机械示意图如图 4-12 所示，图中的左上角为机械原点，其动作顺序为下降→吸球→上升→右行→下降→释放→上升→左行返回。另外，机械臂下降(设定下降时间为 2s)时，当电磁铁压着大球时，下限开关 LS2 断开，压着小球时 LS2 接通。

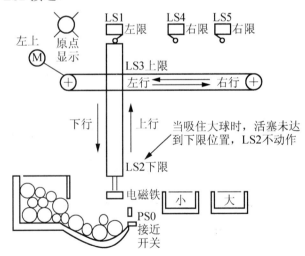

图 4-12　大小球分拣及传送机械示意图

下面，分别用 S7-200 系列 PLC 的顺序控制指令和基本控制指令对该例进行编程，顺序指令在该例中是选择性分支和汇合流程的典型应用。

1) 用顺序控制指令编程

(1) I/O 地址分配如表 4-2 所示。

表 4-3　I/O 地址分配

输入	输出	顺控元件
I0.0—启动	Q0.0—下降	S0.0~S0.6
I0.1—左限 LS1	Q0.1—吸盘	
I0.2—下限 LS2	Q0.2—上升	分支顺控
I0.3—上限 LS3	Q0.3—右移	S1.0~S1.1
I0.4—右限 LS4(小球)	Q0.4—左移	S2.0~S2.1
I0.5—右限 LS5(大球)	Q0.5—原位显示	

(2) 梯形图如图 4-13 所示。

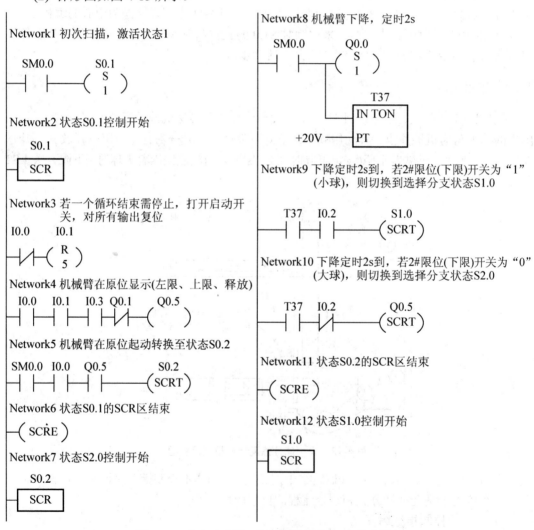

图 4-13　大小球分拣及传送控制系统 SCR 指令编程

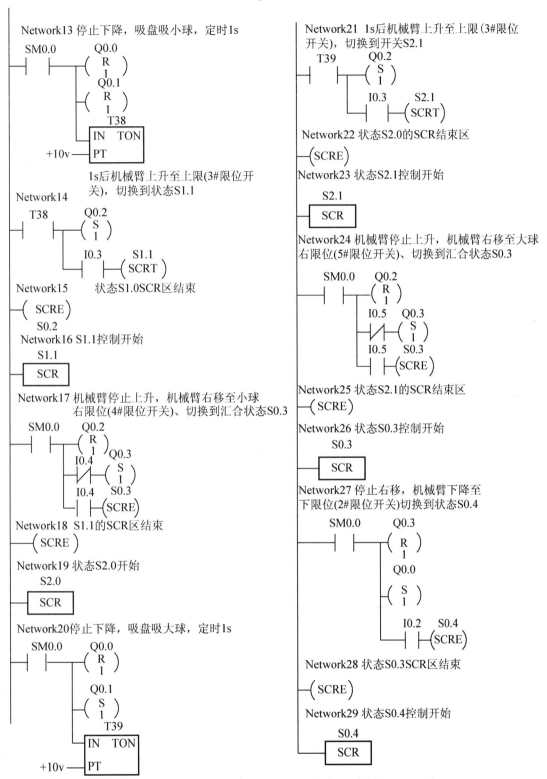

Network13 停止下降，吸盘吸小球，定时1s

Network14 1s后机械臂上升至上限(3#限位开关)，切换到状态S1.1

Network15　状态S1.0SCR区结束

Network16 S1.1控制开始

Network17 机械臂停止上升，机械臂右移至小球右限位(4#限位开关)、切换到汇合状态S0.3

Network18 S1.1的SCR区结束

Network19 状态S2.0开始

Network20 停止下降，吸盘吸大球，定时1s

Network21 1s后机械臂上升至上限(3#限位开关)，切换到开关S2.1

Network22 状态S2.0的SCR结束区

Network23 状态S2.1控制开始

Network24 机械臂停止上升，机械臂右移至大球右限位(5#限位开关)、切换到汇合状态S0.3

Network25 状态S2.1的SCR结束区

Network26 状态S0.3控制开始

Network27 停止右移，机械臂下降至下限位(2#限位开关)切换到状态S0.4

Network28 状态S0.3SCR区结束

Network29 状态S0.4控制开始

图 4-13　大小球分拣及传送控制系统 SCR 指令编程(续)

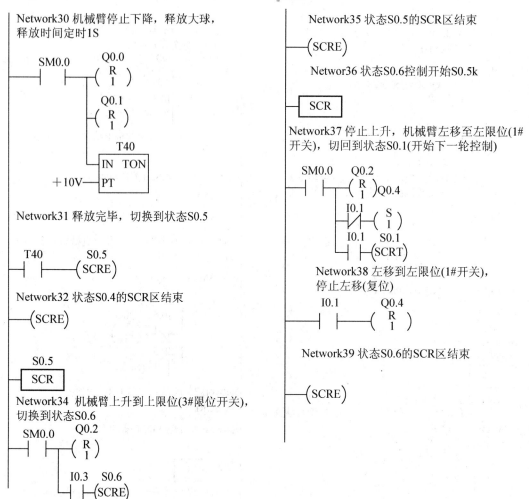

Network30 机械臂停止下降，释放大球，
释放时间定时1S

Network31 释放完毕，切换到状态S0.5

Network32 状态S0.4的SCR区结束

Network34 机械臂上升到上限位(3#限位开关)，
切换到状态S0.6

Network35 状态S0.5的SCR区结束

Networ36 状态S0.6控制开始S0.5k

Network37 停止上升，机械臂左移至左限位(1#
开关)，切回到状态S0.1(开始下一轮控制)

Network38 左移到左限位(1#开关)，
停止左移(复位)

Network39 状态S0.6的SCR区结束

图 4-13　大小球分拣及传送控制系统 SCR 指令编程(续)

2) 用基本指令编程

(1) I/O 地址分配如表 4-3 所示。

表 4-3　I/O 地址分配

输入	输出	中间继电器
I0.0—启动	Q0.0—下降	M0.0
I0.1—左限 LS1	Q0.1—吸盘	M1.0
I0.2—下限 LS2	Q0.2—上升	M2.0
I0.3—上限 LS3	Q0.3—右移	M3.0
I0.4—右限 LS4(小球)	Q0.4—左移	
I0.5—右限 LS5(大球)	Q0.5—原位显示	
I1.0—关闭		

(2) 梯形图如图 4-14 所示。

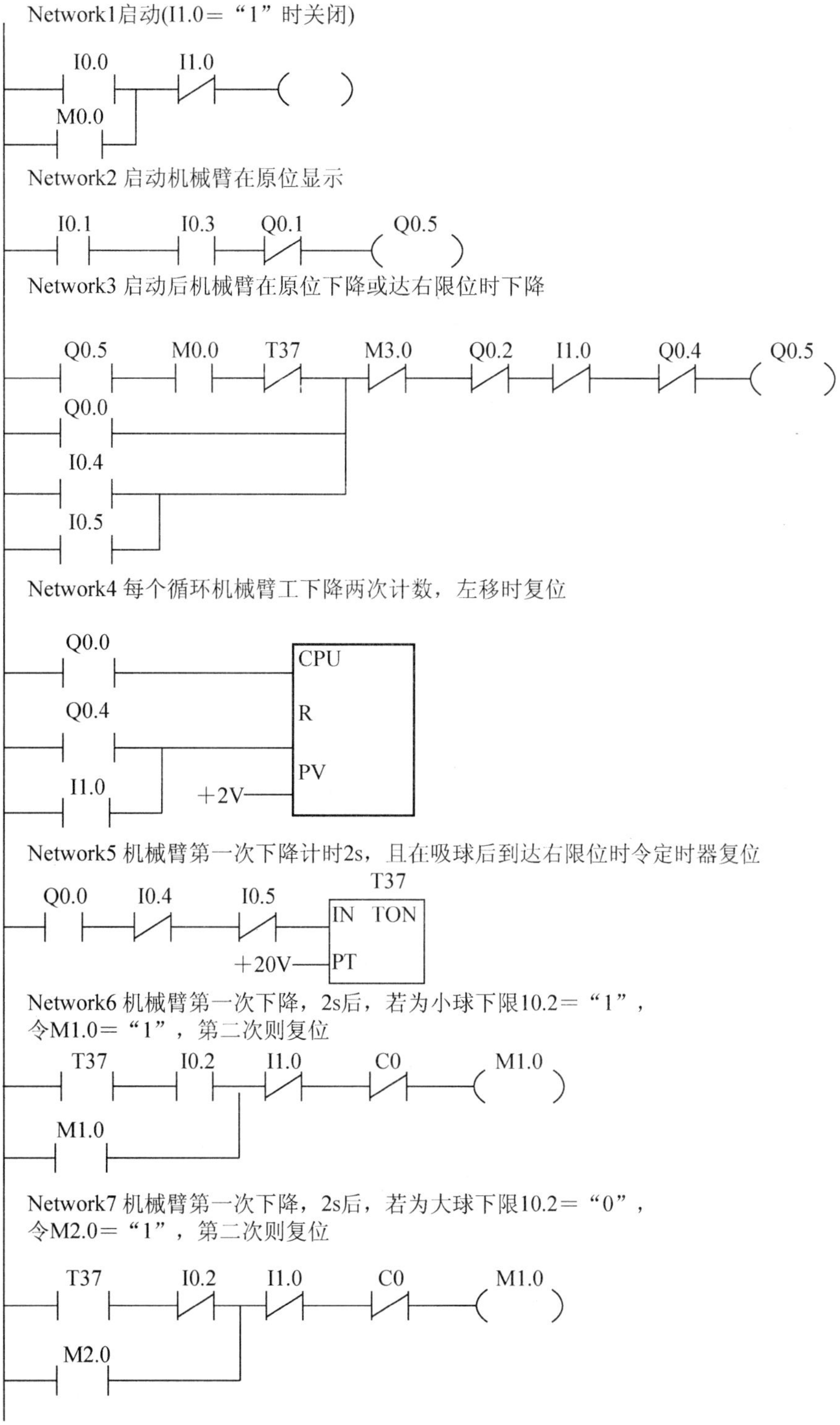

Network1 启动(I1.0＝"1"时关闭)

```
   I0.0    I1.0
───┤ ├────┤/├────(   )
   M0.0
───┤ ├──
```

Network2 启动机械臂在原位显示

```
   I0.1    I0.3    Q0.1        Q0.5
───┤ ├────┤ ├────┤/├────────(   )
```

Network3 启动后机械臂在原位下降或达右限位时下降

```
   Q0.5   M0.0   T37    M3.0   Q0.2   I1.0   Q0.4        Q0.5
───┤ ├───┤ ├───┤/├───┤/├───┤/├───┤/├───┤/├──────(   )
   Q0.0
───┤ ├──
   I0.4
───┤ ├──
   I0.5
───┤ ├──
```

Network4 每个循环机械臂工下降两次计数，左移时复位

```
   Q0.0                  ┌──────────┐
───┤ ├─────────────────┤ CPU      │
   Q0.4                  │          │
───┤ ├─────────────────┤ R        │
   I1.0                  │       PV │
───┤ ├──────────┤+2V├──┤          │
                        └──────────┘
```

Network5 机械臂第一次下降计时2s，且在吸球后到达右限位时令定时器复位

```
   Q0.0   I0.4   I0.5        T37
───┤ ├───┤/├───┤/├───┤IN   TON│
                      │        │
              ┤+20V├─┤PT       │
```

Network6 机械臂第一次下降，2s后，若为小球下限I0.2＝"1"，
令M1.0＝"1"，第二次则复位

```
   T37    I0.2   I1.0   C0         M1.0
───┤ ├───┤ ├───┤/├───┤/├──────(   )
   M1.0
───┤ ├──
```

Network7 机械臂第一次下降，2s后，若为大球下限I0.2＝"0"，
令M2.0＝"1"，第二次则复位

```
   T37    I0.2   I1.0   C0         M1.0
───┤ ├───┤/├───┤/├───┤/├──────(   )
   M2.0
───┤ ├──
```

图 4-14　大小球分拣及传送控制系统基本指令编程

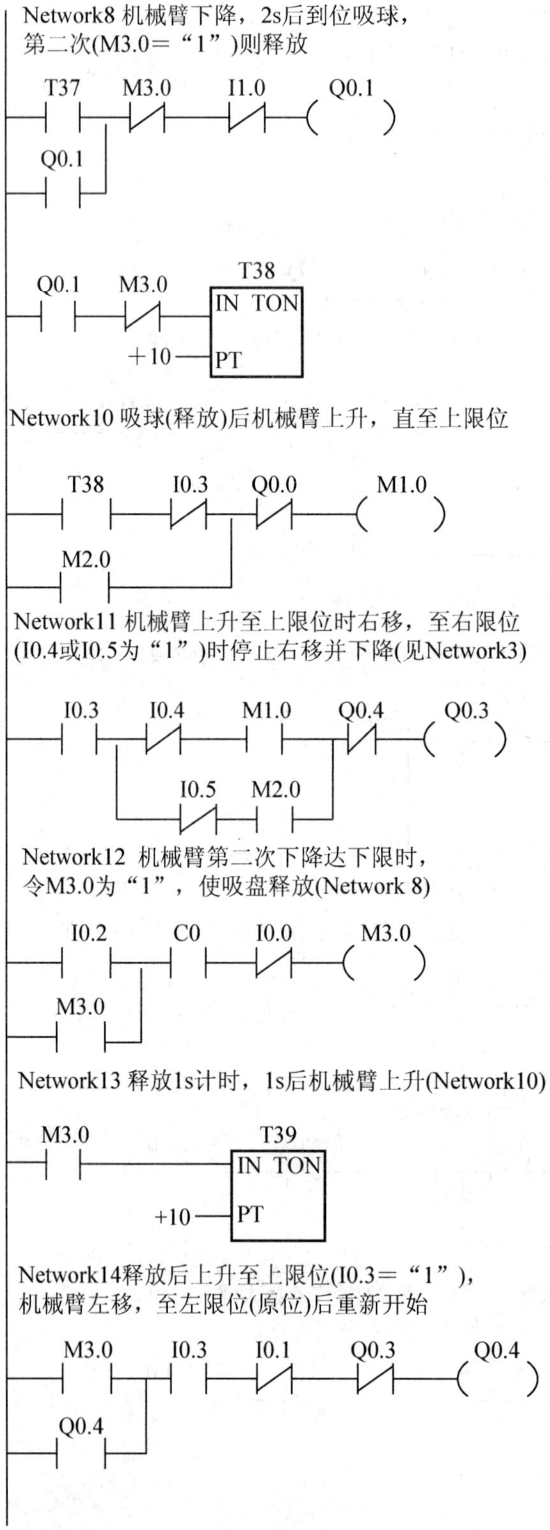

Network8 机械臂下降，2s后到位吸球，
第二次(M3.0="1")则释放

```
  T37    M3.0   I1.0        Q0.1
──┤ ├───┤/├────┤/├──────────( )
  Q0.1
──┤ ├──
```

```
  Q0.1   M3.0          T38
──┤ ├───┤/├──────────┤IN  TON├
                  +10─┤PT     │
```

Network10 吸球(释放)后机械臂上升，直至上限位

```
  T38    I0.3   Q0.0        M1.0
──┤ ├───┤/├────┤/├──────────( )
  M2.0
──┤ ├──
```

Network11 机械臂上升至上限位时右移，至右限位
(I0.4或I0.5为"1")时停止右移并下降(见Network3)

```
  I0.3   I0.4   M1.0   Q0.4      Q0.3
──┤ ├───┤/├────┤ ├────┤/├────────( )
         I0.5   M2.0
        ─┤/├────┤ ├─
```

Network12 机械臂第二次下降达下限时，
令M3.0为"1"，使吸盘释放(Network 8)

```
  I0.2   C0     I0.0        M3.0
──┤ ├───┤ ├────┤/├──────────( )
  M3.0
──┤ ├──
```

Network13 释放1s计时，1s后机械臂上升(Network10)

```
  M3.0              T39
──┤ ├──────────────┤IN  TON├
                +10─┤PT     │
```

Network14 释放后上升至上限位(I0.3="1")，
机械臂左移，至左限位(原位)后重新开始

```
  M3.0   I0.3   I0.1   Q0.3      Q0.4
──┤ ├───┤ ├────┤/├────┤/├────────( )
  Q0.4
──┤ ├──
```

图 4-14 大小球分拣及传送控制系统基本指令编程(续)

比较两种指令的程序，可以看到，顺序控制指令编程的工艺过程清楚，结构层次明确，逻辑简单，各动作按控制状态依次完成，允许双重或多重输出，但程序冗长，需 39 个"Network"。而用基本指令编程，逻辑关系比较复杂，需要一定的编程技巧，但程序简洁紧凑，仅需 14 个"Network"便可实现。

【例 4-2】全自动洗衣机的 PLC 控制。

全自动洗衣机的洗衣桶(外桶)和脱水桶(内桶)是以同一中心安放的。外桶固定，用于盛水。内桶可以旋转，用于脱水(甩干)。内桶的四周有很多小孔，使内、外桶的水流相通。

1) 控制要求

全自动洗衣机的进水和排水分别由进水电磁阀和排水电磁阀来执行。进水时，通过电控系统使进水电磁阀打开，经进水管将水注入外桶。排水时，通过电控系统使排水电磁阀打开，将水由外桶排到机外。洗涤正转、反转由洗涤电动机驱动波盘正、反转来实现，此时脱水桶并不旋转。脱水时，通过电控系统将离合器合上，由洗涤电动机带动内桶正转进行甩干。高、低水位开关分别用来检测高、低水位。启动按钮用来启动洗衣机工作。停止按钮用来实现手动停止进水、排水、脱水及报警。排水按钮用来实现手动排水。

PLC 投入运行，系统处于初始状态，准备好启动。启动时开始进水。水满(即水位到达高水位)时停止进水并开始洗涤正转。正转洗涤 15s 后暂停。暂停 3s 后又开始反转洗涤。反转 15s 后暂停。3s 后若正、反转未满 3 次，则返回从正转洗涤开始；若正、反转满 3 次，则开始排水。

水位下降到低水位时开始脱水并继续排水。脱水 10s 后即完成一次从进水到脱水的大循环过程。若未完成 3 次大循环，则返回从进水开始的全部动作，进行下一次大循环；若完成了 3 次循环，则进行洗完报警。报警结束后，自动停机。此外，还可以按排水按钮以实现手动排水；按停止按钮以实现手动停止进水、排水、脱水及报警。

2) PLC 的 I/O 地址分配

PLC 的 I/O 地址分配如表 4-4 所示。

表 4-4　PLC 地址分配

输入			输出		
代号	功能	地址	代号	功能	地址
SB1	启动按钮	I0.0	YV1	进水阀	Q0.0
SB2	停止按钮	I0.1	KM1	电动机正转接触器	Q0.1
SB3	排水按钮	I0.2	KM2	电动机反转接触器	Q0.2
SQ1	高水位开关	I0.3	YV2	排水阀	Q0.3
SQ2	低水位开关	I0.4	YV3	脱水电磁离合器	Q0.4
			HA	报警蜂鸣器	Q0.5

顺序功能图如图 4-15 所示，梯形图如图 4-16。

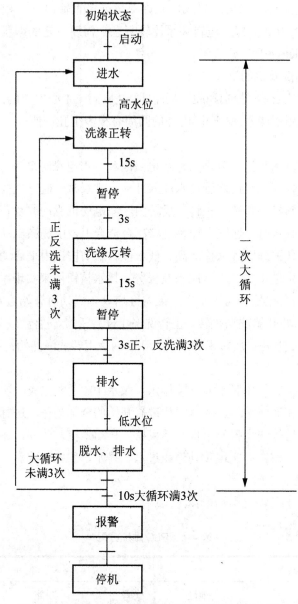

图 4-15　全自动洗衣机控制顺序功能图

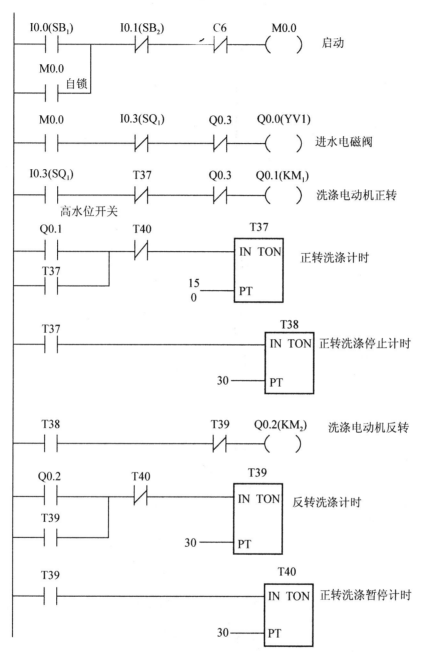

图 4-16　全自动洗衣机控制梯形图

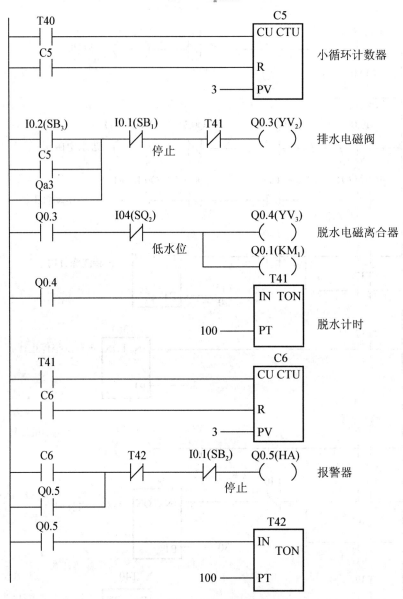

图 4-16　全自动洗衣机控制梯形图(续)

本 章 小 结

本章介绍了 S7-200 系列 PLC 顺序控制指令，结合实例说明了其使用方法。因其逻辑简明，所以较适于初学者学习、使用。

习　题

4-1　简述划分步的原则。

4-2 简述转换实现的条件和转换实现时应完成的操作。

4-3 画出图 4-17 所示波形对应的顺序功能图。

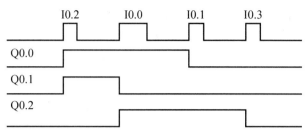

图 4-17　习题 4-3 的图

4-4 小车在初始状态时停在中间，限位开关 I0.0 为 ON，按下启动按钮 I0.3，小车开始右行，并按图 4-18 所示的顺序运动，最后返回并停在初始位置。画出控制系统的顺序功能图。

4-5 指出图 4-19 所示顺序功能图中的错误。

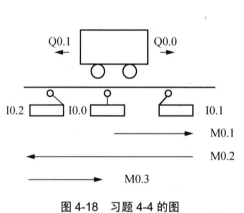

图 4-18　习题 4-4 的图

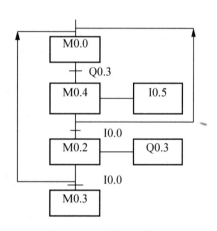

图 4-19　习题 4-5 的图

4-6 试画出图 4-20 所示信号灯控制系统的顺序功能图，I0.0 为启动信号。

4-7 用 SCR 指令设计图 4-21 所示的顺序功能图的梯形图程序。

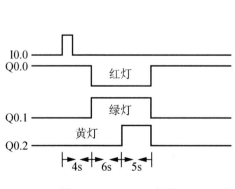

图 4-20　习题 4-6 的图

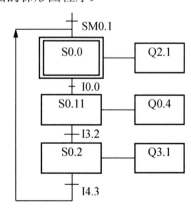

图 4-21　习题 4-7 的图

4-8 图 4-22 中的两条运输带顺序相连,按下启动按钮 I0.0, Q0.0 变为 ON, 2 号运输带开始运行;按下 I0.2 后 Q0.1 变为 ON, 1 号运输带自动启动。按下停止按钮 I0.1,停机的顺序与启动的顺序刚好相反,间隔时间为 8s。绘制顺序功能图,并设计出梯形图程序。

4-9 小车开始停在左边,限位开关 I0.0 为 1 状态。按下启动按钮后,小车开始右行,以后按图 4-23 所示顺序运行,最后返回并停在限位开关 I0.0 处。绘制顺序功能图和梯形图。

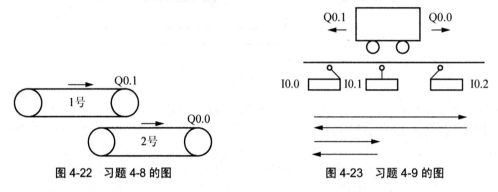

图 4-22 习题 4-8 的图   图 4-23 习题 4-9 的图

4-10 混凝土搅拌机工序如下:

(1) 按下启动按钮,料斗电动机 M1 正转 1 分钟,牵引料斗起仰上升,将骨料和水泥倾入搅拌机滚筒中;

(2) 装料完毕,料斗电动机 M1 反转 0.5 分钟使料斗下降放平;

(3) 给水电磁阀 YV 通电,使水流入搅拌机的滚筒中,当滚筒的液面上升到一定的高度时,液面传感器的 SL1 的常开触点接通,电磁阀断电,切断水源。同时搅拌机滚筒电动机 M2 正转,开始搅拌混凝土;

(4) 5 分钟后,搅拌机滚筒电动机 M2 反转 0.5 分钟使搅拌好的混凝土出料。

设计可编程控制器系统,实现:

(1) 单调工作方式(即按启动按钮,搅拌机工作一个循环过程);

(2) 自动循环方式(即按启动按钮,搅拌机按上述工序反复运行,直至按下停止按钮)。

第**5**章

功 能 指 令

知识要点

本章介绍 S7-200 系列 PLC 数据转送、数学运算、数制转换、逻辑操作、中断操作、高速计数、PID 控制等功能指令。重点掌握中断操作、高数计数、PID 控制等指令的使用方法。

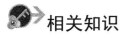

相关知识

PLC 基本指令。

工程应用方向

在实际控制系统设计工程实践中，功能指令应用广泛。

5.1 数据传送指令

5.1.1 单一数据传送指令

单一数据传送指令梯形图由传送符 MOV、数据类型(B/W/DW/R)、传送启动信号 EN、源操作数 IN 和目标操作数 OUT 构成,指令将输入字节(IN)移至输出字节(OUT),不改变原来的数值。

在应用单一数据传送指令时应该注意数据类型,字节用符号 B、字用符号 W、双字用符号 D 或 DW、实数用符号 R 表示。

数据块传送指令梯形图由传送符 BLKMOV、数据类型(B/W/DW/R)、传送启动信号 EN、源操作数 IN 和目标操作数 OUT 构成,指令将字节数目(N)从输入地址(IN)移至输出地址(OUT),N 的范围为 1～255。

5.1.2 字节交换指令

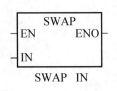

图 5-1 字节交换指令

字节交换指令的语句表:由交换字节操作码 SWAP 和交换数据字地址 IN 构成,如图 5-1 所示。

交换字节(SWAP)指令的原理:当启动信号 EN 为 1 时,执行交换字节功能,把输入(IN)指定字的高字节内容与低字节内容互相交换,交换结果仍存放在输入(IN)指定的地址中,ENO 为传送状态位。

5.1.3 传送字节立即读、写指令

传送字节立即读(BIR)指令,读取输入端(IN)指定字节地址的物理输入点(m)的值,并写入输出端(OUT)指定字节地址的存储单元中。传送字节立即读、写指令如图 5-2 所示,传送字节立即读、写指令操作数数据类型为字节型(BYTE)。

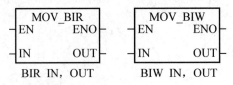

图 5-2 传送字节立即读、写指令

5.2 数学运算指令

5.2.1 加法运算和减法运算指令

加法运算指令的梯形图和语句表格式如图 5-3 所示。

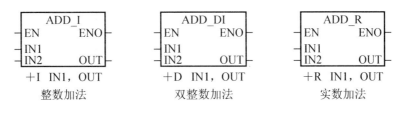

图 5-3　加法运算指令

功能：在梯形图中，当加法允许信号 EN＝1 时，被加数 IN1 和加数 IN2 相加，其结果传送到 OUT(和)；在语句表中，要先将一个加数送到 OUT 中，然后把 OUT 中的数据和 IN1 中的数据进行相加，并将其结果传送到 OUT 中，IN1＋OUT＝OUT。

数据类型：ADD_I、ADD_DI、ADD_R 指令操作对象和结果分别为 16 位整数、32 位整数、32 位实数。

减法运算指令的梯形图和语句表格式如图 5-4 所示。

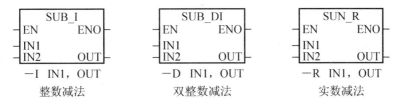

图 5-4　减法运算指令

减法运算指令的功能和数据范围与加法运算指令类似。

5.2.2　乘法运算指令和除法运算指令

乘法运算指令的梯形图和语句表格式如图 5-5 所示。

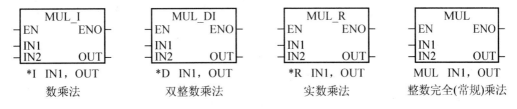

图 5-5　乘法运算指令

功能：在梯形图中，当乘法允许信号 EN＝1 时，被乘数 IN1 和乘数 IN2 相乘，其结果传送到 OUT(积)；在语句表中，要先将一个乘数送到 OUT 中，然后把 OUT 中的数据和 IN1 中的数据进行相加，并将其结果传送到 OUT 中，IN1*OUT＝OUT。

数据类型：MUL_I、MUL_DI、MUL_R 指令操作对象和结果分别为 16 位整数、32 位整数、32 位实数，MUL 将两个 16 位整数相乘产生一个 32 位整数的积。

除法运算指令的梯形图和语句表格式如图 5-6 所示。

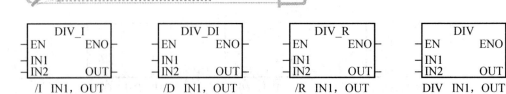

图 5-6　除法运算指令

功能：在梯形图中，当除法允许信号 EN＝1 时，被除数 IN1 和除数 IN2 相除，其结果传送到 OUT(商)；在语句表中，要先将一个被除数送到 OUT 中，然后把 OUT 中的数据和 IN1 中的数据进行相加，并将其结果传送到 OUT 中，OUT/ IN1＝OUT。

数据类型：DIV_I、DIV_DI、DIV_R 指令操作对象和结果分别为 16 位整数、32 位整数、32 位实数，DIV 将两个 16 位整数相除产生一个 32 位整数，其中高 16 位是余数，低 16 位是商。

数学运算指令影响特殊内存位：SM1.0～SM1.2。

5.2.3　加 1 运算指令和减 1 运算指令

加 1 运算指令的梯形图和语句表格式如图 5-7 所示。

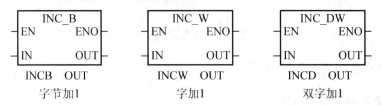

图 5-7　加 1 运算指令

功能：在梯形图中，当加 1 运算允许信号 EN＝1 时，数 IN 加 1，结果传送到 OUT 中；语句表中，OUT 被加 1，结果传送到 OUT 中，OUT＋1＝OUT。在梯形图中，被加 1 数 IN 与结果的地址可以不同，而语句表中两者必须相同。

数据类型：INCB、INCW、INCD 分别对应字节型、字型、双字型数据。

减 1 运算指令的梯形图和语句表格式如图 5-8 所示。

图 5-8　减 1 运算指令

减 1 运算指令功能和数据类型与加 1 运算指令类似。

5.3　逻辑运算指令

逻辑运算指令的操作数均为无符号数。

逻辑与指令、逻辑或指令、逻辑异或指令、逻辑取反指令梯形图和语句表格式如图 5-9～图 5-12 所示。

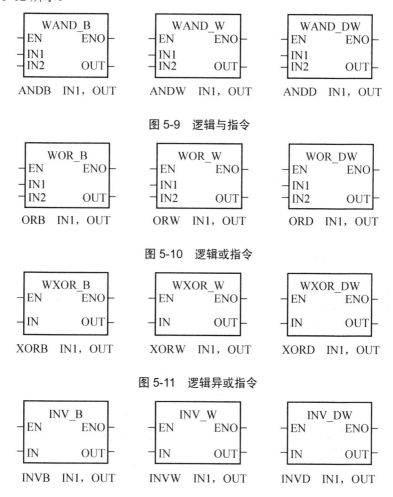

ANDB　IN1，OUT　　ANDW　IN1，OUT　　ANDD　IN1，OUT

图 5-9　逻辑与指令

ORB　IN1，OUT　　ORW　IN1，OUT　　ORD　IN1，OUT

图 5-10　逻辑或指令

XORB　IN1，OUT　　XORW　IN1，OUT　　XORD　IN1，OUT

图 5-11　逻辑异或指令

INVB　IN1，OUT　　INVW　IN1，OUT　　INVD　IN1，OUT

图 5-12　逻辑取反指令

功能：在梯形图中，允许信号 EN＝1 时，对数据进行逻辑运算，将结果传送到 OUT 中。

数据类型：包括字节型、字型、双字型。

【例 5-1】如图 5-13 所示为逻辑运算指令举例。

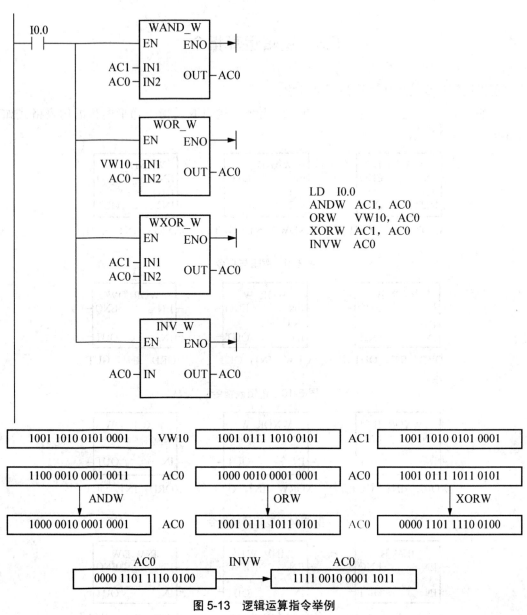

图 5-13　逻辑运算指令举例

5.4　移位操作指令

移位和循环移位指令均为无符号操作。

5.4.1　右移位指令

右移位指令的梯形图和语句表格式如图 5-14 所示。

功能：在梯形图、语句表中，当右移允许信号 EN＝1 时，被右移数 IN 右移 N 位，最左边移走数的位依次用 0 填充，其结果传送到 OUT 中；当 IN 单元与 OUT 单元不相同时，用语句表则先要利用传送指令把 IN 的内容传送到 OUT 中，然后把 OUT 的内容右移，结果存在 OUT 中。

图 5-14　右移位指令

数据类型：包括字节型、字型、双字型。

5.4.2　左移位指令

左移位指令的梯形图和语句表格式如图 5-15 所示。

图 5-15　左移位指令

左移位指令的功能和数据类型和右移指令相似，只是移动方向不同。

5.4.3　循环右移位指令

循环右移位指令的梯形图和语句表格式如图 5-16 所示。

图 5-16　循环右移位指令

功能：在梯形图、语句表中，当循环右移允许信号 EN＝1 时，被右移数 IN 右移 N 位，从右边移出的位送到 IN 的最左边，其结果传送到 OUT 中；当 IN 单元与 OUT 单元不相同时，用语句表则先要利用传送指令把 IN 的内容传送到 OUT 中，然后把 OUT 的内容右移，从右边移出的位送到 OUT 的最左边，结果存在 OUT 中。

数据类型：包括字节型、字型、双字型。

5.4.4　循环左移位指令

循环左移位指令的梯形图和语句表格式如图 5-17 所示。

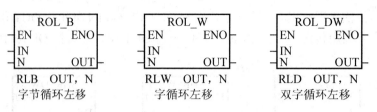

图 5-17　循环左移位指令

循环左移指令的功能和数据类型与循环右移指令相似，只是移动方向不同。

5.5　数据转换操作指令

5.5.1　BCD 码与整数的转换

BCD(Binary-Coded Decimal)码又称 8421 码，也称二进制编码的十进制数，就是将十进制的数以 8421 的形式展开成二进制，是用 4 位二进制码的组合代表十进制数的 0～9 这 10 个数，BCD 码遇 1001 就进位。

BCD 码与整数的转换指令的梯形图和语句表格式如图 5-18 所示。

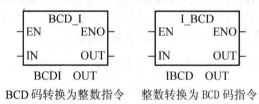

图 5-18　BCD 码与整数的转换指令

功能：在梯形图中，BCD 码转换为整数指令可以将二进制编码的十进制值 IN 转换成整数值，并将结果载入 OUT 指定的变量中。IN 的有效范围是 0～9999 BCD；整数转换为 BCD 码指令将输入整数值 IN 转换成二进制编码的十进制数，并将结果载入 OUT 指定的变量中。IN 的有效范围是 0～9999 BCD。可以将双整值转换为实数，还可以在整数和 BCD 格式之间转换。对于 STL，IN 和 OUT 参数使用相同的地址。

5.5.2　双字整数与实数的转换

双字整数与实数的转换指令的梯形图和语句表格式如图 5-19 所示。

图 5-19　双字整数与实数的转换指令

功能：双字整数转换成实数指令将 32 位有符号整数转换成 32 位实数，当 EN＝1 时，双字整数被转换成实数，结果传送到 OUT 中。实数转换成双字整数(四舍五入)指令可以将实数转换成 32 位有符号整数，如果小数部分大于 0.5 就进一位，当 EN＝1 时，实数 IN 被转换成有符号整数，其结果传送到 OUT 中。实数转换成双字整数(舍去尾数)指令将 32 位实数转换成 32 位有符号整数，小数部分被舍去，当 EN＝1 时，实数 IN 被转换成有符号整数，其结果传送到 OUT 中。

5.5.3 双整数与整数的转换

双整数与整数的转换指令的梯形图和语句表格式如图 5-20 所示。

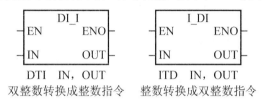

DTI IN, OUT　　　　　ITD IN，OUT
双整数转换成整数指令　　整数转换成双整数指令

图 5-20　双整数与整数的转换指令

功能：双整数转换成整数指令将双整数转换成整数，如果要转换的数据太大，溢出位被置位且输出保持不变，当 EN＝1 时，双整数 IN 被转换成整数，且其结果传送到 OUT 中。整数转换成双整数指令将整数转换成双整数，并进行符号扩展，当 EN＝1 时，整数 IN 被转换成双整数，且其结果传送到 OUT 中。

5.5.4 字节与整数的转换

字节与整数的转换指令的梯形图和语句表格式如图 5-21 所示。

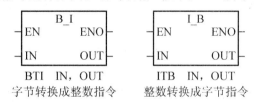

BTI IN, OUT　　　　　ITB IN，OUT
字节转换成整数指令　　整数转换成字节指令

图 5-21　字节与整数的转换指令

功能：字节转换成整数指令可以将字节转换成整数，由于字节是无符号的，无须进行符号扩展，当 EN＝1，字节 IN 被转换成整数，其结果传送到 OUT 中。整数转换成字节指令可以将整数转换成字节，当整数的范围不在 0～255 时，会有溢出(SM0.1 被置位)，且输出不变，当 EN＝1 时，整数 IN 被转换成字节，其结果传送到 OUT 中。

5.5.5 译码、编码指令

译码、编码指令的梯形图和语句表格式如图 5-22 所示。

功能：译码指令可根据译码输入字节 IN 的低 4 位(半个字节)的二进制值所对应的十进

制数(0~15)所表示的位号,置输出字 OUT 的相应位为 1,而 OUT 的其他位置为 0;编码指令将编码输入字 IN 中的值为 1 的最低有效位的位号变成 4 位二进制数,写入输出字节 OUT 的低 4 位。

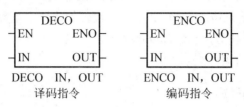

图 5-22　译码和编码指令

图 5-23　段码指令

5.5.6　段码指令

段码指令的梯形图和语句表格式如图 5-23 所示。

功能:段码指令可以将字节数转换成 7 段段码输出,当 EN=1 时,把输入字节数据 IN 低 4 位的有效值转换成 7 段显示码,并将其结果传送到 OUT 中。

5.5.7　ASCII 码转换指令

ASCII 码转换指令是将标准字符 ASCII 码与十六进制、整数、双整数及实数之间进行转换。可以转换的 ASCII 码为 30~39 和 41~46,对应的十六进制数为 0~9 和 A~F。

ASCII 码与十六进制数转换指令的梯形图和语句表格式如图 5-24 所示。

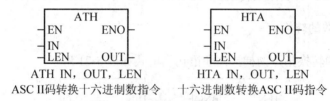

图 5-24　ASCII 码转换指令(1)

功能:ASCII 码转换十六进制数指令将从 IN 开始的长度为 LEN 的 ASCII 码转换为十六进制数,并将结果传送到 OUT 开始的字节进行输出。LEN 的长度最大为 255。十六进制数转换 ASCII 码指令将从 IN 开始的长度为 LEN 的十六进制数转换为 ASCII 码,并将结果传送到 OUT 开始的字节进行输出。LEN 的长度最大为 255。

数据类型:IN、LEN 和 OUT 均为字节类型。

整数、双整数、实数与 ASCII 码转换指令的梯形图和语句表格式如图 5-25 所示。

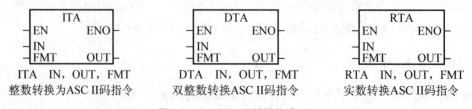

图 5-25　ASCII 码转换指令(2)

功能：整数至 ASCII 码指令将整数字(IN)转换成 ASCII 字符数组。格式 FMT 指定小数点右侧的转换精确度，以及是否将小数点显示为逗号还是点号。转换结果置于从 OUT 开始的 8 个连续字节中。ASCII 码字符数组总是 8 个字符。

整数转换为 ASCII 码的应用举例如图 5-26 所示。

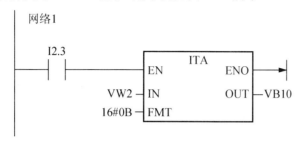

NETWORK 1
//将位于VW2位址的整数值转换为8个ASCII字符，
//从VB10位置开始，使用16#0B格式，用逗号代表小数点，
//随后有3位数。
LD I2.3
ITA VW2 VB10 16#0B

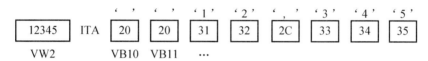

图 5-26　整数转换为 ASCII 码的应用举例

双整数至 ASCII 码指令将双字(IN)转换成 ASCII 码字符数组。格式 FMT 指定小数点右侧的转换精确度。转换结果置于从 OUT 开始的 12 个连续字节中。

实数至 ASCII 码指令将实数值(IN)转换成 ASCII 码字符。格式 FMT 指定小数点右侧的转换精确度，以及是否将小数点表示为逗号或点号及输出缓冲区尺寸。转换结果置于从 OUT 开始的输出缓冲区中。结果 ASCII 码字符的数目(或长度)相当于输出缓冲区的尺寸，指定的尺寸范围为 3～15 个字符。

5.6　表操作指令

表操作指令的梯形图和语句表格式如图 5-27 所示。

ATT DATA, TABLE
填表指令

FIFO TABLE, DATA
先进先出指令

LIFO TABLE, DATA
后进先出指令

图 5-27　表操作指令

当填表指令允许时，将一个数据 DATA 添加到表 TBL 的末尾。TBL 表中第一个字表示最大允许长度(TL)；表的第二个字表示表中现有的数据项的个数(EC)，每次将新数据添加到表中时，EC 的数值自动加 1。

【例 5-2】图 5-28 给出一个填表指令的编程例子，当 I0.2＝1 时 VW80 中的数据 1234 被填到表的最后(d2)，这时最大填表数 TL 未变(TL＝6)，实际填表数 EC 加 1 (EC＝3)，表中的数据项由 d0、d1 变为 d0、d1、d2。

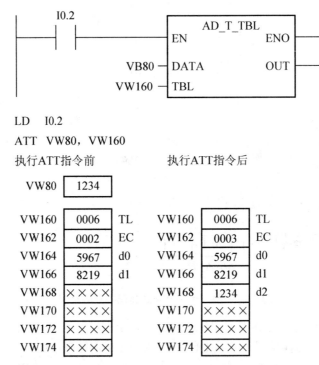

图 5-28 向表添加数据指令的工作原理

先入先出(FIFO)指令通过移除表格(TBL)中的第一个条目，并将数值移至 DATA 指定位置的方法，移动表格中的最早(或第一个)条目。表格中的所有其他条目均向上移动一个位置。每次执行指令时，表格中的条目数减 1。

先入先出(FIFO)指令应用举例如图 5-29 所示。

后入先出(LIFO)指令将表格中的最新(或最后)一个条目移至输出内存地址，方法是移除表格(TBL)中的最后一个条目，并将数值移至 DATA 指定的位置。每次执行指令时，表格中的条目数减 1。

后入先出(LIFO)指令应用举例如图 5-30 所示。

表格查找(TBL)指令在表格(TBL)中搜索与某些标准相符的数据。其梯形图如图 5-31 所示，从 INDX 指定的表格条目开始，寻找与 CMD 定义的搜索标准相匹配的数据数值 (PTN)。命令参数(CMD)被指定一个 1～4 的数值，分别代表 ＝、<>、<、>。如果找到匹配条目，则 INDX 指向表格中的匹配条目。欲查找下一个匹配条目，再次激活"表格查找"指令之前必须在 INDX 上加 1。如果未找到匹配条目，INDX 的数值等于条目计数。一个表格最多可有 100 个条目，数据项目(搜索区域)从 0 排号至最大值 99。

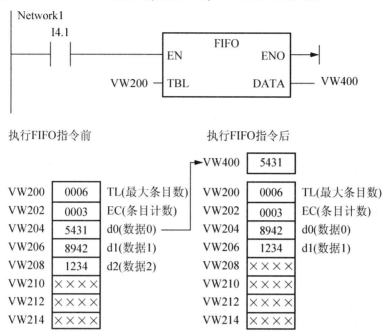

图 5-29 先入先出(FIFO)指令应用举例

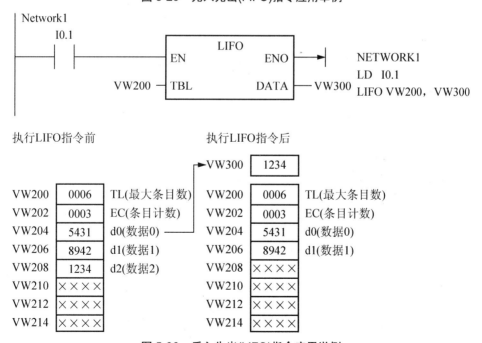

图 5-30 后入先出(LIFO)指令应用举例

表格查找指令应用举例如图 5-32 所示。

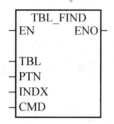

图 5-31　表格查找指令

ATT、LIFO和FIFO表格式　　　　　TBL_FIND表格式

VW200	0006	TL(最大条目数)	VW202	0006	EC(条目计数)
VW202	0006	EC(条目计数)	VW204	××××	d0(数据0)
VW204	××××	d0(数据0)	VW206	××××	d1(数据1)
VW206	××××	d1(数据1)	VW208	××××	d2(数据2)
VW208	××××	d2(数据2)	VW210	××××	d3(数据3)
VW210	××××	d3(数据3)	VW212	××××	d4(数据4)
VW212	××××	d4(数据4)	VW214	××××	d5(数据5)
VW214	××××	d5(数据5)			

Network1

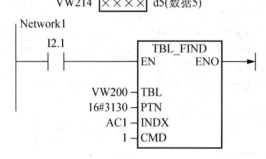

NETWORK1
LD　I2.1
FND＝　VW202　16#3130 AC1

当I2.1打开时，在表格中搜索一个等于3130HEX的数值。

VW202	0006	EC(entry count)
VW204	3133	d0(data0)
VW206	4142	d1(data1)
VW208	3130	d2(data2)
VW210	3030	d3(data3)
VW212	3130	d4(data4)
VW214	4541	d5(data5)

如果使用ATT、LIFO和FIFO指令建立表格，VW200包含允许使用条目的最大数目，"查找"指令无此项要求。

AC1	0	必须将AC1设为0，才能从表格顶端开始搜索。
	执行表格搜索	
AC1	2	AC1包含与在表格(d2)中找到的第一个匹配项数据对应的条目数。
AC1	3	在搜索表格剩余条目之前，将INDX设为加1增量。
	执行表格搜索	
AC1	4	AC1包含与在表格(d4)中找到的第二个匹配项数据对应的条目数。
AC1	5	在搜索表格剩余条目之前，将INDX设为加1增量。
	执行表格搜索	
AC1	6	AC1包含一个等于条目计数的数值。已经搜索全表，未找到另一个匹配项。
AC1	0	在重新搜索表格之前，INDX值必须重设为0。

图 5-32　表格查找指令应用举例

内存填充(FILL)指令用包含在地址 IN 中的字值写入 N 个连续字，从地址 OUT 开始。N 的范围是 1~255，其梯形图如图 5-33 所示。

图 5-33　表填充指令

5.7　中断操作指令

中断就是使系统暂时终止当前正在运行的程序，去执行为立即响应的信号而编制的中断服务程序，去处理那些急需处理的事件，执行完毕再返回原先终止的程序并继续执行。中断功能可以用于实时控制。高速处理通信和网络等复杂和特殊的控制任务。

5.7.1　中断类型

1) 通信端口中断

通信端口中断：S7-200 生成允许程序控制通信端口的事件。可用程序控制 S7-200 的串行通信端口。这种操作通信端口的模式被称为自由端口模式。在自由端口模式中，程序定义波特率、每个字符的位、校验和协议。可提供"接收"和"传送"中断，协助进行程序控制的通信。详情请参阅"传送和接收"指令。

2) I/O 中断

I/O 中断：S7-200 生成用于各种 I/O 状态不同变化的事件。这些事件允许程序对高速计数器、脉冲输出或输入的升高或降低状态作出应答。I/O 中断包括上升/下降边缘中断、高速计数器中断和脉冲链输出中断。

S7-200 可生成输入(I0.0、I0.1、I0.2 或 I0.3)上升和/或下降边缘中断。可为每个此类输入点捕获上升边缘和下降边缘事件。这些上升/下降边缘事件可用于表示在事件发生时必须立即处理的状况。

高速计数器中断允许对诸如以下的条件作出应答：当前值达到预设值，可能是与转轴旋转方向逆转对应的计数方向的改变或计数器外部复原的原因。每种此类高速计数器事件均允许针对按照可编程逻辑控制器扫描速度控制的高速事件采取实时措施。

脉冲链输出中断发出输出预定数目脉冲完成的立即通知。脉冲链输出的最常见用法是步进电动机控制。

可以用将中断例行程序附加在相关 I/O 事件上的方法，启用上述每种中断。

3) 时间基准中断

时间基准中断：S7-200 生成允许程序按照具体间隔作出应答的事件。

时间基准中断包括定时中断和定时器 T32/T96 中断。可以使用定时中断基于循环指定需要采取的措施。循环时间被设为 1～255ms 每毫秒递增一次。必须在 SMB34 中将定时中断的循环时间设为 0，在 SMB35 中将定时中断的循环时间设为 1。

每次定时器失效时，定时中断事件将控制传输给适当的中断例行程序。通常使用定时中断控制模拟输入取样或定期执行 PID 环路。

将中断例行程序附加在定时中断事件上时，则启用定时中断，且计时开始。在附加的过程中，系统捕获循环时间数值，因此其后对 SMB34 和 SMB35 所做的改动不会影响循环时间。欲改动循环时间，必须修改循环时间数值，然后将中断例行程序重新附加在定时中断事件上。重新附加时，定时中断功能从以前的附件中清除所有的累计时间，并开始用新数值计时。

时间中断被启用后，则持续运行，每当指定的时间间隔失效时，执行中断连接例行程序。如果退出 RUN(运行)模式或分离定时中断，定时中断被禁止。如果全局禁止中断指令被执行，定时中断继续进行。每次定时中断出现均排队等候(直至中断被启用或队列已满)。

定时器 T32/T96 中断允许对指定时间间隔完成及时作出应答，仅在 1ms 分辨率接通延时(TON)和断开延时(TOF)定时器 T32 和 T96 中支持此类中断，否则 T32 和 T96 按照正常情况作业。一旦中断被启用，在 S7-200 中执行的正常 1ms 定时器更新的过程中，当现用定时器的当前值等于预设时间数值时，即执行中断连接例行程序。用将中断例行程序附加至 T32/T96 中断事件的方法，启用此类中断。

5.7.2 中断优先级

S7-200 在中断各自的优先级别群组内按照先来先服务的原则为中断提供服务。在任何时刻，只能执行一个用户中断例行程序。一旦一个中断例行程序开始执行，则一直执行至完成，不能被另一个中断例行程序预先排空，即使是更高优先级别的例行程序。正在处理另一个中断时发生的中断入队等待处理。S7-200 系统为每个中断事件规定了中断事件号，中断事件号与优先级可查阅 S7-200 用户手册。

5.7.3 中断指令

1) 全局中断允许、全局中断禁止指令

全局中断允许(ENI)指令全局性启用所有附加中断事件进程。全局中断禁止(DISI)指令全局性禁止所有中断事件进程。转换至 RUN(运行)模式时，中断开始时被禁止。一旦进入 RUN(运行)模式，可以通过执行全局中断允许指令，启用所有中断进程。执行中断禁止指令会禁止处理中断，但是现用中断事件将继续入队等候。

全局中断允许、全局中断禁止指令的梯形图和语句表格式如图 5-34 所示。

———(ENI)   ———(DISI)

ENI   DISI

图 5-34　全局中断允许、全局中断禁止指令

2) 中断连接指令、中断分离指令

中断连接指令(ATCH)将中断事件(EVNT)与中断例行程序号码(INT)相联系，并启用中

断事件。INT 数据范围为 0～127，EVNT 数据范围为 0～33。

中断分离(DTCH)指令取消中断事件(EVNT)与所有中断例行程序之间的关联，并禁用中断事件。EVNT 数据范围为 0～33。

可以将多个中断事件对应在一个中断例行程序上，但一个事件不能同时对应在多个中断例行程序上。

中断连接指令、中断分离指令的梯形图和语句表格式如图 5-35 所示。

3) 中断返回指令

中断指令的条件返回(CRETI)指令可根据先前逻辑条件用于从中断返回。

中断返回指令的梯形图和语句表格式如图 5-36 所示。

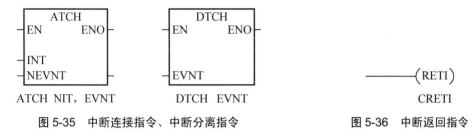

图 5-35 中断连接指令、中断分离指令　　　　　　图 5-36 中断返回指令

5.7.4 中断程序

1) 中断的系统支持

由于触点、线圈和累加器逻辑可能受中断的影响，系统保存和重新载入说明累加器和指令操作状态的逻辑堆栈、累加器寄存器和特殊内存位(SM)，这样可避免因分支至中断例行程序和从中断例行程序分支而导致的主程序中断。

在主程序和中断例行程序之间共享数据可以在主程序和一个或多个中断例行程序之间共享数据。因为无法预测 S7-200 何时可能生成中断，最好限制中断例行程序和程序中其他位置使用的变量数目。由于在主程序中，指令执行被中断事件中断时，中断例行程序采取的措施会导致共享数据一致性故障。故使用中断例行程序局部变量表，以确保中断例行程序仅使用临时内存，并且不覆盖程序其他位置使用的数据。

可以使用各种编程技巧，以确保在主程序和中断例行程序之间正确地共享数据。这些技巧限制存取共享内存位置的方法，或者使用共享内存位置预防出现指令序列中断。

对于共享单一变量的 STL 程序：如果共享数据是单字节、字或双字变量，且程序在 STL 中写入，则可用在非共享内存位置或累加器中存储共享数据操作数的直接数值的方法，以确保正确的共享存取。

对于共享单一变量的 LAD 程序：如果共享数据是单字节、字或双字变量，且程序在 LAD 中写入，则可用建立仅使用"移动"指令(MOVB、MOVW、MOVD、MOVR)存取共享内存位置的常规方法，以确保正确的共享存取。尽管很多 LAD 指令由 STL 指令的可中断序列组成，但由于这些"移动"指令是由单个 STL 指令组成的，故此类指令的执行不受中断事件的影响。

对于共享多个变量的 STL 或 LAD 程序：如果共享数据由各种相关的字节、字或双字变量组成，则可使用中断禁止/启用指令(DISI/ENI)控制中断例行程序的执行。在主程序中共享内存位置操作即将开始的点，禁止中断。一旦所有影响共享位置的措施均完成后，重新启用中断。在中断被禁止的时间内，不得执行中断例行程序，因此无法存取共享内存位置。但是，此种方法会导致对中断事件的延迟应答。

2) 从中断例行程序调用子程序

可以从中断例行程序调用一个子程序嵌套级别。在被调用的中断例行程序和子程序之间共享累加器和逻辑堆栈。

可采用下列任意一种方法建立中断例行程序：

(1) 从"编辑"菜单中，选择"插入(Insert)"→"中断(Interrupt)"选项。

(2) 从指令树中，右击"程序块"图标并从弹出的快捷菜单中选择"插入(Insert)"→"中断(Interrupt)"选项。

(3) 单击"程序编辑器"窗口，从弹出的菜单中右击"插入(Insert)"→"中断(Interrupt)"选项。

程序编辑器从先前的 POU 显示更改为新中断例行程序。在程序编辑器的底部会出现一个新标记，代表新中断例行程序。

一个程序中总共可有 128 个中断。在各自的优先赋值范围内，PLC 采用先来先服务的原则为中断提供服务。在任何时刻，只能执行一个用户中断例行程序。一旦一个中断例行程序开始执行，则一直执行至完成。不能被另一个中断例行程序预先排空，即使是更高优先级别的例行程序。正在处理另一个中断时发生的中断入队等待处理。每个中断队列最大条目数如表 5-1 所示。

表 5-1　每个中断队列最大条目数

队列	CPU 221、CPU222、CPU224	CPU 224XP、CPU226 和 CPU226XM
通信队列	4	8
I/O 中断队列	16	16
定时中断队列	8	8

一般而言，出现的中断数目会超出队列能够容纳的数目。因此，队列溢出内存位(识别已经丢失的中断事件类型)由系统保持。表 5-2 显示了中断队列溢出位。应当仅在中断例行程序中使用这些位，因为当队列排空时这些位会被复原，控制被返回主程序。

表 5-2　中断队列溢出位

说明（0=无溢出，1=溢出）	SM 位
通信队列	SM4.0
I/O 中断队列	SM4.1
定时中断队列	SM4.2

中断举例 1(I0.0 边缘触发器)如图 5-37 所示。

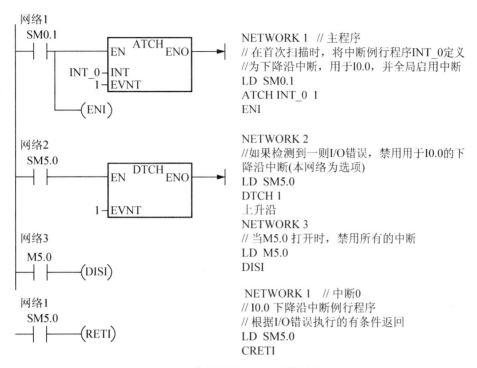

图 5-37　中断举例 1(I0.0 边缘触发器)

中断举例 2(100ms 定时中断)如图 5-38 所示。

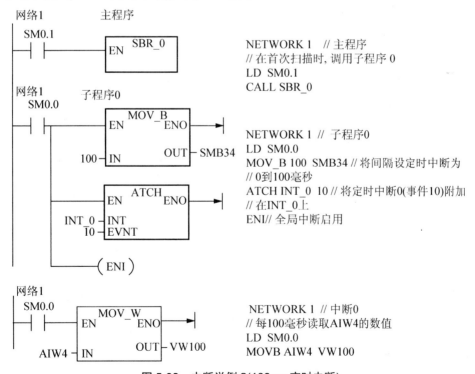

图 5-38　中断举例 2(100ms 定时中断)

5.8　高速计数器操作指令

高速计数器是以中断方式对机外高频信号计数的计数器，S7-200CPU 提供了多个高速计数器(HSC0～HSC5)以响应快速的脉冲信号，高速计数器不受 CPU 扫描速率的限制。高速计数器常用于距离测量、电动机转速检测，实现高速运动的精确控制。

S7-200 CPU221、CPU222 没有 HSC1 和 HSC2 两个计数器；CPU224、CPU226 和 CPU226XM 拥有全部 6 个计数器。高速计数器的硬件输入接口与普通数字量输入接口使用相同的地址。已定义用于高速计数器的输入点不再具有其他功能，但某个模式下没有用到的输入点还可以用作普通开关量输入点。

对高速计数器编程可以使用 HSC 指令向导配置计数器。向导使用的信息有计数器的类型和模式、计数器预设值、计数器当前值和初始计数方向。要启动"HSC 指令向导"，可执行菜单命令"工具(Tools)"→"指令向导(Instruction Wizard)"，然后从"指令向导"窗口中选择 HSC。编程需完成的基本任务包括：①定义计数器和模式；②设置控制字节；③设置当前值(起始值)；④设置预设值(目标数值)；⑤分配和启用中断例行程序；⑥激活高速计数器等。

由于硬件输入点的定义不同，不是所有的计数器都可以在任何时刻定义为任意工作模式。高速计数器的工作模式通过一次性地执行 HDEF (高速计数器定义)指令来完成，其硬件定义与工作模式如表 5-3 所示。

表 5-3　高速计数器硬件定义与工作模式

模式	描述	输入			
	HSC0	I0.0	I0.1	I0.2	
	HSC1	I0.6	I0.7	I1.0	I1.1
	HSC2	I1.2	I1.3	I1.4	I1.5
	HSC3	I0.1			
	HSC4	I0.3	I0.4	I0.5	
	HSC5	I0.4			
0	具有内部方向控制的单相计数器	时钟			
1		时钟		重设	
2		时钟		重设	启动
3	具有外部方向控制的单相计数器	时钟	方向		
4		时钟	方向	重设	
5		时钟	方向	重设	启动
6	具有两个时钟输入的双相计数器	向上时钟	向下时钟		
7		向上时钟	向下时钟	重设	
8		向上时钟	向下时钟	重设	启动
9	A/B 相正交计数器	时钟 A	时钟 B		
10		时钟 A	时钟 B	重设	
11		时钟 A	时钟 B	重设	启动

高速计数器定义指令 HDEF、高速计数器指令 HSC 如图 5-39 所示。每个高速计数器只能用一条 HDEF 指令。可以用首次扫描存储器位 SM0.1，在第一个扫描周期调用包含 HDEF 指令的子程序来定义高速计数器。高速计数器指令(HSC)用于启动编号为 N 的高速计数器。"HSC"与"MODE"为字节型常数，"N"为字型常数。可以用地址 HC×(×＝0～5)来读取高速计数器的当前值。

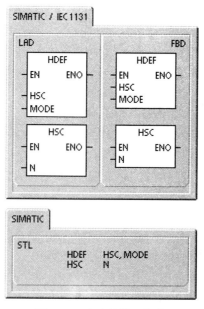

图 5-39　高速计数器指令

使用高速计数器相关步骤如下：

(1) 根据使用的主机型号和控制要求选用高速计数器和选择该高速计数器的工作模式。

(2) 设置控制字节。

(3) 执行 HDEF 指令。

(4) 设定当前值和预设值；每个高速计数器都对应一个双字长的当前值和一个双字长的预设值，两者都是有符号数的。当前值随计数脉冲的输入而不断变化，运行时当前值可以由程序直接读取 HSCn 得到。

(5) 设置中断事件，并全局开中断；高速计数器利用中断方式对高速事件进行精确控制。

(6) 执行 HSC 指令。

在使用高速计数器时，需要根据有关的特殊寄存器的意义来编写初始化程序和中断程序。可使用 STEP7-Micro/WIN 的相关向导功能，完成某些功能的编程。

5.9　高速脉冲指令

高速脉冲输出功能是指在 PLC 的某些输出端产生高速脉冲，用来驱动负载实现精确控制。例如，对步进电动机的控制，PLC 主机应选用晶体管输出型，以满足高速输出的频率要求。

5.9.1 高速脉冲输出指令 PLS

高速脉冲输出指令检测用于程序设置的特殊寄存器位, 激活由控制位定义的脉冲操作, 从 Q0.0 或 Q0.1 输出高速脉冲。高速脉冲串输出 PTO 和脉冲宽度调制输出 PWM 都是由 PLS 指令激活输出的。PTO 提供方波(50%占空比)输出, 配备周期和脉冲数用户控制功能。PWM 提供连续性变量占空比输出, 配备周期和脉宽用户控制功能。其中, 占空比是脉冲宽度与脉冲周期之比。

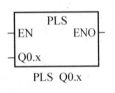

图 5-40 高速脉冲输出指令

高速脉冲输出指令 PLS 的梯形图和语句表格式如图 5-40 所示。

S7-200 有两台 PTO/PWM 发生器, 用于建立高速脉冲串或脉宽调节信号信号波形。一台发生器指定给数字输出点 Q0.0, 另一台发生器指定给数字输出点 Q0.1。一个指定的特殊内存(SM)位置为每台发生器存储以下数据:一个控制字节(8 位值)、一个脉冲计数值(一个不带符号的 32 位值)和一个周期与脉宽值(一个不带符号的 16 位值)。

PTO/PWM 发生器和过程映像寄存器共用 Q0.0 和 Q0.1。PTO 或 PWM 功能在 Q0.0 或 Q0.1 位置现用时, PTO/PWM 发生器控制输出, 并禁止输出点的正常使用, 输出信号波形不受过程映像寄存器状态、点强迫数值、执行立即输出指令的影响。PTO/PWM 发生器非现用时, 输出控制转交给过程映像寄存器, 用作普通输出。

在启用 PTO 或 PWM 操作之前, 用 R 指令将 Q0.0 和 Q0.1 的过程映像寄存器设为 0。所有的控制位、周期、脉宽和脉冲计数值的默认值均为 0。PTO/PWM 输出必须至少有 10% 的额定负载, 才能完成从关闭至打开以及从打开, 至关闭的顺利转换。

S7-200 提供了 3 种开环运动控制方式:①内置的脉冲串输出(PTO)用于速度和位置的控制;②内置的脉宽调制(PWM)用于速度、位置或占空比的控制;③EM253 位置控制模块用于速度和位置的控制。

5.9.2 高速脉冲的控制

每台 PTO/PWM 发生器有一个控制字节(8 位)、一个周期值和脉宽值(不带符号的 16 位值)和一个脉冲计值(不带符号的 32 位值)。这些值全部存储在特殊内存(SM)区域的指定位置。一旦设置这些特殊内存位的位置, 选择所需的操作后, 执行脉冲输出指令(PLS)即启动操作。该指令使 S7-200 读取 SM 位置, 并为 PTO/PWM 发生器编程。

通过修改 SM 区域中(包括控制字节)要求的位置, 可以更改 PTO 或 PWM 的信号波形特征, 然后执行 PLS 指令。可以在任意时间向控制字节(SM67.7 或 SM77.7)的 PTO/PWM 启用位写入零, 禁用 PTO/PWM 信号波形的生成, 然后执行 PLS 指令。

5.9.3 PTO 的使用

PTO 可提供单脉冲串或多脉冲串(使用脉冲轮廓)。指定脉冲数和周期(以μs 或 ms 递增)。周期范围为 10～65 535μs 或 2～65 535ms。脉冲计数范围为 1～4 294 967 295 次脉冲。如果编程时指定脉冲数为 0, 则系统默认脉冲数为 1。

状态字节(SM66.7 或 SM76.7)中的 PTO 空闲位表示编程脉冲串已完成。另外，也可在脉冲串完成时激活中断例行程序。如果使用多段操作，则在轮廓表完成时立即激活中断例行程序。

如果需要输出多个脉冲串，PTO 功能允许脉冲串排队，形成管线，当激活的脉冲串完成时，立即开始新脉冲的输出，从而保证输出脉冲串的连续性。

5.9.4　PWM 的使用

通常，用一个子程序为脉冲输出初始化 PWM。从主程序调用初始化子程序：使用首次扫描内存位(SM0.1)将脉冲输出初始化为 0，并调用子程序，执行初始化操作。当使用子程序调用时，随后的扫描不再调用该子程序，这样会减少扫描执行时间，并提供结构更严谨的程序。具体应用范例可参考 S7-200 编程软件帮助。

5.10　PID 操作指令

5.10.1　PID 算法简介

在机电设备中，常采用由比例(P)、积分(I)、微分(D)控制策略形成的校正装置作为系统的控制器，统称为 PID 校正或 PID 控制。PID 控制器是串联在系统的前向通道中的，因而也属于串联校正。由于 PID 校正在工业中应用极为广泛，所以认识它的特性十分重要。

在计算机控制系统广为应用的今天，PID 控制器的控制策略已越来越多地由软件代码来实现。PID 控制器的划分注重其控制规律的作用，它不仅适合于数学模型已知的系统，也可用于许多被控对象数学模型的结构或其参数难以确定或有时变因素的系统。PID 控制器的自身参数在控制过程中也允许不断调整，极为灵活。PID 校正的物理概念十分明确，比例、积分、微分等概念不仅可以应用于时域，也可以应用于频域。设计工程师、现场工程师、供方和需方等都可以从自身的角度去审视、理解和调试 PID 控制器。这也是 PID 校正得以普及的一大原因。

PID 控制器输入的为误差信号，输出为

$$u(t)=K_\mathrm{P}e(t)+K_\mathrm{I}\int_0^t e(\tau)\mathrm{d}\tau+K_\mathrm{D}\frac{\mathrm{d}}{\mathrm{d}t}e(t)$$

一般来说，比例控制项必须有，积分控制项和微分控制项则可选用，一共有 4 种组合：P、PD、PI 和 PID 控制器。

比例控制项是必要成分，因此 PID 控制器也可以写成

$$u(t)=K_\mathrm{P}\left[e(t)+\frac{1}{T_\mathrm{I}}\int_0^T e(\tau)\mathrm{d}\tau+T_\mathrm{D}\frac{\mathrm{d}}{\mathrm{d}t}e(t)\right]$$

增大比例系数 K_p 将增加系统的开环增益，使系统波德图幅频曲线上移，引起穿越频率的增大，而相频特性曲线不变。结果是稳态误差减小，系统的快速性得到改善；但也使相位裕量减小，相对稳定性变差。由于调整 K_p 对系统的相对稳定性、快速性和稳态精度都有影响，因此仅调整比例系数往往无法同时满足系统的各项性能指标要求。

微分控制能对偏差信号的变化进行"预测",能引入早期纠正信号,从而加快系统的响应能力,并有助于增加系统的稳定性。微分作用的强弱取决于微分时间常数,T_D越大,微分作用就越大。微分时间常数T_D的选择极为关键,相当于调节阻尼比,过大或过小都影响调节时间和超调量。

积分环节的引入使得系统的型别增加,使稳态精度大为改善;另外,积分环节将引起$-90°$的相移,这对系统的稳定性不利。适当选择两个参数K_P和T_I,可使系统的稳态和动态性能满足要求。PI 控制器中积分控制作用的强弱取决于积分时间常数T_I,其值越大则积分作用越弱。在控制系统中,PI 控制器主要用于在系统稳定的基础上提高无差度,从而使稳态性能得以明显改善。

若既要改善系统的稳态精度,同时也希望改善系统的动态特性,就应考虑 PID 控制器。PID 综合了 PD 和 PI 控制器的特点,类同于滞后—超前校正装置。

PID 控制器有以下 3 个可调参数。

(1) 比例系数K_P:具有综合效果。

(2) 微分时间常数T_D:改善稳定性和动态性能(快速性)。

(3) 积分时间常数T_I:改善稳态性能(稳态精度)。

上述参数不仅在设计中,而且在系统现场调试中都可以足够灵活地调节,并且像比例、积分、微分等这些术语的物理概念都很直观,目的性明确。因而 PID 控制器在机电装备中受到工程技术人员的欢迎。

S7-200 CPU 提供 PID 回路指令,执行 PID 计算。PID 回路操作取决于存储在 36 个字节回路表中的 9 个参数。PID 控制器管理输出数值,以便减小控制误差、改善控制系统整体性能。误差测量由设定值(所需的操作点)和进程变量(实际操作点)之间的差别决定。适于 PLC 控制的 PID 公式和算法详见 S7-200 用户手册。

5.10.2　PID 回路指令与转换

1) 回路控制选项

在很多控制系统中,可能有必要仅采用一种或两种回路控制方法。例如,可能只要求比例控制或比例和积分控制。通过设置常数参数值对所需的回路控制类型进行选择。

如果不需要积分运算,则应将积分时间(复原)指定为"INF"(无限大)。如果不需要求导数运算,则应将求微分时间(速率)指定为 0.0。

2) PID 回路定义表

S7-200 的 PID 指令引用一个包含回路参数的回路表。此表起初的长度为 36 个字节。在增加了 PID 自动调谐后,回路表现已扩展到 80 个字节。如果使用 PID 调谐控制面板,与 PID 回路表的全部相互作用将由此控制面板完成。

3) 回路输入转换和标准化

一个回路有两个输入变量:设定值和进程变量。设定值通常为固定数值,类似汽车定速控制的速度设置。进程变量是与回路输出相关的数值,因此可测量回路输出对受控系统的影响。在汽车定速控制的例子中,进程变量为测量轮胎转速的转速计输入。

设定值和进程变量均为实际数值,其大小、范围和工程单位可能不同。在这些实际数值用于 PID 指令操作之前,必须将其转换成标准化浮点表示法。

第一步是将实际数值从 16 位整数数值转换成浮点或实数数值。下列指令序列将说明如何将整数数值转换成实数。

```
ITD  AIW0,AC0      //将输入数值转换成双字
DTR  AC0,AC0       //将 32 位整数转换成实数
```

然后是将实数数值表示转换成 0.0～1.0 之间的标准化数值。可使用下列公式使设定值和进程变量标准化：

$$R_{\text{Norm}}=(R_{\text{Raw}}/\text{Span})+\text{offset}$$

其中：

R_{Norm}　标准化的实数值；

R_{Raw}　没有标准化的实数值或原值；

Span　值域，即可能的最大值减去可能的最小值，单极性为 3200，双极性为 6400；

offset　值域，单极性是为 0.0，双极性是为 0.5。

下列指令序列说明如何使 AC0 中的双极数值(间距为 64000)标准化，作为前一个指令序列的继续：

```
/R   64000.0,AC0      //使累加器中的数值标准化
+R   0.5,AC0          //将数值的偏移量设为 0.0 至 1.0 范围
MOVR AC0,VD100        //将标准化数值存储在回路表中
```

4) 将回路输出转换成比例整数数值

回路输出是控制变量，如汽车定速控制范例中的调速气门设置。回路输出是 0.0 和 1.0 之间的标准化实数数值。在回路输出用于驱动模拟输出之前，回路输出必须被转换成 16 位成比例整数数值。这一过程是与将 PV 和 SP 转换成标准化数值相反的过程。第一步是利用以下公式将回路输出转换为成比例实数数值：

$$R_{\text{Scal}}=(\text{Mn}-\text{offset})\times \text{Span}$$

式中，R_{Scal} 为回路输出成比例实数数值；Mn 为回路输出标准化实数数值；Offset 为对于单极数值为 0.0，对于多极数值为 0.5；Span 等于最大可能数值减去最小可能数值，对于单值数值(典型)，等于 32 000，对于多值数值(典型)，等于 64 000。

下列指令序列显示如何使回路输出成比例：

```
MOVR VD108,AC0       //将回路输出移至累加器
-R   0.5,AC0         //只有在双极数值的情况下才包括本语句
*R   64000.0, AC0    //使累加器中的数值成比例
```

然后，代表回路输出的成比例实数数值必须被转换成 16 位整数。下列指令序列显示如何进行此转换：

```
ROUND  AC0,AC0       //将实数转换成 32 位整数
DTI    AC0,LW0       //转换成 16 位整数
MOVW   AC0,AQW0      //写入数值模拟输出
```

5) 正向或反向作用回路

如果增益为正数，回路则为正向作用；如果增益为负数，回路则为负向作用(对于 I 或 ID 控制，增益值为 0.0，将积分和微分时间设为正值将产生正向作用回路，将其设为负值将产生负向作用回路)。

6) 模式

S7-200 PID 回路没有内装模式控制，只有在使能位进入 PID 方框时才执行 PID 计算。因此，循环执行 PID 计算时存在"自动"模式；不执行 PID 计算时存在"手动"模式。

PID 指令有一个使能位记录位，与计数器指令类似。该指令使用该记录位检测 0~1 使能位转换，当检测到这种转换时，将执行一系列运算，提供从手动控制到自动控制的顺利转变。为了顺利转变为自动模式控制，在转换至自动控制之前由手动控制设置的输出值必须作为 PID 指令的输入供给(为写入回路表条目)。PID 指令对回路表中的数值执行下列运算，以确保检测到 0~1 使能位转换时从手动控制顺利转换成自动控制：

(1) 设置设定值 SPn＝进程变量 PVn。

(2) 设置旧进程变量 PV(n-1)＝进程变量 PVn。

(3) 设置偏差(MX)＝输出值 Mn。

PID 记录位被设为默认状态，该状态在 CPU 启动和控制器每次出现 STOP(停止)至 RUN(运行)模式转换时建立。如果流入 PID 方框的使能位在进入 RUN(运行)模式后首次被执行，则无法检测到使能位转换，无法执行顺利的模式改变。

7) 警报检查和特殊操作

PID 指令是执行 PID 计算的简单但功能强大的指令。如果要求使用其他进程，如警报检查或回路变量特殊计算，则必须使用受 CPU 支持的基本指令执行此类进程。

编译时，如果回路表起始地址或指令中指定的 PID 回路数字操作数超出范围，CPU 会生成编译错误(范围错误)，编译会失败。

PID 指令对某些回路表输入值不进行范围检查，使用时必须确保进程变量和设定值及偏差和用作输入的以前的进程变量是 0.0~1.0 之间的实数。

如果在执行 PID 计算数学操作时发生任何错误，将设置 SM1.1(溢出或非法数值)，并将终止 PID 指令的执行(回路表中输出数值的更新可能不完全，因此应当忽略这些数值，并在下一次执行回路 PID 指令之前纠正引起数学错误的输入数值)。

8) PID 回路(PID)指令

根据表格(TBL)中的输入和配置信息对引用 LOOP 执行 PID 回路计算。提供 PID 回路指令进行 PID 计算。逻辑堆栈(TOS)顶值必须是"打开"(使能位)状态，才能启用 PID 计算。本指令有两个操作数：表示回路表起始地址的 TBL 地址和 0~7 常数的"回路"号码。程序中可使用 8 条 PID 指令。如果两条或多条 PID 指令使用相同的回路号码(即使它们的表格地址不同)，PID 计算会互相干扰，结果将难以预料。回路表存储用于控制和监控回路运算的参数，包括程序变量、设置点、输出、增益、样本时间、整数时间(重设)、导出时间(速率)，以及整数和(偏差)的当前值及先前值。

欲按要求的采样速率进行 PID 计算,必须按计时器的控制速率从定时中断例行程序或从主程序执行 PID 指令。采样时间必须通过回路表作为 PID 指令输入提供。

5.10.3　PID 向导的使用

STEP 7-Micro/WIN 提供 PID 向导,指导定义 PID 算法。执行菜单命令"工具"→"指令向导",并从指令向导窗口中选择 PID。

PID 向导(闭环控制)主要包含如下步骤:

执行菜单命令"工具"→"指令向导",然后选择 PID,随后打开此向导或某现有配置。其步骤如下:

(1) 指定回路号码(0~7)。

(2) 设置回路参数。

参数表地址的符号名已经由向导指定。PID 向导生成的代码使用相对于参数表中的地址的偏移量建立操作数。如果为参数表地址另建立了符号名,然后又改变为该符号指定的地址,由 PID 向导生成的代码则不再能够正确执行。

指定"回路设定(SP)"标定方法:为"范围低限"和"范围高限"选择任何实数。默认值是 0.0~100.0 之间的一个实数。

指定下列回路参数:比例增益、采样时间(s)、积分时间(min)、微分时间(min)。

(3) 设置回路输入和输出选项。

回路过程变量(PV):为向导生成的子程序指定的一个参数。

指定回路过程变量(PV)标定方法(可以从下面方法中任选一种):

① 单极性(可编辑,默认范围 0~32 000)。

② 双极性(可编辑,默认范围−32 000~32 000)。

③ 20%偏移量(设置范围 6 400~32 000,不可变更)。

指定回路输出应当如何标定:可以选择输出类型(模拟量或数字量);如果选择配置数字量输出类型,则必须以秒为单位输入"占空比周期";还可以选择标定方式(单极、双击或 20%偏移量)等。

(4) 设置回路报警选项。

向导为各种回路条件提供输出。当达到报警条件时,输出被置位。

指定希望使用的报警输入的条件:

① 使能低限报警(PV),并在 0.0 到报警高限之间设置标准化的报警低限;

② 使能高限报警(PV),并在报警低限和 1.0 之间设置标准化的报警高限;

③ 使能模拟量输入模块错误报警,并指定输入模块附加在 PLC 上的位置等。

(5) 为计算指定存储区。

PID 指令使用 V 存储区中的一个参数表,存储用于控制回路操作的参数。PID 计算还要求一个"暂存区",用于存储临时结果。需要指定该计算区开始的 V 存储区字节地址。

(6) 指定子程序和中断程序。

(7) 生成 PID 代码。

5.11　时钟操作指令

S7-200 PLC 增加了时钟功能,其中 CPU221 和 CPU222 都可以安装时钟卡,CPU224 和 CPU 226 都有内置时钟。利用实时时钟指令可以方便读出实时时钟的时间,也可以设定实时时钟的时间。S7-200 PLC 为实时时钟开辟了 8 个字节的时钟缓冲区,其中 T 为年、T +1 为月、T+2 为日、T+3 为小时、T+4 为分、T+5 为秒、T+6 为 O、T+7 为星期。

5.11.1　读时钟指令

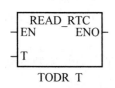

图 5-41　读时钟指令

读时钟指令的表示:读时钟指令由读时钟指令助记符 READ RTC (语句表为指令操作码 TODR)、指令允许端 EN(语句表中由前一条指令使能)、实时时钟缓冲区 T 构成。其梯形图和语句表格式如图 5-41 所示。

读时钟指令的操作:当指令允许端输入为 1 时,执行读时钟指令,从时钟读取当前时间及日期,并将其装入以 T 为起始地址的 8 个字节缓冲区中。

5.11.2　设定时钟指令

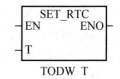

图 5-42　设定时钟指令

设定时钟指令的表示:设定时钟指令由设定时钟指令助记符 SET - - RTC (语句表为指令操作码 TODW)、指令允许端 EN (语句表中由前一条指令使能)、实时时钟缓冲区 T 构成。其梯形图和语句表格式如图 5-42 所示。

设定时钟指令的操作:当指令允许端输入为 1 时,执行设定时钟指令,设定的当前时间及日期装入以 T 为起始地址的 8 个字节缓冲区中。

数据范围:年 0～99;月 1～12;日 1～31;时 0～23;分 0～59;秒 0～59;星期 1～7。注意:①必须用 BCD 码表示所有日期和时间值;②年份用最低两位数表示,如 2008 年用 08 表示;③S7-200 PLC 不检查和核实日期的准确性,非法日期(如 2 月 30、31 日,4、6、9、11 月 31 日)可以被接受,因此务必要保证输入数据准确;④不能同时在主程序和中断程序中使用 TODR/TODW 指令,否则将产生致命误差。

5.12　实　训　二

5.12.1　彩灯控制

合上启动开关后,按以下规律显示:L1→L1、L2→L1、L3→L1、L4→L1、L2→L1、

L2、L3、L4→L1、L8→L1、L7→L1、L6→L1、L5→L1、L8→L1、L5、L6、L7、L8→L1
→L1、L2、L3、L4→L1、L2、L3、L4、L5、L6、L7、L8→L1……循环执行，断开启动
开关程序停止运行，如图 5-43 所示。

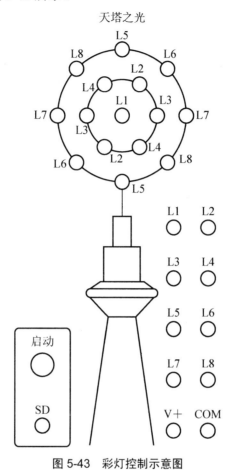

图 5-43 彩灯控制示意图

1. 输入输出接线

输入输出接线如下：

输入	SD	输出	L1	L2	L3	L4	L5	L6	L7	L8
	I0.0		Q0.0	Q0.1	Q0.2	Q0.3	Q0.4	Q0.5	Q0.6	Q0.7

2. 梯形图程序

梯形图程序如图 5-44 所示。

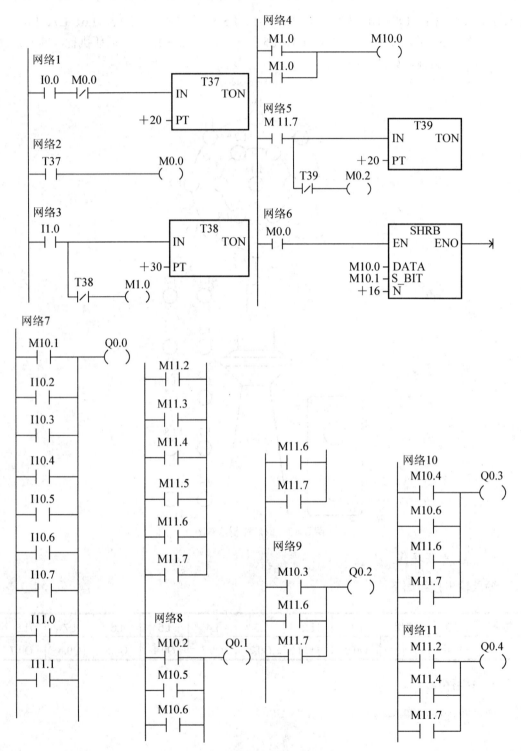

图 5-44　彩灯控制梯形图程序

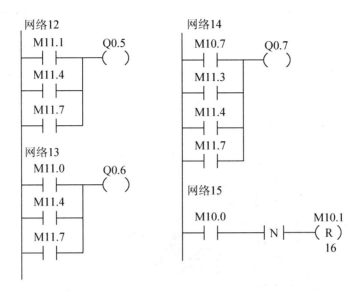

图 5-44　彩灯控制梯形图程序(续)

5.12.2　电梯控制

电梯由安装在各楼层厅门口的上升和下降呼叫按钮进行呼叫操纵,其操纵内容为电梯运行方向。电梯轿箱内设有楼层内选按钮 S1～S3,用以选择需停靠的楼层。L1 为一层指示,L2 为二层指示,L3 为三层指示,SQ1～SQ3 为到位行程开关。电梯上升途中只响应上升呼叫,下降途中只响应下降呼叫,任何反方向的呼叫均无效。例如,电梯停在一层,在二层轿箱外呼叫时,必须按二层上升呼叫按钮,电梯才响应呼叫(从一层运行到二层),按二层下降呼叫按钮无效;反之,若电梯停在三层,在二层轿箱外呼叫时,必须按二层下降呼叫按钮,电梯才响应呼叫(从三层运行到二层),按二层上升呼叫按钮无效。

(1) 输入接线如表 5-4 所示,三层电梯示意图如图 5-45 所示。

表 5-4　输入接线

序号	名称	输入点
0	三层内选按钮 S3	I0.0
1	二层内选按钮 S2	I0.1
2	一层内选按钮 S1	I0.2
3	三层下呼按钮 D3	I0.3
4	二层下呼按钮 D2	I0.4
5	一层上呼按钮 U1	I0.5
6	二层上呼按钮 U2	I0.6

续表

序号	名称	输入点
7	一层行程开关 SQ1	I0.7
8	二层行程开关 SQ2	I1.0
9	三层行程开关 SQ3	I1.1
10	复位 RST	I1.2

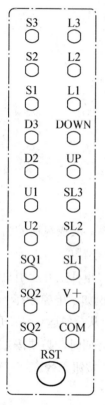
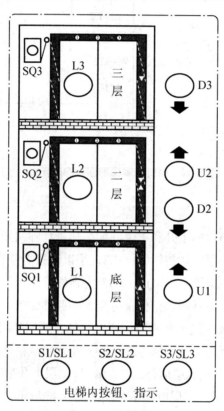
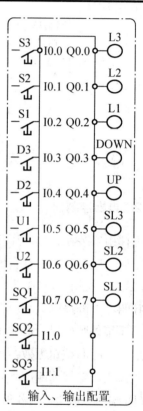

图 5-45　三层电梯示意图

(2) 输出接线如表 5-5 所示，三层电梯控制梯形图如图 5-46 所示。

表 5-5　输出接线

序号	名称	输出点	序号	名称	输出点
0	三层指示 L3	Q0.0	4	轿箱上升指示 UP	Q0.4
1	二层指示 L2	Q0.1	5	三层内选指示 SL3	Q0.5
2	一层指示 L1	Q0.2	6	二层内选指示 SL2	Q0.6
3	轿箱下降指示 DOWN	Q0.3	7	一层内选指示 SL1	Q0.7

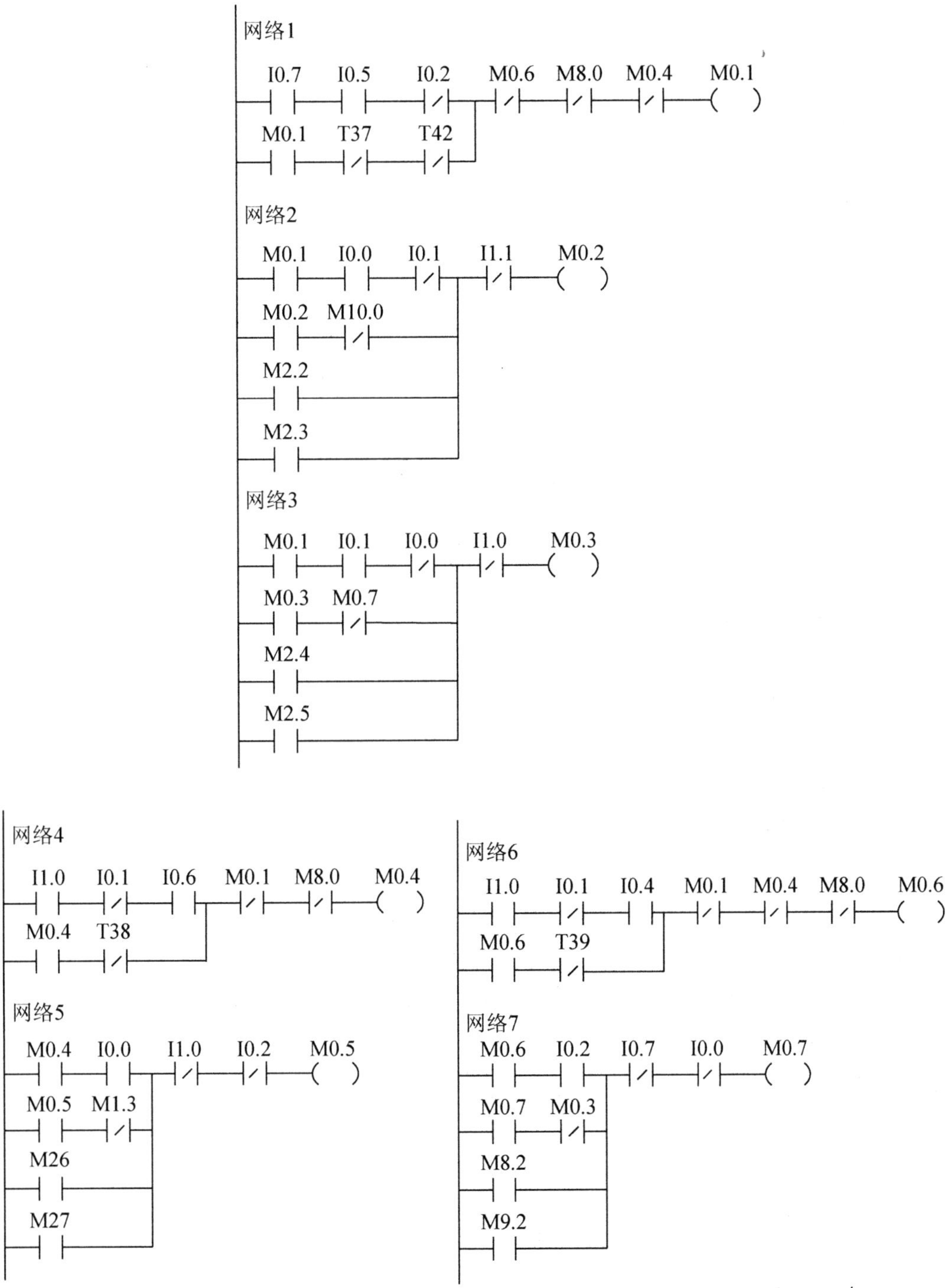

网络1

```
 I0.7   I0.5   I0.2   M0.6   M8.0   M0.4    M0.1
──┤├────┤├────┤/├──┬──┤/├────┤/├────┤├─────( )
 M0.1   T37    T42  │
──┤├────┤/├────┤/├──┘
```

网络2

```
 M0.1   I0.0   I0.1   I1.1    M0.2
──┤├────┤├────┤/├──┬──┤├──────( )
 M0.2   M10.0      │
──┤├────┤/├────────┤
 M2.2              │
──┤├───────────────┤
 M2.3              │
──┤├───────────────┘
```

网络3

```
 M0.1   I0.1   I0.0   I1.0    M0.3
──┤├────┤├────┤/├──┬──┤/├──────( )
 M0.3   M0.7       │
──┤├────┤/├────────┤
 M2.4              │
──┤├───────────────┤
 M2.5              │
──┤├───────────────┘
```

网络4

```
 I1.0   I0.1   I0.6   M0.1   M8.0    M0.4
──┤├────┤/├──┬──┤├────┤/├────┤/├──────( )
 M0.4   T38  │
──┤├────┤/├──┘
```

网络5

```
 M0.4   I0.0   I1.0   I0.2    M0.5
──┤├────┤├──┬──┤/├────┤/├──────( )
 M0.5   M1.3 │
──┤├────┤/├──┤
 M26        │
──┤├─────────┤
 M27        │
──┤├─────────┘
```

网络6

```
 I1.0   I0.1   I0.4   M0.1   M0.4   M8.0    M0.6
──┤├────┤/├──┬──┤├────┤/├────┤/├────┤/├──────( )
 M0.6   T39  │
──┤├────┤/├──┘
```

网络7

```
 M0.6   I0.2   I0.7   I0.0    M0.7
──┤├────┤├──┬──┤/├────┤/├──────( )
 M0.7   M0.3 │
──┤├────┤/├──┤
 M8.2       │
──┤├─────────┤
 M9.2       │
──┤├─────────┘
```

图 5-46　三层电梯控制梯形图

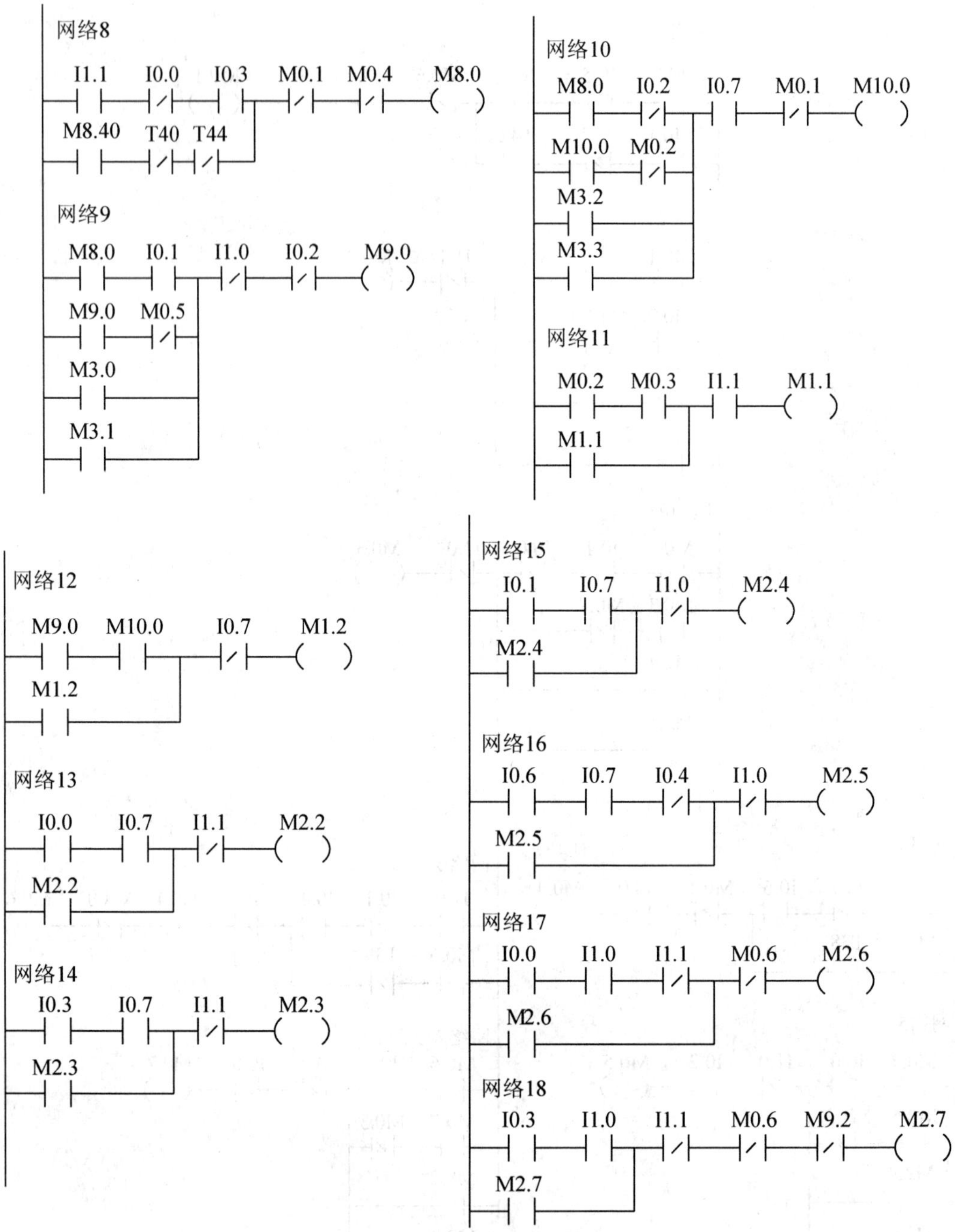

图 5-46　三层电梯控制梯形图(续)

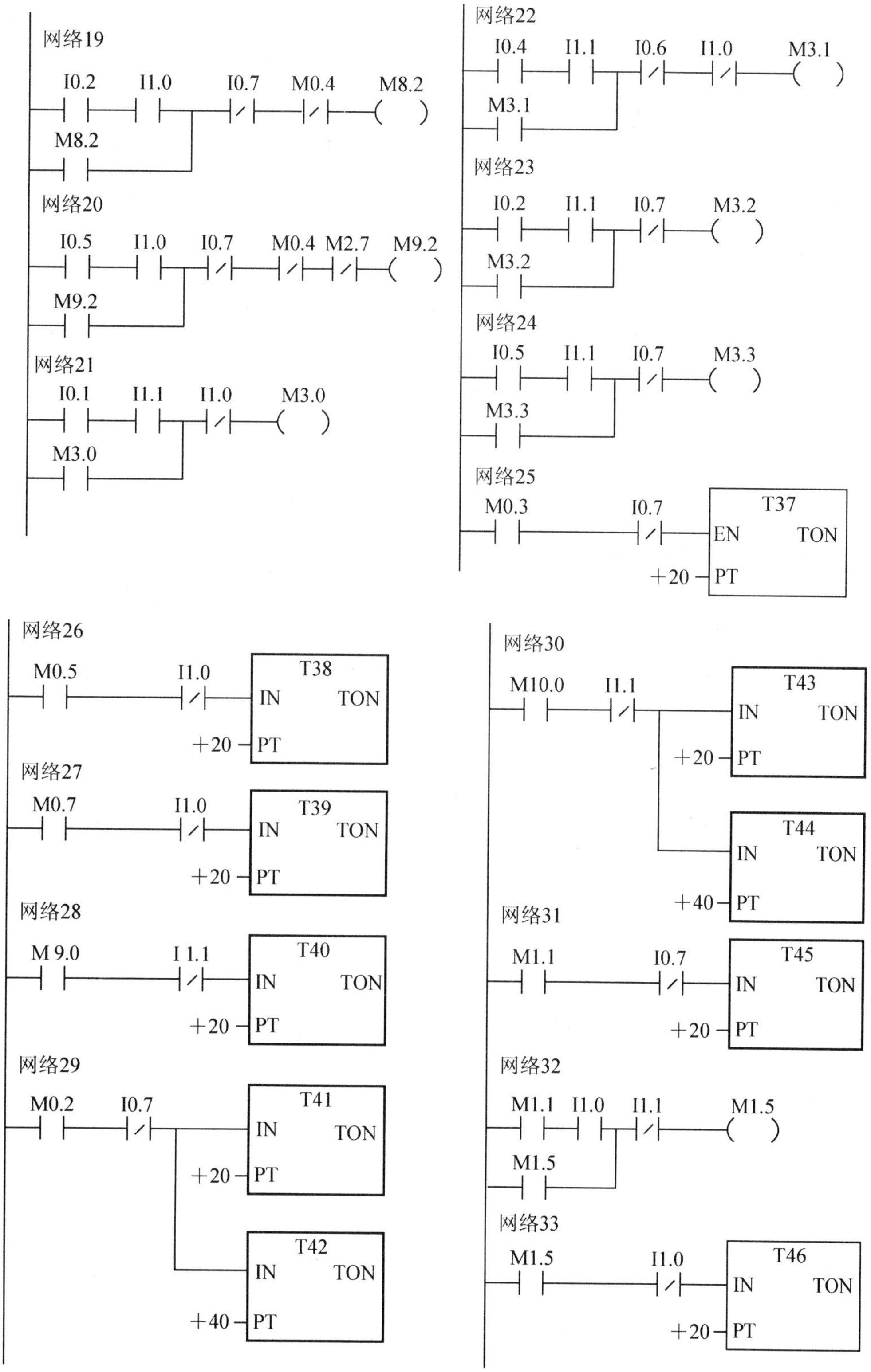

网络19

I0.2 I1.0 I0.7 M0.4 M8.2
—| |——| |——|/|——|/|——( )
M8.2
—| |—

网络20

I0.5 I1.0 I0.7 M0.4 M2.7 M9.2
—| |——| |——|/|——|/|——|/|——( )
M9.2
—| |—

网络21

I0.1 I1.1 I1.0 M3.0
—| |——| |——|/|——( )
M3.0
—| |—

网络22

I0.4 I1.1 I0.6 I1.0 M3.1
—| |——| |——|/|——|/|——( )
M3.1
—| |—

网络23

I0.2 I1.1 I0.7 M3.2
—| |——| |——|/|——( )
M3.2
—| |—

网络24

I0.5 I1.1 I0.7 M3.3
—| |——| |——|/|——( )
M3.3
—| |—

网络25

M0.3 I0.7 T37
—| |——|/|— EN TON
+20 — PT

网络26

M0.5 I1.0 T38
—| |——|/|— IN TON
+20 — PT

网络27

M0.7 I1.0 T39
—| |——|/|— IN TON
+20 — PT

网络28

M9.0 I1.1 T40
—| |——|/|— IN TON
+20 — PT

网络29

M0.2 I0.7 T41
—| |——|/|— IN TON
+20 — PT
T42
IN TON
+40 — PT

网络30

M10.0 I1.1 T43
—| |——|/|— IN TON
+20 — PT
T44
IN TON
+40 — PT

网络31

M1.1 I0.7 T45
—| |——|/|— IN TON
+20 — PT

网络32

M1.1 I1.0 I1.1 M1.5
—| |——| |——|/|——( )
M1.5
—| |—

网络33

M1.5 I1.0 T46
—| |——|/|— IN TON
+20 — PT

图 5-46 三层电梯控制梯形图(续)

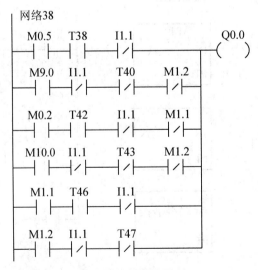

图 5-46　三层电梯控制梯形图(续)

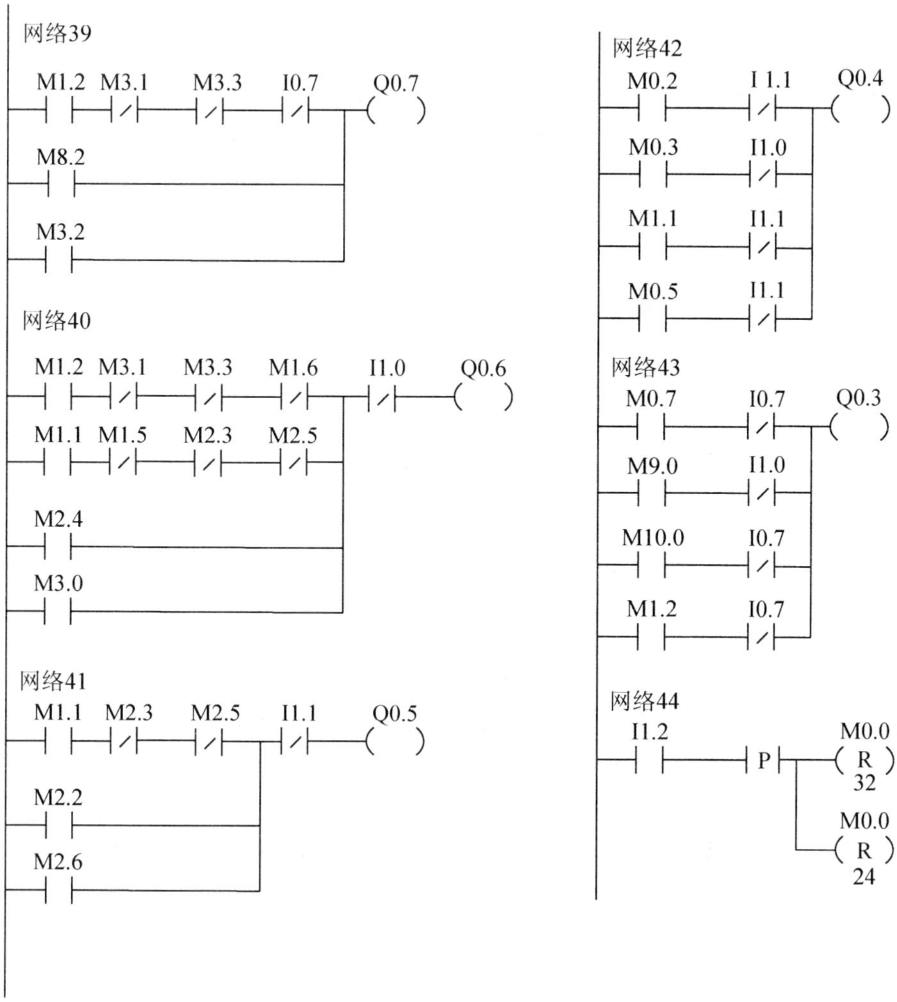

网络39

网络40

网络41

网络42

网络43

网络44

图 5-46　三层电梯控制梯形图(续)

本 章 小 结

本章介绍了 S7-200 系列 PLC 数据转送、数学运算、数制转换、逻辑操作、中断操作、高速计数、脉冲输出、实时时钟、PID 控制等功能指令。在实际控制系统设计工程实践中，中断操作、高数计数、PID 控制等指令应用广泛。学习过程中，建议结合实例，加深理解、重点掌握。

习 题

5-1　采用移位和定时指令，每 2s 依次循环点亮 Q0.0～Q0.7，每一时刻只有一个灯点亮，编写控制程序。

5-2 采用循环和填充指令,在 PLC 上电的第一个扫描周期,将内存单元 VW 100~VW 200 内容清零,编写控制程序。

5-3 I0.0 输入的是脉冲信号,采用中断程序记录 I0.0 输入点的高电平信号的时间长度,并将最近 5 次记录的时间值分别存入 VW10、VW12、VW14、VW16、VW18 单元中,编写控制程序。

5-4 第一次扫描时将 VB0 清零,用定时中断 0,每 100ms 将 VB0 加 1,VB0=100 时关闭定时中断,并将 Q0.0 立即置 1。设计主程序和中断子程序。

5-5 4 个 12 位二进制数据存放在 VW10 开始的存储区内,在 I0.1 的上升沿,用循环指令求它们的平均值,并将运算结果存放在 VW0 中,设计出梯形图程序。

5-6 设计一电路,控制要求如下:当 I0.0 接通时,输出 Q0.0 闪烁,其频率为 1Hz,占空比为 1/2,闪烁 10s 后停止。试画出梯形图。

5-7 有一台电动机,要求按下启动按钮后,运行 5s,停止 5s,重复执行 5 次后停止。试设计其梯形图。

5-8 用定时器和计数器组合来实现定时 20min,当定时时间到,Q0.0 接通。试画出梯形图。

5-9 PID 控制为什么会得到广泛的使用?

5-10 增大增益对系统的动态性能有什么影响?

5-11 PID 中的积分部分有什么作用?增大积分时间界对系统的性能有什么影响?

5-12 PID 中的微分部分有什么作用?

5-13 如果闭环响应的超调量过大,应调节哪些参数?

5-14 用实时时钟指令控制路灯的定时接通和断开,20:00 时开灯,06:00 时关灯,设计梯形图程序。

第6章

网络通信及应用

知识要点

了解 S7-200PLC 支持的网络信协信议，熟悉串口通信功能和指令、TD400C 功能和使用方法。

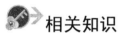

相关知识

计算通信基本知识。

工程应用方向

在实际控制系统中，常见的通信配置有 PLC 与 PLC、PLC 与显示器、PLC 与工控机间的通信等。

6.1 S7-200 的通信功能

6.1.1 S7-200 的网络通信协议

S7-200 CPU 支持多种通信协议，简介如下。

1. PPI 协议

PPI 是一种主从设备协议，主设备给从属装置发送请求，从属装置进行响应，如图 6-1 所示。从属装置不发出信息，而是一直等到主设备发送请求或轮询时才做出响应。主设备与从属装置的通信将通过按 PPI 协议进行管理的共享链接来进行。PPI 不限制与任何一个从属装置进行通信的主设备的数目，但网络上最多可安装 32 个主设备。

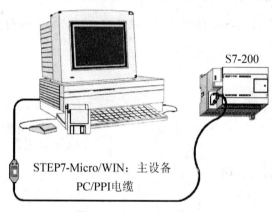

图 6-1 PPI 网络示意图

如果在用户程序中激活 PPI 主设备模式，则 S7-200 CPU 在处于 RUN(运行)模式时可用作主设备。激活 PPI 主设备模式之后，可使用"网络读取"或"网络写入"指令从其他 S7-200 读取数据或将数据写入其他 S7-200。当 S7-200 用作 PPI 主设备时，它将仍然作为从属装置对来自其他主设备的请求进行响应。PPI 高级协议允许网络设备建立设备之间的逻辑连接。对于 PPI 高级协议，存在由每台设备所提供的有限数目的连接。所有 S7-200 CPU 均支持 PPI 和 PPI 高级协议，而 PPI 高级协议是 EM 277 模块所支持的唯一 PPI 协议。如果选择了 PPI 高级协议，则允许建立设备之间的连接。S7-200 CPU 的每个通信口支持 4 个连接，EM 277 模块支持 6 个连接。

2. MPI 协议

MPI 允许进行主设备与主设备和主设备与从属装置之间的通信，如图 6-2 所示。为了与 S7-200 CPU 进行通信，STEP7-Micro/WIN 建立一个主设备与从属装置之间的连接。MPI 协议不与用作主设备的 S7-200 CPU 进行通信。网络设备通过任意两台设备之间的独立连接(由 MPI 协议进行管理)进行通信。设备之间的通信将受限于 S7-200 CPU 或 EM 277 模块所支持的连接数目。MPI 网络最多可以有 32 个站。

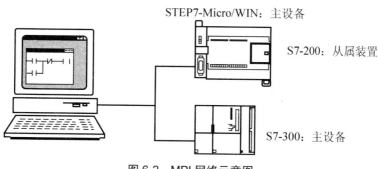

图 6-2　MPI 网络示意图

对于 MPI 协议，S7-300 和 S7-400 PLC 将使用 XGET 和 XPUT 指令从 S7-200 CPU 中读写数据。

3.　PROFIBUS 协议

PROFIBUS 协议设计用于具有分布式 I/O 设备(远程 I/O)的高速通信，如图 6-3 所示。许多来自各个不同厂家的 PROFIBUS 设备均可使用。这些设备包括从简单的输入或输出模块到电动机控制器和 PLC。

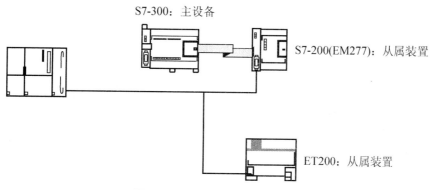

图 6-3　PROFIBUS 网络示意图

PROFIBUS 网络的典型特点就是具有一个主设备和多个 I/O 从属装置。将主设备配置为已知所连接的 I/O 从属装置的型号及地址。主设备将初始化网络，并验证网络上的从属装置是否与配置相符。主设备可将输出数据连续地写入从属装置，以及从中读出输入数据。

当 DP 主设备成功地配置从属装置时，它就拥有了该从属装置。如果网络上存在第二个主设备，则它将只能十分有限地对属于第一个主设备的从属装置进行访问。

4.　TCP/IP 协议

S7-200 通过使用以太网(CP 243-1)或因特网(CP 243-1IT)扩充模块可支持 TCP/IP 以太网通信。计算机安装以太网网卡和 STEP7-Micro/WIN 后，计算机上会有一个标准的浏览器，可以用它来访问 CP 243-1 IT 模块的主页。

5.　用户定义的协议(自由端口模式)

在自由端口模式，由用户自定义与其他串行通信设备通信的协议。自由端口模式通过使用接收中断、发送中断、字符中断、发送指令(XMT)和接收指令(RCV)，来实现 S7-200 CPU 通信口与其他设备的通信。

6.1.2 S7-200 的通信功能

S7-200 CPU 之间的主要通信方式如表 6-1 所示。

表 6-1　S7-200 CPU 之间的主要通信方式

通信方式	PPI	Modem	Ethernet	无线电
介质	RS-485	音频模拟电话网	以太网	无线电波
本地需用设备	RS-485网络部件	EM241 扩展模块、模拟音频电话线(RJ11 接口)	CP243-1 扩展模块(RJ45 接口)	无线电台
通信协议	PPI	PPI	S7	自定义(自由口)
数据量	较少	大	大	中等
本地需做工作	编程(或编程向导)	编程向导编程	编程向导编程	自由口编程
远端需做工作	无	编程向导编程	编程向导编程	自由口编程
远端需用设备	RS-485网络部件	EM241 扩展模块、模拟音频电话线(RJ11 接口)	CP243-1 扩展模块(RJ45 接口)	无线电台
特点	简单可靠经济	距离远	速度高	多站联网时编程复杂

S7-200 与 S7-300/400 之间的通信，PROFIBUS-DP 是最常用和最可靠的，以太网也越来越多地被采用，其他则不常用。

6.2　S7-200 的串行通信网络

1. 通信口

S7-200 CPU 上的通信端口是与 RS-485 兼容的九针微型 D 型连接器，符合在欧洲标准 EN 50170 中所定义的 PROFIBUS 标准。表 6-2 显示了提供通信端口物理连接的连接器，并描述了通信端口的插针分配。

2. 网络连接器

西门子提供了两种类型的网络连接器，即标准网络连接器(参见表 6-2 的插针分配)和含有编程端口的连接器，可用来方便地将多个设备连接到网络：标准网络。编程端口连接器允许将编程站或 HMI 设备连接到网络，且对现有网络连接没有任何干扰。编程端口连接器将把所有信号(包括电源插针)从 S7-200 完全传递到编程端口，特别适用于连接将从 S7-200 取电的设备(如 TD 400C)。

表 6-2　S7-200 CPU 的通信端口插针分配

连接器	插针号	PROFIBUS	端口 0/端口 1
	1	屏蔽	机壳接地
	2	24V 回流	逻辑中性线
	3	RS-485 信号 B	RS-485 信号 B
	4	请求发送	RTS(TTL)
	5	5V 回流	逻辑中性线
	6	+5V	+5V、100Ω 串联电阻器
	7	+24V	+24V
	8	RS-485 信号 A	RS-485 信号 A
	9	不适用	10 位协议选择(输入)
	连接外壳	屏蔽	机壳接地

　　两种连接器都有两套终端螺丝，允许用来连接进入和出去的网络电缆。两种连接器还具有转换开关，以便有选择地偏置和端接网络。图 6-4 显示了用于电缆连接器的典型偏置和端接。

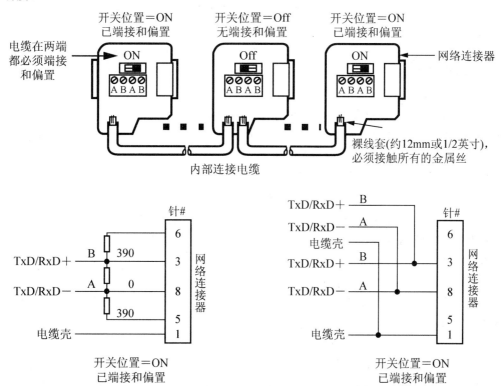

图 6-4　网络电缆的偏置和端接

3) Profibus 网络电缆

Profibus 网络电缆的偏置和端接如图 6-4 所示。

4) 网络中继器

西门子提供连接到 Profibus 网络段的网络中继器，如图 6-5 所示。利用中继器可以延长网络距离，允许给网络加入设备，并且提供了一个隔离不同网络段的方法。在波特率是 9 600bps 时，Profibus 允许在一个网络环上最多有 32 个设备，最长距离是 1 200m；每个中继器允许给网络增加另外 32 个设备，而且可以把网络再延长 1 200m。网络中最多可以使用 9 个中继器，网络总长度可以增加到 9 600m。每个中继器为网络段提供偏置和终端匹配。

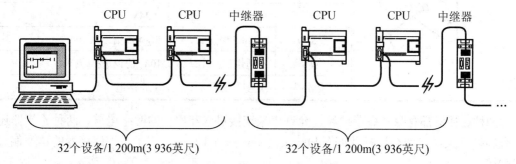

图 6-5　带有中继器的网络

5) CP 卡及 EM277

选择用于网络的 PPI 多台主设备电缆或 CP 卡。STEP7-Micro/WIN 支持 RS-232/PPI 多台主设备电缆和 USB/PPI 多台主设备电缆及允许编程站(计算机或 SIMATIC 编程设备)作为网络主设备的多个 CP 卡。

对于至多 187.5 kbit/s 的波特率，PPI 多台主设备电缆提供 STEP7-Micro/WIN 与 S7-200 CPU 或 S7-200 网络之间最简单、最经济有效的连接。这两个型号的 PPI 多台主设备电缆均可使用，并都可用于 STEP7-Micro/WIN 与 S7-200 网络之间的本地连接。

USB/PPI 多台主设备电缆是一种即插即用设备，可支持 USB V1.1 的 PC。在支持至多以 187.5 kbit/s 波特率进行通信时，它将提供 PC 和 S7-200 网络之间的绝缘。不需设置任何转换装置，只要连接电缆，选择 PC/PPI 电缆作为接口，选择 PPI 协议，并在"PC 连接"标签中将端口设置为 USB。STEP7-Micro/WIN 使用时，每次只能有一个 USB/PPI 多台主设备电缆连接到 PC。

CP 卡包含有帮助编程站管理多台主设备网络的专用硬件，并可支持多个波特率下的不同协议。每个 CP 卡都提供一个单独的 RS-485 端口，用于与网络的连接。CP 5511 PCMCIA 卡具有一个适配器，可提供 9 插针 D 型端口。将电缆的一端连接到卡的 RS-485 端口，将电缆的另一端连接到网络上的编程端口上。

如果使用的是具有 PPI 通信的 CP 卡，则 STEP7-Micro/WIN 将不支持在同一 CP 卡上同时运行的两个不同的应用程序。在通过 CP 卡将 STEP7-Micro/WIN 连接到网络之前，必须关闭其他应用程序。如果使用 MPI 或 PROFIBUS 通信，则允许多个 STEP7-Micro/WIN 应用程序通过网络同时进行通信。

6.3　通信操作指令

1. 网络读写指令

网络读取(NETR)指令开始一项通信操作，通过指定的端口(PORT)根据表格(TBL)定义从远程设备收集数据。网络写入(NETW)指令开始一项通信操作，通过指定的端口(PORT)根据表格(TBL)定义向远程设备写入数据。NETR 指令可从远程站最多读取 16 字节信息，NETW 指令可向远程站最多写入 16 字节信息。程序中可保持任意数目的 NETR/NETW 指令，但在任何时间最多只能有 8 条 NETR 和 NETW 指令被激活。例如，在特定 S7-200 中的同一时间有 4 条 NETR 和 4 条 NETW 指令，或 2 条 NETR 和 6 条 NETW 指令处于现用状态。网络读写指令梯形图和语句表格式如图 6-6 所示。

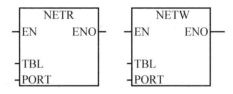

NETR　TBL，PORTNETW　TBL，PORT

图 6-6　网络写和网络读指令

图 6-7 为一个应用举例，说明"网络读取"和"网络写入"指令的实用程序。在本例中，有一条生产线，在该生产线中填装奶油罐，并将奶油罐送至 4 台装箱机之一。装箱机将 8 个奶油罐装入一个纸板箱中。一台分流器控制奶油罐至每台装箱机的流动。4 台 S7-200 控制装箱机，一台配备一名 TD 200 操作员接口的 S7-200 控制分流器。

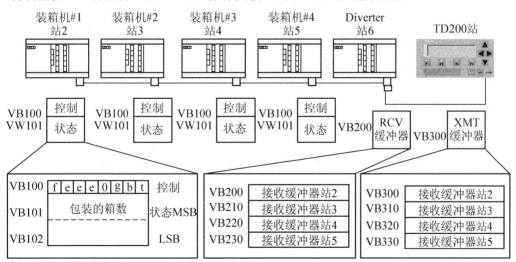

f. 故障指示符，f=1，装箱机检测到错误；g. 粘胶供应不足，g=1，必须在30min内添加粘胶；
b. 包装盒供应不足，b=1，必须在30min内添加包装盒；t. 包装用奶油桶用完，t=1，奶油桶用完；
e. 遇到识别故障类型错误代码

图 6-7　网络读写应用举例

图 6-8 显示了用于在第 2 个站中存取数据的接收缓冲区(VB200)和传输缓冲区(VB300)。S7-200 使用"网络读取"指令从每台装箱机连续读取控制和状态信息。每当一台装箱机包装了 100 箱后，分流机予以记录，并发送一则信息，用"网络写入"指令清除状态字。

用于从装箱机#1读取的接收缓冲器					用于清除装箱机#1计数的接输缓冲器				
	7			0		7			0
VB200	D	A	E	0 错误代码	VB300	D	A	E	0 错误代码
VB201	远程地址=2				VB301	远程地址=2			
VB202	指针指向				VB302	指针指向			
VB203	数据区				VB303	数据区			
VB204	在				VB304	在			
VB205	远程站=(&VB100)				VB305	远程站=(&VB100)			
VB206	数据长度=3个字节				VB306	数据长度=2个字节			
VB207	控制				VB307	0			
VB208	状态(MSB)				VB308	0			
VB209	状态(LSB)								

图 6-8 "网络读取"指令从每台装箱机连续读取控制和状态信息

2. 使用 NETR/NETW 向导配置网络

执行菜单命令"工具"→"指令向导"；或单击浏览条中的指令向导图标然后选择 NETR/NETW；或打开指令树中的"向导"文件夹并随后打开此向导或某现有配置，如图 6-9 所示。

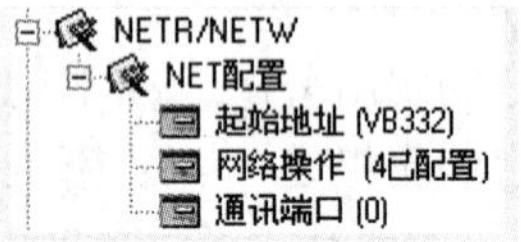

其步骤如下：

(1) 指定需要的网络操作数目。

(2) 指定端口号和子程序名称。

(3) 指定网络操作。

(4) 分配 V 存储区。

(5) 生成代码。

图 6-9 读写指令树

为了便于进行连接在网络中的 PLC 之间的数据交换，S7-200 支持网络读(NETR)和网络写(NETW)指令。NETR 指令从远程 PLC 中的指定地址读取配置好的一定数量的数据。NETW 指令向远程 PLC 中的指定地址写入配置好的一定数量的数据。NETR 和 NETW 指令操作由数据表中的前 7 个字节控制。表中的一个数值是读取/写入数据长度，可以规定 1～16 个字节。因此数据表最大可达 23 个字节。

6.4 使用自由端口模式的计算机与 PLC 通信

自由端口模式将使程序能够控制 S7-200 CPU 的通信端口。可使用自由端口模式来实现自定义通信协议，以便与多种类型的智能设备进行通信。自由端口模式支持 ASCII 协议和二进制协议。

为启用自由端口模式，可使用特殊内存字节 SMB30(适用于端口 0)和 SMB130(适用于端口 1)。程序将使用下列方法来控制通信端口的操作：

(1) "传输"指令(XMT)和传输中断。"传输"指令允许 S7-200 从 COM 端口传输多达 255 个字符。传输完成后，传输中断将通知 S7-200 中的程序。

(2) 接收字符中断。接收字符中断将通知用户程序 COM 端口上的字符已经接收完毕。程序基于使用的协议，对该字符做出反应。

(3) 接收指令(RCV)。接收指令接收 COM 端口的整条信息，然后在完全接收到信息后，生成程序中断。

可使用 S7-200 的 SM 存储器来配置接收指令，用于在已定义的环境下，启动和停止信息的接收。接收指令将使程序能够启动或停止基于特定字符或时间周期的信息。大多数协议均可通过接收指令来完成。

只有在 S7-200 处于 RUN(运行)模式时，才能激活自由端口模式。将 S7-200 设置为 STOP(停止)模式将暂停所有的"自由端口"通信，而通信端口随后将返回到具有 S7-200 系统块所配置设置的协议。

可使用 RS-232/PPI 多台主设备电缆和自由端口通信功能将 S7-200 CPU 连接到与 RS-232 标准兼容的许多设备。必须将电缆设置为用于自由端口操作的 PPI/自由端口模式(5 号开关＝0)。6 号开关既可选择为本地模式(DCE)(6 号开关＝0)，又可选择为远程模式 (DTE)(6 号开关＝1)。

数据从 RS-232 端口传输到 RS-485 端口时，RS-232/PPI 多台主设备电缆处于"传输"模式。电缆在闲置或将数据从 RS-485 端口传输到 RS-232 端口时，处于"接收"模式。电缆检测到 RS-232 传输行上有字符时，立即从"接收"模式切换到"传输"模式。

RS-232/PPI 多台主设备电缆支持 1200～115.2kbit/s 之间的波特率。使用 RS-232/PPI 多台主设备电缆外壳上的 DIP 开关，可配置恰当的电缆波特率。

当 RS-232 传输线在闲置状态下闲置一段定义为电缆周转时间的时间周期后，电缆将重新切换到"接收"模式。电缆的波特率选择将确定周转时间。如果在使用了自由端口通信的系统中，正在使用 RS-232/PPI 多台主设备电缆，则 S7-200 中的程序必须包含下列情形下的周转时间：

(1) S7-200 响应由 RS-232 设备所传输的信息。

在 S7-200 接收到来自 RS-232 设备的请求信息之后，S7-200 必须将响应信息的传输延迟一段时间，这段时间应大于或等于电缆的周转时间。

(2) RS-232 设备响应从 S7-200 传输的信息。

在 S7-200 接收到来自 RS-232 设备的请求信息之后，S7-200 必须将下一个请求信息的传输延迟一段时间，这段时间应大于或等于电缆的周转时间。

在上述两种情况中，延迟将使 RS-232/PPI 多台主设备电缆具有充足的时间从"传输"模式切换到"接收"模式，以便将数据从 RS-485 端口传输到 RS-232 端口。

6.5　S7-200 通信模块

1. PROFIBUS-DP 从站模块 EM 277

EM277 是 S7-200 的一个智能扩展模块。通常，在 S7-200 需要进行 PROFIBUS-DP 通信时，就需要使用此模块。PROFIBUS 总线是和 PPI、MPI 总线不同的一种总线形式。S7-200

CPU 不能通过本体集成的通信接口进行 PROFIBUS-DP 通信,而只能通过 EM277 模块。

2. ET 200CN IM 177 模块

ET 200CN IM 177 模块是全新的 PROFIBUS-DP 接口模块,带有集成的数字量输入/输出通道和 PROFIBUS-DP 快速连接接头及 24VDC、400mA 传感器供电电源,可以扩展最多 6 个 S7-200 的数字量及模拟量扩展模块,配置灵活,也可作为远程站单独使用。

3. 调制解调器模块 EM 241

EM 241 调制解调器模块允许将 S7-200 直接与模拟电话线连接,并支持 S7-200 和 STEP 7-Micro/WIN 之间的通信。调制解调器模块还支持 Modbus 从属 RTU 协议。调制解调器模块与 S7-200 之间的通信通过扩充 I/O 总线完成。

STEP 7-Micro/WIN 提供一个调制解调器扩充向导,帮助设定远程模式或调制解调器模块,用于将本地 S7-200 与远程设备相连接。调制解调器模块 EM241 应用示意图如图 6-10 所示。

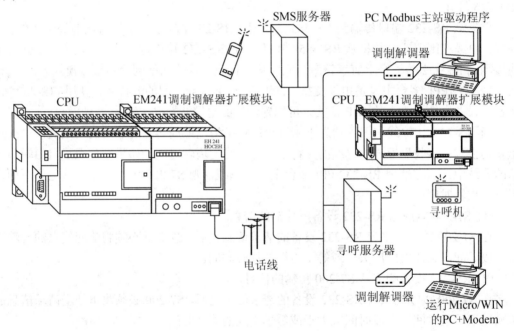

图 6-10 调制解调器模块 EM241 应用示意图

6.6 文本显示器

文本显示器(Text Display,TD)用来显示数字(包括 PLC 中的动态数据)、字符和汉字,还可以用来修改 PLC 中的参数设定值。其价格便宜、操作方便,一般与小型 PLC 配合使用,组成小型控制系统。

S7-200 TD 设备是一种低成本的人机界面(HMI),使操作员或用户能够与应用程序进行交互。可以使用 TD 设备组态一组层级式用户菜单，从而提供更多应用程序交互结构。也可以组态 TD 设备，使其显示由 S7-200 CPU 中的特定位使能的报警或信息。

S7-200 产品系列提供了 4 种 TD 设备：TD 100C、TD 200C、TD 200、TD 400C，其标准面板如图 6-11 所示。

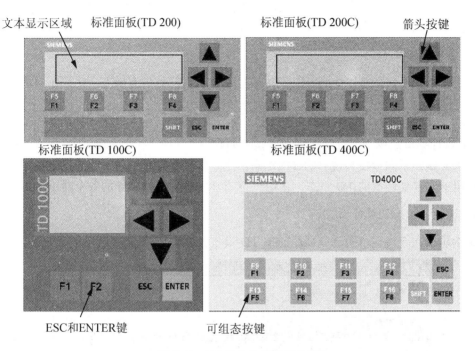

图 6-11 TD 设备的标准键盘组态

TD 设备包含以下元素：文本显示区域、通信端口和电源连接器。STEP7-Micro/WIN 提供了一些工具来帮助组态 TD 设备。可以轻松地对 S7-200 进行编程，以显示文本信息和其他数据。

1. TD 设备与 S7-200 的连接

TD 设备可以使用 TD/CPU 电缆与 S7-200 CPU 通信，可通过两种方式实现。

(1) 将 TD 设备直接连接到 S7-200CPU，从而建立一对一的网络组态。在这种组态中，一个 TD 设备通过 TD/CPU 连接到一个 S7-200 CPU。

(2) 通过网络可以将多个 TD 设备连接到多个 S7-200 CPU。TD 设备的默认地址为地址 1，并且它尝试与位于地址 2 的 CPU 通信。如果需要更长的电缆(>2.5m)以将 TD 设备连接到 S7-200 CPU，可使用 PROFIBUS 组件进行网络连接。

2. 供电方式

TD 设备提供了两种供电方式。使用 TD/CPU 电缆，S7-200 CPU 可以通过通信端口为 TD 设备供电。TD 100C 只能使用这种供电方式，TD 200、TD 200C 及 TD 400C 可使用外部电源供电，需要 24 VDC、120mA 的电源才能运行。TD 200、TD 200C 和 TD 400C 附带有可选的电源连接器。

使用文本显示向导为 TD 设备组态，不能组态 TD 设备或对其进行编程。文本显示向导会创建参数块，在其中存储 TD 设备的组态、画面和报警。S7-200 CPU 将该参数块存储在 V 存储区中。在接通电源时，TD 设备会从 S7-200 CPU 中读取参数块。使用 STEP 7-Micro/WIN 的文本显示向导可以执行以下任务：组态 TD 设备参数，创建要在 TD 设备上显示的画面和报警、为 TD 设备创建语言集(仅限于 TD 200、TD 200C 和 TD400C)、为参数块分配 V 存储区地址。

3. 启动文本显示向导

使用文本显示向导可以组态 TD 设备参数，也可以修改现有的 TD 组态。打开文本显示向导步骤如下：

(1) 启动 STEP 7-Micro/WIN。

(2) 执行菜单命令"工具"→"文本显示向导"。

如果文本显示向导找到现有的 TD 组态，则"简介"对话框将提供现有 TD 组态的列表，可用于选择要修改的 TD 组态。使用"下一步"按钮执行向导的各个对话框。

4. 选择要组态的设备类型

文本显示向导将提示所选择要组态的 TD 设备类型，如图 6-12 所示。

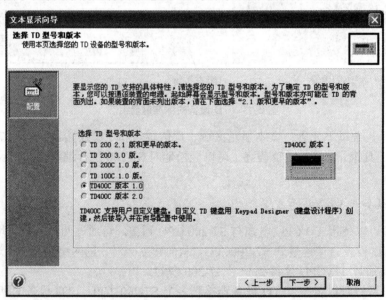

图 6-12 组态的 TD 设备类型

文本显示向导根据选择来显示不同的对话框，以为特定的 TD 设备组态参数。

5. 选择密码

通过为 TD 设备选择密码，有助于保证过程或应用程序的安全性。通过启用 4 位数字的密码(0000～9999)，可以要求操作员在从 TD 设备编辑变量之前先输入密码，从而控制对 S7-200 CPU 的访问。

6. 启用 TD 菜单功能

启用 TD 菜单功能可以选择一些 TD 功能出现在 TD 设备菜单上。TD 设备可提供不同的功能。

7. 选择 TD 设备的更新速率

可以选择 TD 设备执行读取操作从 S7-200 CPU 更新信息的频率。可以在"尽可能快"到"每 15 秒一次"(以一秒为增量)之间选择。

8. 选择语言和字符集

文本显示向导可为 TD 设备的系统菜单和提示选择语言。此选择不会影响输入的画面或报警的语言设置。选择能够支持画面和报警输入的文本语言的字符集。

9. 装载自定义键盘

仅在使用 TD 100C、TD 200C 和 TD 400C 时可以创建自定义键盘。

本 章 小 结

本章介绍了 S7-200PLC 支持的网络通信协议、串口通信功能和指令、TD400C 功能和使用方法等。在实际控制系统中,PLC 与 PLC、PLC 与显示器、PLC 与工控机间的通信配置应用很普遍。

习　题

6-1 S7-200PLC 支持的通信协议有哪几种?各有什么特点?

6-2 工业通信网络中常用的数据传输方式是什么?它们各有什么特点?

6-3 RS-232 串行通信方式有什么特点?

6-4 RS-485 串行通信方式有什么特点?

6-5 如何实现 S7-200PLC 之间的通信?

6-6 利用自由端口通信的功能和指令,设计一个 PLC 通信程序,要求上位计算机能够对 S7-200PLC 中 VB100～VB107 的数据进行读写操作(提示:在编制程序时,应首先指定通信的帧格式,包括起始字符、目的地址、操作种类、数据区、停止符等的顺序和字节数;当 PLC 收到信息后,应根据指定好的帧格式进行解码分析,然后再根据要求做出响应)。

6-7 TD 400C 有什么特点?如何与 S7-200 连接?

6-8 TD 设备用什么组态?组态数据保存在哪里?是否需要将组态数据下载到 TD 设备?

6-9 TD 设备的用户菜单采用什么样的结构?怎样在用户屏幕和报警信息中插入动态数据?怎样用 PLC 的程序控制报警信息的显示?

第 **7** 章

PLC 控制系统设计

教学目标(知识要点)

熟悉 PLC 控制系统设计的步骤，掌握 PLC 控制系统输入/输出回路的设计，能够针对实际应用进行 PLC 控制系统的设计。了解提高 PLC 控制系统可靠性的措施。

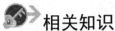

相关知识

电路的基本知识。

工程应用方向

在实际应用的 PLC 控制系统中，常见的有数字量控制系统和模拟量控制系统等的设计及实施。

7.1　PLC 控制系统的设计步骤

可编程控制器主要应用于自动化控制工程中，其控制系统由硬件系统和软件系统两部分组成。其系统控制功能的强弱、控制效果的好坏是由硬件和软件系统共同决定的。

PLC 控制系统设计必须符合生产工艺要求，每个控制系统都是为完成一定的生产过程控制而设计的。由于各种生产工艺要求的不同，就有不同的控制功能，即使是相同的生产过程，由于各设备的工艺参数都不一样，控制实现的方式也就不尽相同。各种控制逻辑、控制运算都是由生产工艺决定的，程序设计人员必须严格遵守生产工艺的具体要求设计应用软件。

任何一种控制系统都是为了实现被控对象的工艺要求，以提高生产效率和产品质量，因此在设计 PLC 控制系统时，应考虑以下几个方面：

1. 满足被控对象的控制要求

在设计前就要深入现场进行调查研究，收集控制现场的资料。同时要注意和现场的工程管理人员、工程技术人员及现场操作人员紧密配合，共同拟订电气控制方案，协同解决设计中的重点问题和疑难问题。

2. 保证系统安全可靠

在系统设计、元器件选择和软件编程上要全面考虑，以确保控制系统能够长期安全、可靠、稳定运行。例如，在硬件和软件的设计上，应该保证 PLC 程序不仅能在正常条件下运行，而且在非正常情况下(如突然断电再加电、按错按钮等)也能正常动作；程序只能接受合法操作，对非法操作，程序能予以拒绝等；对信号的输入/输出统一操作，确定各个信号在一个周期内的唯一状态，避免不同状态引起逻辑混乱。

3. 系统简单经济，使用及维修方便

一个新的控制工程固然能提高产品的质量和数量，带来巨大的经济效益和社会效益，但新工程的投入、技术的培训、设备的维护也将导致运行资金的增加。因此，在满足控制要求的前提下，一方面要注意不断地扩大工程的效益，另一方面也要注意不断地降低工程的成本。这就要求设计者不仅应该使控制系统简单、经济，而且要使控制系统的使用和维护方便、成本低，不宜盲目追求自动化高指标。

4. 适当预留发展空间

由于技术的不断发展，控制系统的要求也将会不断地提高、完善，设计时要适当考虑到今后控制系统发展和完善的需要。这就要求在选择 PLC、输入/输出模块、I/O 点数和内存容量时，要适当留有余量，以满足今后生产的发展和工艺的改进。

PLC 控制系统设计步骤如图 7-1 所示。

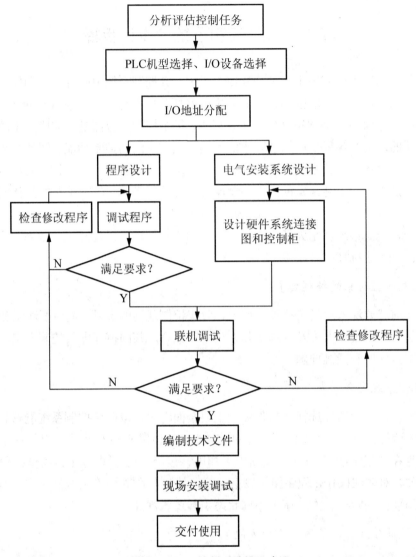

图 7-1 PLC 控制系统设计步骤

7.1.1 系统分析

分析被控系统是系统设计的基础。设计前需熟悉控制对象的图纸资料，与工艺、机械方面的技术人员和现场操作人员充分沟通和讨论。详细了解被控对象的全部功能(如机械部件的动作顺序和动作条件、必要的保护与连锁、系统的手动及自动等工作方式、急停操作等)、控制规模、控制方式、输入/输出信号种类和数量、是否特殊功能接口、与其他设备(变频器、计算机、机器人等)的关系、通信内容与方式等，并做详细记录。

熟悉被控对象就是按工艺说明书和软件规格书将控制对象和控制功能分类(可按响应要求、信号用途或者按控制区域划分)，确定检测设备和控制设备的物理位置，掌握每一个检测信号和控制信号的形式、功能、规模、其间的关系和预见可能出现的问题。

目前，大、中型 PLC 的模拟量处理、过程控制、数据处理和联网通信功能大大增强。在接到一个控制任务后，要详细分析被控对象的工艺过程、控制要求及工作特点，了解被控对象机、电、液之间的配合，提出被控对象对 PLC 控制系统的控制要求，初步确定控制方案，拟定设计任务书。

7.1.2   硬件系统

1. PLC 的选型

PLC 的选型主要考虑以下几个方面：

(1) 系统规模。首先应确定系统用 PLC 单机控制，还是用 PLC 形成网络，由此计算 PLC 输入/输出点数，并且在选购 PLC 时要在实际需要点数的基础上留有一定余量(10%)。另外，PLC 主要有整体式和模块式两种结构形式，前者一般用于系统工艺过程较为固定的小型控制系统，后者一般用于较复杂的控制系统。

(2) 负载类型。根据 PLC 输出端所带的负载是直流型还是交流型，是大电流还是小电流，以及 PLC 输出点动作的频率等，来确定输出端采用继电器输出还是晶体管输出，或晶闸管输出。

(3) 存储容量与速度。尽管各厂家的 PLC 产品大体相同，但也有一定的区别。目前，还未发现各公司之间完全兼容的产品，各个公司的开发软件都不相同，而用户程序的存储容量和指令的执行速度是两个重要指标。一般存储容量越大、速度越快的 PLC 价格就越高，但应该根据系统的大小合理选用 PLC 产品。

(4) 功能要求。一般小型(低档)PLC 具有逻辑运算、定时、计数等功能，对于只需要开关量控制的设备都可满足。对于以开关量控制为主，带少量模拟量控制的系统，可选用能带 A/D 和 D/A 转换单元，具有加减算术运算、数据传送功能的增强型低档 PLC。对于控制较复杂，要求实现 PID 运算、闭环控制、通信联网等功能，可视控制规模大小及复杂程度选用中档或高档 PLC。但是中、高档 PLC 价格较贵，一般用于大规模过程控制和集散控制系统等场合。

在满足功能要求及保证可靠、维护方便的前提下，PLC 机型选择力求最佳的性价比，在一个企业内部，应尽量做到 PLC 的机型统一。

2. 确定输入/输出设备

根据系统的控制要求，确定系统所需的全部输入设备(如按钮、操作开关、位置开关、转换开关及各种传感器等)和输出设备(如继电器、接触器、电磁阀、信号灯及其他执行器等)，从而确定与 PLC 有关的输入/输出设备，以确定 PLC 的 I/O 点数。

3. I/O 地址的分配

首先，画出 PLC 的 I/O 点与输入/输出设备的连接图或对应关系表。然后，画出系统其他部分的电气电路图，包括主电路和未进入 PLC 的控制电路等，说明如下：

选定 PLC 及其扩展模块(如果需要的话)和分配完 I/O 地址后，硬件设计的主要内容就是电气控制系统原理图的设计、电气控制元器件的选择和控制柜的设计。

在 PLC 控制系统中,通常用作输入器件的强电元件是控制按钮、行程开关、继电器等器件的触点。其优点是触点容量大、价格便宜、动作直观;缺点是动作频率低、可靠性差、容易使控制系统出现故障。因此,目前常用晶体管、光敏晶体管等无触点开关取代有触点开关来提高系统的可靠性。

PLC 的执行元器件通常有接触器、电动机、电磁阀、信号灯等,要根据控制系统的需要进行选择,选定执行元器件后,可以确定输出电源的种类、电压等级和容量。确定好输入、输出器件后,作出输入、输出器件分类表,表中包含 I/O 编号、设备代号、设备名称及功能等。为了维修方便还可以注明安装场所。注意在分配 I/O 编号时,尽量将相同种类信号、相同电压等级的信号排在一起,或按被控对象分组。为了便于程序设计,根据工作流程需要也可将所需的中间继电器(M)、定时器(T)、计数器(C)及存储单元(V)按类列出表格,并且列出器件号、名称、设定值、用途或功能,以便编写程序和阅读程序。在进行 I/O 地址分配时最好把 I/O 点的名称、代码和地址以表格的形式列写出来。I/O 点名称定义要简短、明确、合理;把输入/输出变量列表以备编程时使用;建立内存变量分配表应包含程序中将要用到的全部元件和变量,它是阅读程序、查找故障的依据,如把内存变量分配表写到 S7-200 PLC 的符号表内,就可以用变量名称代替变量地址编写程序。输入/输出信号在 PLC 接线端子上的地址分配是进行 PLC 控制系统设计的基础。对软件设计来说,I/O 地址分配以后才可以进行编程;对控制柜及 PLC 的外围接线来说,只有 I/O 地址确定以后,才可以绘制电气接线图和装配图,让装配人员根据电路图和安装图安装控制柜。

由 PLC 的 I/O 连接图和 PLC 外围电气电路图组成系统的电气原理图,到此为止系统的硬件电气电路已经确定。

7.1.3 软件系统

软件系统设计就是编制 PLC 控制程序,这是 PLC 应用控制系统设计的核心。

根据系统的控制要求,采用合适的设计方法来设计 PLC 用户程序,以满足系统控制要求为主线,根据设计出的框图和腹稿逐一编写实现各控制功能或各子任务的程序,逐步完善系统指定的功能。PLC 程序设计的基本内容一般包括参数表定义、程序框图绘制、程序编制和程序说明书编写 4 项内容。

1. 参数表的定义

参数表定义就是按一定格式对系统各接口参数进行规定和整理,为编制程序做准备,包括对输入信号表、输出信号表、中间标志表和存储单元表的定义。可先对输入和输出信号表进行定义,中间标志表和存储单元表要等到编写程序时才能完成。定义输入/输出信号表的主要依据就是硬件接线原理图。一种参考格式和内容如表 7-1 所示,内容根据具体情况尽可能详细,信号名称尽可能简明,中间标志表和存储单元表也可一并列出,待编程时再填写内容。

表 7-1 输入/输出信号表的典型格式

模块序号	信号端子号	信号地址	信号别名	信号名称	信号的有效状态	备注
1	I0	I0.0	SB1	停止按钮	I0.0=OFF	无

一般情况下，输入/输出信号表要明显地标出模块的位置、信号端子号或线号、输入/输出地址号、信号别名、信号名称和信号的有效状态等；中间标志表的定义要包括信号地址、信号别名、信号处理和信号的有效状态等；存储单元表中要含有信号地址和信号名称。信号的顺序一般是按信号地址由小到大排列，实际中没有使用的信号也不要漏掉，这样便于在编程和调试时查找。信号的有效状态要明确标明是脉冲信号还是电平信号，上升沿有效还是下降沿有效，高电平有效还是低电平有效，或其他有效方式。

2.　程序框图的绘制

根据软件设计规格书的总体要求和控制系统具体情况，确定应用程序的基本结构，按程序设计标准绘制出程序结构框图；然后根据工艺要求，绘制各功能单元的详细功能框图。程序结构框图和控制功能框图合称控制过程框图，是编程的主要依据。程序结构框图是一台可编程序控制器的全部应用程序中各功能单元在内存中先后顺序的缩影，使用中可根据此结构图去了解所有控制功能在整个程序中的位置；控制功能框图是描述某一种控制功能在程序中的具体实现方法及控制信号流程，设计者根据控制功能框图编制实际控制程序，使用者根据控制功能框图可以详细阅读程序清单。

程序设计时一般要先绘制程序结构框图，而后再详细绘制各种控制功能框图，实现各种控制功能，程序结构框图和控制功能框图两者缺一不可。有的系统的应用软件已经模块化，那就要对相应程序模块进行定义，规定其功能，确定各模块之间连接关系，然后再绘制出各模块内部的详细框图。

3.　程序的编制

程序的编制是程序设计最主要且最重要的阶段，是控制功能的具体实现过程。编制程序就是通过编程器或 PC 和编程软件用编程语言对控制功能框图的程序实现。根据操作系统所支持的编程语言，选择最合适的语言形式，运用其指令系统，按程序框图所规定的顺序和功能，一丝不苟地编制，以便于后续测试所编程序是否符合工艺要求。

在编程语言的选择上，用梯形图编程还是用语句表编程或使用功能图编程，这主要取决于以下几点：

(1) 有些 PLC 使用梯形图编程不是很方便(如书写不方便)，则可以用语句表编程，但梯形图总比语句表直观。

(2) 经验丰富的人员可用语句表直接编程，就像使用汇编语言一样。

(3) 如果是清晰的单程序、选择顺序或并发顺序的控制任务，则最好是用功能图来设计程序。

为了提高效率，相同或相似的程序段尽可能地用复制功能，也可以借用别人已有的程序段，但必须弄懂这些程序段，否则会给后续工作带来困难。程序编写有两种方式：一是直接用参数地址进行编写，这样对信号较多的系统不易记忆，但比较直观；二是先用容易记忆的别名编程，编完后再用信号地址对程序进行编码。两种方式编写的程序经操作系统编译和链接后得到的目标程序是完全一样的。另外，编程中要及时对程序进行注释，以免忘记其间的相互关系。注释要包括程序的功能、逻辑关系说明、设计思想、信号的来源和去向，以便阅读和调试。

除此之外，程序通常还应包括以下内容：

(1) 初始化程序，在 PLC 上电后，一般都要做一些初始化的操作，为启动做必要的准备，避免系统发生误动作。初始化程序用于对某些数据区、计数器等进行清零，对某些数据区所需数据进行恢复，对某些继电器进行置位或复位，对某些初始状态进行显示等。

(2) 检测、故障诊断和显示等程序。这些程序相对独立，一般在程序设计基本完成时再添加。

(3) 保护和联锁程序。这是不可缺少的部分，必须认真加以考虑，以避免由于非法操作而引起的控制逻辑混乱。

4. 程序说明书的编写

程序说明书是对整个程序内容的注释性的综合说明，主要是让使用者了解程序的基本结构和某些问题的处理方法，以及程序阅读方法和使用中应注意的事项，此外还应包括程序中所使用的注释符号、文字缩写的含义说明和程序的测试情况。

7.1.4　施工设计与实施

与一般电气施工设计一样，PLC 控制系统的施工设计要完成外部电路设计、完整的电路图、电气元器件清单、电气柜内电气布置图、电气安装图等。

(1) 外部电路设计。外部电路设计主要包括与 PLC 的连接电路、各种运行方式(自动、半自动、手动、紧急停止)的强电电路、电源系统及接地系统的设计。这是关系 PLC 系统的可靠性、功能及成本的问题。PLC 选型再好，程序设计再好，外部电路不配套，也不能构成良好的 PLC 控制系统。外部电路设计需注意以下几点：

① 画出主电路及不进入 PLC 的控制电路。为了保证系统的可靠性，手动电路、急停电路一般不进入 PLC 控制电路。例如，保护开关、热继电器、熔断器和限位保护开关等均不进入 PLC 控制电路，电源也应相互分开，以备 PLC 异常时能够使用。

② 画出 PLC 输入/输出接线图。按输入/输出设备分类表的规定，将现场信号接在 PLC 的对应端子上，一般输入/输出设备可以直接与 PLC 的 I/O 端子相连，但是当配线距离长或接近强干扰源，或是大负荷频繁通断的外部信号，最好加中间继电器进行再次隔离。输入电路一般由 PLC 内部提供电源，输出电路要根据负载额定电压和额定电流外接电源。输出电路要注意每个输出继电器的触点容量及公共端(COM)的容量。为了保持输出触点和防止干扰，当执行元件为感性负载时，交流负载线圈两端加浪涌吸收回路，如阻容电路或压敏电阻，直流负载线圈两端加二极管。输出公共端要加熔断器保护，以免负载短路损坏 PLC。

③ 对重要的互锁，如电动机正反转、热继电器等，需在外电路用硬线再联锁。凡是有致命危险场合，设计成与 PLC 无关的硬线逻辑，仍然是目前常用的方法。

④ 画出 PLC 的电源进线接线图和执行电气供电系统图。

(2) 设计电气控制柜和操作台等部分的电气布置图及安装接线图。

(3) 设计系统各部分之间的电气互连图，画出现场布线图。

(4) 根据施工图样进行现场接线，并进行详细检查。

程序设计可与硬件实施同时进行，因而 PLC 控制系统的设计周期可大大缩短。

7.1.5　程序调试

程序调试是整个程序设计工作中一项很重要的内容,可以初步检查程序的实际效果。程序调试和程序编写是密不可分的,程序的许多功能是在调试中修改和完善的。调试时先从各功能单元入手,设定输入信号,观察输出信号的变化情况,必要时可以借用某些仪器仪表。各功能单元调试完成后,再连通全部程序,调试各部分的接口情况,直到满意为止。程序调试可以在实验室进行,也可以在现场进行,分为模拟调试和联机调试。

1. 模拟调试

程序模拟调试的基本思想是,以方便的形式模拟产生现场实际状态,为程序的运行创造必要的环境条件,根据产生现场信号的方式不同,模拟调试有硬件模拟法和软件模拟法两种形式。

(1) 硬件模拟法是使用一些硬件设备(如用另一台 PLC 或一些输入器件等)模拟产生现场的信号,并将这些信号以硬接线的方式连到 PLC 系统的输入端,其时效性较强。

(2) 软件模拟法是在 PLC 中另外编写一套模拟程序,模拟提供现场信号,其简单易行,但时效性不易保证。在模拟调试过程中,可采用分段调试的方法,并利用编程器的监控功能。

硬件部分的模拟调试可在断开主电路的情况下,主要测试手动控制部分是否正确。关于外部电路检查,可先仔细检查外部接线,然后用编写的实验程序对外部电路做扫描通电检查,这样查找故障既快又准。由于 PLC 在低电压下高速动作,故对干扰较敏感。因此,信号引线应采用屏蔽线,且布线在遇到下述情况时,需改变走向或换线:高电平和低电平信号线;高速脉冲和低速脉冲信号线混合、动力线和低电平信号线混合、输入信号和输出信号线混合、模拟量和数字量信号线混合、直流线和交流线混合。另外,在信号线配线时应注意,同一线槽内设置不同信号电缆时必须隔离;配管线时,一个回路不允许分在两个以上配管敷设,否则容易发热;动力线尽量远离 PLC 线,距离在 200mm 以上,否则需将动力线穿配管,并将配管接地;不同电压等级的各种信号线不允许放在一根多芯屏蔽电缆内,引线部分更不许捆扎在一起;为减小噪声,应尽量减小动力线与信号线平行敷设长度;PLC 接地最好采用专用接地,或采用“浮地”方式,如果条件不允许还可采用系统并联一点接地方式。

软件部分的模拟调试可借助于模拟开关和 PLC 输出端的输出指示灯进行,需要模拟量信号输出时,可用电位器和万用表配合进行。将设计好的程序用编程器或 PC 输入到 PLC 中,进行编辑和检查,检查通过的程序再用模拟开关实验板按照流程图模拟运行。I/O 信号用 PLC 的发光二极管显示。还可编制调试程序对系统可能出现的故障或误操作进行观察,一旦发现问题,可立即修改和调整程序。

2. 联机调试

联机调试是将模拟调试通过的程序进一步进行在线统调。联机调试过程应循序渐进,从 PLC 只连接输入设备,再连接输出设备,再连接实际负载等逐步进行调试。联机调试时,可把编制好的程序下载到现场的 PLC 中。若只有一台 PLC,应把 PLC 安装到控制柜相应的位置上。调试时一定要先将主电路断电，即不带负载只带上接触器线圈、信号灯，只对控制电路进行联机调试。利用编程器或 PC 的监控功能，采用分段分级调试方法，直到各部分功能都调试正常后，再带上实际负载运行。如不符合要求，则可对硬件和程序做调整，通常只需修改部分程序即可达到调整目的，这段工作所需时间不多。全部调试完毕后，交付试运行，经过一段时间运行，不需要再修改时，可将程序固化在只读存储器(EPROM)中，以防程序丢失。

7.1.6 整理技术文件

系统交付使用后，应根据调试的最终结果整理出完整的技术文件，供本单位存档，部分资料应提供给客户，以利于系统的维修和改进。编制系统的技术文件，包括设计说明书、硬件原理图、安装接线图、电气元件明细表、PLC 程序及使用说明书等。传统的电气图，一般包括电气原理图、电气布置图及电气安装图，在 PLC 控制系统中，这些图可统称为"硬件图"。因在传统电气图的基础上增加了 PLC 部分，故应增加 PLC 的输入/输出电气连接图(即 I/O 硬件接线图)。在 PLC 控制系统中，电气图还包括程序图(梯形图)，可称之为"软件图"，它便于用户在生产发展过程或工艺改进时修改程序，或维修时分析和排除故障。

程序设计说明书是对程序的综合性说明，是整个程序设计工作的总结。编写程序设计说明书的目的是便于程序使用者和现场调试人员使用，它是程序文件的组成部分，即使编程人员本人去现场调试，程序设计说明书也不可缺少。程序设计说明书一般应包括程序设计的依据、程序的基本结构、各功能单元分析、其中使用的公式和原理、各参数的来源和运算过程、程序调试情况等。

7.2 PLC 控制系统输入/输出回路

7.2.1 输入回路的设计

1. 电源回路

PLC 供电电源一般为 AC 85～240V(也有 DC 24V)，适用的电源范围较宽，但为了抗干扰，应加装电源净化组件(如电源滤波器、1∶1 隔离变压器等)。

2. PLC 上 DC 24V 电源的使用

各公司 PLC 产品上一般都有 DC 24V 电源，但该电源容量小，为几十至几百毫安，用其带负载时要注意容量，同时做好防短路措施(因为该电源的过载或短路都将影响 PLC 的运行)。

3. 外部 DC 24V 电源

若输入回路有 DC 24V 供电的接近开关、光电开关等，而 PLC 上的 DC 24V 电源容量不够时，要从外部提供 DC 24V 电源。但该电源的负极端不要与 PLC 上的 DC 24V 的负极端及 COM 端相连，否则会影响 PLC 的运行。

4. 输入的灵敏度

各生产厂家对 PLC 的输入电压和电流都有规定，当输入组件的输入电流大于 PLC 的最大输入电流或有漏电流时，就会有误动作，从而降低了灵敏度。所以应适用弱电流输入并对漏电流采取防护措施，并且选用输入为漏型输入的 PLC 。两线式传感器(光电开关、无触点开关)有 LED 的限位开关时，输入漏电流会产生错误输入或灯亮，采取的对策为连接泄放电阻以降低输入阻抗。

7.2.2　输出回路的设计

1. 各种输出方式之间的比较

(1) 继电器输出的优点是不同公共点之间可带不同的交、直流负载，且电压也可不同，带负载电流可达 2A/点。但继电器输出方式不适用于高频动作的负载，这是由继电器的寿命决定的。其寿命随带负载电流的增加而减少，一般在几十万次至几百万次之间，有的公司产品可达 1000 万次以上，响应时间为 10ms。

(2) 晶闸管输出带负载能力为 0.2A/点，只能带交流负载，可适应高频动作，响应时间为 1ms。

(3) 晶体管输出的最大优点是适应于高频动作，响应时间短，一般在 0.2ms 左右。但它只能带 DC 5～30V 的负载，最大输出负载电流为 0.5A/点，是每 4 点不得大于 0.8A。

当系统输出频率为 6 次/min 以下时，应首选继电器输出，因其电路设计简单，抗干扰和带负载能力强；当频率为 10 次/min 以下时，既可采用继电器输出方式，也可采用 PLC 输出驱动达林顿晶体管(5～10A)再驱动负载。

2. 抗干扰与外部互锁

当 PLC 输出带感性负载，负载断电时会对 PLC 的输出造成浪涌电流的冲击，为此对直流感性负载应在其旁边并联续流二极管，对交流感性负载应并联浪涌吸收电路，从而有效保护 PLC。当两个物理量的输出在 PLC 内部已进行软件互锁后，在 PLC 的外部也应进行互锁，以加强系统的可靠性。

3. PLC 外部驱动电路

对 PLC 输出不能直接带动负载的情况，必须在外部采用驱动电路。可以用晶体管驱动，也可以用固态继电器或晶闸管电路驱动，同时应采用保护电路和浪涌吸收电路，且每路有显示二极管指示。印制板做成插拔式，易于维修。PLC 的输入/输出布线也有一定的要求，可参见 PLC 使用说明书。

7.2.3　减少输入/输出点的方法

在 PLC 的实际应用中，往往会遇到输入点或输出点不够而需要扩展单元的情况。在增加量不多时，扩展单元使得成本增加，安装体积也增大。下面介绍减少输入/输出点的几种方法。

1. 减少输入点的方法

1) 分时分组输入

连接一个作为手动与自动工作方式的转换开关，结合运用西门子控制转移指令，可将自动和手动方式加以区别，这样一个输入开关具有手动和自动操作两种功能，且只占用一个输入点。

对于不会同时执行的程序段，利用输入电源分组可以减少输入点。把手动和自动开关的电源分开，就可以把叠加在一起的手动和自动开关信号分隔开了，然后通过转换开关切换 PLC 的输入，这样在 PLC 外部通过转换将手动与自动分开，在内部通过程序切换把手动与自动也分开，从而使 PLC 的输入点得到扩充。各外部开关输入电路串入二极管是为了断开寄生电路，利用联动开关也可以实现分组输入。

2) 触点合并式输入

为防止 PLC 接收到错误的输入信号修改外部电路，将某些具有相同功能的输入触点串联或并联后再输入PLC，这样这些信号就只占用一个输入点了。串联时几个触点同时闭合有效，并联时其中任何一个触点闭合都有效。例如，要求设置 3 处电动机控制的启动按钮和停止按钮，可将 3 个停止按钮串联，3 个启动按钮并联，分别接入 PLC 的两个输入点。与原先一个按钮对应一个输入点相比，节省了输入点。

3) 用单按钮启动/停止

单按钮启动/停止电路目前用得比较普遍，如电视机的开关多数是单按钮开关控制启动和停止。在 PLC 中通过程序使一个普通按钮具有启动、停止功能，这样不仅能节省 PLC 的输入点，还给控制带来方便。

2. 减少输出点的方法

通断状态完全相同的负载并联后，可以共用 PLC 的一个输出点。通过外部的或 PLC 控制的切换开关，PLC 的每个输出点可以控制两个不同时工作的负载，将外部元件的触点(如 PLC 控制的接触器辅助触点)与负载线圈串联，就可以用 PLC 的一个输出点去控制两个或多个有不同要求的负载。

在用信号灯作负载，如指示不同的工步或电梯中的指示灯时，采用数码管作指示灯可以少用输出点。一个 7 段数码管可以显示 0~9 的 10 种不同状态，但它只是 4 个输出点；如果用单灯指示 10 种状态，需要 10 个指示灯，要占用 10 个输出点。在 PLC 应用中，减少 I/O 点是可行的，要根据系统的实际情况来确定具体方法。

7.3 PLC 控制系统的可靠性措施

PLC 是专门为工业环境设计的控制装置，具有很高的可靠性，可直接在工业环境使用。但是，如果环境过于恶劣，或安装使用不当，可能影响系统的正常安全运行。PLC 接收到错误的信号，会造成误动作，或使 PLC 内部的数据丢失，甚至使系统失控。在系统设计时，应采取相应的可靠性措施，以消除或减少干扰的影响，保证系统的正常运行。

可从硬件安装、配置和软件编程方面提出提高 PLC 系统可靠性的有效措施，其中硬件措施主要包括电源的选择、输入/输出的保护、完善的接地系统和 PLC 自身的改进等内容；软件措施包括提高输入/输出信号的可靠性、信息的保护和恢复、互锁功能的设置、故障检测程序的设计、数据和程序的保护及软件容错。实践表明，系统中 PLC 之外还需考虑现场设备的可靠性，生产现场设备包括继电器、接触器、各种开关、极限位置、安全保护、传感器、仪表、接线盒、接线端子、电动机、电源线、地线、信号线等，它们当中任何一个出现故障都会影响系统正常工作。

干扰主要来自控制系统供电电源的波动和电源电压中的高次谐波，以及因为线路和设备之间的分布电容和分布电感产生的电磁感应。

7.3.1　电源的可靠性措施

电源是干扰进入 PLC 的主要途径之一。电源干扰主要是通过供电线路的阻抗耦合产生的，各种大功率用电设备是主要的干扰源。

PLC 系统的电源有外部电源和内部电源两类。外部电源，又称用户电源，是用来驱动 PLC 输出设备(负载)和提供输入信号的。同一台 PLC 的外部电源可能有多种规格。外部电源的容量与性能由输出设备和 PLC 的输入电路决定。由于 PLC 的 I/O 电路都具有滤波、隔离功能，所以外部电源对 PLC 性能影响不大。内部电源是 PLC 的工作电源，即 PLC 内部电路的工作电源。它的性能好坏直接影响到 PLC 的可靠性。因此，为保证 PLC 的正常工作，对内部电源有较高的要求。一般 PLC 的内部电源都采用开关式稳压电源或一次侧带低通滤波器的稳压电源。

在干扰较强或对可靠性要求很高的场合，可以在 PLC 的交流电源输入端加接带屏蔽层的隔离变压器和低通滤波器。低通滤波器可以吸收断电源中的大部分"毛刺"。

高频干扰信号不是通过变压器绕组的耦合，而是通过一次、二次绕组间的分布电容传递的。在一次、二次绕组之间加绕屏蔽层，并将它和铁心一起接地，可以减少绕组间的分布电容，提高抗高频共模干扰的能力，屏蔽层应可靠接地。

动力部分、控制部分、PLC、I/O 电源应分别配线，隔离变压器与 PLC 和 I/O 电源之间应采用双绞线连接。系统的动力线应足够粗，以降低大容量异步电动机启动时的线路压降。如果有条件，可以对 PLC 采用单独的供电回路，以避免大容量设备的启停对 PLC 的干扰。

7.3.2　系统安装的可靠性措施

1. 合理布线

开关量与模拟量的 I/O 线最好分开走线。对于传送模拟量信号的 I/O 线最好用屏蔽线，且屏蔽线的屏蔽层应一端接地；开关量信号一般对信号电缆无严格的要求，可以选用一般电缆，信号传输距离较远时，可以选用屏蔽电缆。对于模拟信号和高速信号(如模拟量变送器和旋转编码器等提供的信号)应选择屏蔽电缆。通信电缆对可靠性的要求高，一般应选用专用的电缆，在要求不高或信号频率较低时，也可以选用带屏蔽的多芯电缆或双绞线电缆。

如果模拟量输入/输出信号距离 PLC 较远，应采用 4～20mA 的电流传输方式，而不是易受干扰的电压传输方式。传送模拟信号的屏蔽线，其屏蔽层应一端接地，为了泄放高频干扰，数字信号线的屏蔽层应并联电位均衡线，其电阻应小于屏蔽层电阻的 1/10，并将屏蔽层两端接地。如果无法设置电位均衡线，或只考虑抑制低频干扰时，也可以一端接地。不同的信号线最好不用同一个插接件转接，如果必须用同一个插接件，要用备用端子或地线端子将它们分隔开，以减少相互干扰。

信号线与动力线、交流线与直流线等不同类型线路分开走线，并保持一定的距离。电力电缆应单独走线，不同类型的线应分别装入不同的电缆管或电缆槽中，并使它们之间有尽可能大的空间距离，尽量不在同一线槽中布线，如果不可避免则应使用屏蔽电缆。交流线与直流线应分别使用不同的电缆。输入线与输出线很长时应分别使用不同的电缆。

PLC 应远离强干扰源，如大功率晶闸管装置、变频器、高频焊机和大型动力设备等。PLC 不能与高压电器安装在同一个开关柜内，在柜内 PLC 应远离动力线，两者之间的距离应大于 20cm。与 PLC 装在一个开关柜内的电感性元件，如继电器、接触器的线圈，应并联 RC 消弧电路。

2. 正确接地

在任何包含有电子电路的设备中，接地是抑制噪声和防止干扰的重要方法。接地设计的两个原则：消除各电路电流流经一个公共地线阻抗所产生的噪声电压；避免形成地环路。良好的接地是 PLC 安全可靠运行的重要条件。

在发电厂或变电站中，有接地网络可供使用。各控制屏和自动化元器件可能相距甚远，若分别将它们在就近的接地母线上接地，强电设备的接地电流可能在两个接地点之间产生较大的电位差，干扰控制系统的工作。为防止不同信号回路接地线上的电流引起交叉干扰，必须分系统(如以控制屏为单位)将弱电信号的内部地线接通，然后各自用规定截面积的导线统一引到接地网络上的某一点，从而实现控制系统一点接地的要求。与其他设备分别使用各自的接地装置，如图 7-2(a)所示；也可以采用公共接地，如图 7-2(b)所示；但禁止使用串联接地方式，如图 7-2(c)所示，因为这种接地方式会使 PLC 与设备之间产生电位差。

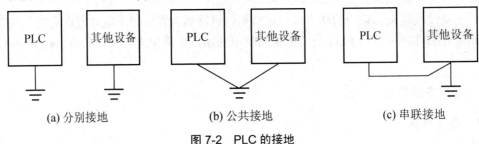

(a) 分别接地   (b) 公共接地   (c) 串联接地

图 7-2 PLC 的接地

(1) 地线系统合理布置。PLC 系统中的地线可划分为数字电路的逻辑地线、模拟电路的模拟地线、继电器和电动机等大功率电气设备的噪声地线及仪器机壳等的屏蔽地线等。这些地线应该分开布置，并在一点上与电源地相连。

(2) 单点接地与多点接地选择。在低频电路中，信号频率低于 1MHz 时布线和元器件间的电感影响较小，而接地电路形成环流所产生的干扰影响较大，因而单元电路间宜采用一点接地。在高频电路中，地线阻抗变得很大，宜采用多点接地法。

(3) PLC 与强电设备最好分别使用不同的接地装置，接地线的截面积应大于 $2mm^2$，接地点与 PLC 的距离应小于 50m。

3. 隔离强烈干扰源

通常情况下无须在 PLC 外部再设置干扰隔离器件，而在 PLC 内部采用光耦合器、输出模块中的小型继电器和光敏晶闸管等器件来实现对外部数字量信号的隔离，模拟量 I/O 模块也采取了光耦合的隔离措施。这些器件除了能减少或消除外部干扰对系统的影响外，还可以保护 CPU 模块，使之免受从外部窜入 PLC 的高电压的危害。

在发电厂等工业环境下，空间中极强的电磁场和高电压、大电流断路器的通断将会对 PLC 产生强烈的干扰。由于现场条件的限制，有时几百米长的强电电缆和 PLC 的低压控制电缆只能敷设在同一电缆沟内，强电干扰在输入线上产生的感应电压和电流相当大，足以使 PLC 输入端的光耦中的发光二极管发光，光耦的隔离作用失效，使 PLC 产生误动作。在这种情况下，对于用长线引入 PLC 的数字量信号，可以用小型继电器来隔离。光耦中发光二极管的最小逻辑 1 信号电流仅 2.5mA，而小型继电器的线圈吸合电流为数十毫安，强电干扰信号通过电磁感应产生的能量一般不会使隔离用的继电器产生误动作。来自开关柜内和距离开关柜不远的输入信号一般没有必要用继电器来隔离。

对于长距离的 PLC 的外部信号、PLC 和计算机之间的串行通信信号，可以考虑用光纤来传输和隔离，或使用带光耦合器的通信接口。在腐蚀性较强或潮湿的环境、需要防爆的场合更适于采用这种方法。

4. 输入/输出保护

输入通道中的检测信号一般较弱，传输距离可能较长，检测现场干扰严重和电路构成模数混杂等因素使输入通道成为 PLC 系统中最主要的干扰进入通道。在输出通道中，功率驱动部分和驱动对象也可能产生较严重的电气噪声，并通过输出通道耦合作用进入系统，

(1) 采用数字传感器。采用频率敏感器件或由敏感参量 R、L 和 C 构成的振荡器等方法使传统的模拟传感器数字化。多数情况下其输出为 TTL 电平的脉冲量，而脉冲量抗干扰能力强。

(2) 对输入/输出通道进行电气隔离。用于隔离的主要器件有隔离放大器、隔离变压器、纵向扼流圈和光耦合器等，把两个电路的地位接地环路或物理接地隔开，两电路即拥有各自的地电位基准，它们相互独立而不会造成干扰。

(3) 模拟量的输入/输出可采用 V/F、F/V 转换器。V/F(电压/频率)转换过程是对输入信号的时间积分，因而能对噪声或变化的输入信号进行平滑，所以抗干扰能力强。

(4) 用 PLC 驱动交流接触器，设置中间继电器间接驱动。PLC 输出模块内的小型继电器的触点小，断弧能力差，不能直接用于 DC 220V 的电路，必须用 PLC 驱动外部继电器，用外部继电器的触点驱动 DC 220V 的负载。

PLC 的可靠性很高，但由于环境的影响及内部元件的老化等因素，也会造成 PLC 不能正常工作。如果等到 PLC 报警或故障发生后再去检查、修理，总归是被动的。如果能经常定期地做好维护、检修，就可以做到系统始终工作在最佳状态下。因此，定期检修与做

好日常维护是非常重要的。一般情况下以每 6 个月至 1 年检修 1 次为宜,当外部环境条件较差时,可根据具体情况缩短检修间隔时间。

PLC 日常维护检修的一般内容如表 7-2 所示。

表 7-2   PLC 维护检修项目和内容

序号	检修项目	检修内容
1	供电电源	在电源端子处测电压变化是否在标准范围内
2	外部环境	环境温度是否在规定范围内 积尘情况(一般不能积尘)
3	输入/输出电源	在输入/输出端子处测电压变化是否在标准范围内
4	安装状态	各单元是否可靠固定、有无松动 连接电缆的连接器是否完全插入旋紧 外部配件的螺钉是否松动
5	元件寿命	锂电池寿命等

7.3.3   软件设计的可靠性措施

1. 提高输入/输出信号的可靠性

1) 开关信号的"去抖动"措施

当按钮作为输入信号时,则不可避免会产生时通时断的抖动。由于 PLC 扫描工作的原因,扫描周期比实际继电器的动作时间短得多,所以抖动信号就可能被 PLC 检测到,从而造成错误的结果。因此,必须对某些抖动信号进行处理,以保证系统正常工作。

如图 7-3 所示为采用定时器的去抖动梯形图(也有采用计数器并适当编程的),定时时间根据触点抖动情况和系统要求的响应速度而定,以保证触点稳定断开(闭合)才执行,起到较完善的保护作用。

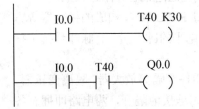

图 7-3   去抖动梯形图

2) 数字滤波

数字滤波是在对模拟信号多次采样的基础上通过软件算法提取最逼近真值数据的过程。数字滤波的算法很多,常用的有算术平均值法、比较舍取法、中值法、一阶递推数字滤波法等。

3) 指令冗余

在尽可能短的周期内将数据重复输出,受干扰影响的设备在还没有来得及响应时正确的信息又来到了,这样就可以及时防止误动作的产生。

2. 信息的保护和恢复

偶发性故障条件出现不会破坏 PLC 内部的信息,一旦故障条件消失就可恢复正常,继续原来的工作。所以 PLC 在检测到故障条件时,立即把现状态存入存储器,软件配合对存储器进行封闭,禁止对存储器的任何操作,以防存储器信息被冲掉。这样一旦检测到外界环境正常后,便可恢复到故障发生前的状态,继续原来的程序工作。

3. 设置互锁功能

在系统菜单上，有时并不出现对互锁功能的具体描述，但为了系统的可靠性，在硬件设计和编程中必须加以考虑，并应互相配合。因为单纯在 PLC 内部逻辑上的互锁，往往在外电路发生故障时失去了作用。例如，对电动机正、反转接触器互锁，仅在梯形图中用软件来实现是不够的。因为大功率电动机有时会出现因接触器主触点"烧死"而在线圈断电后主电路仍不断开的故障。这时，PLC 输出继电器为断电状态，常闭触点闭合，如给出反转控制命令则反转接触器就会通电而造成三相电源短路事故。解决这一问题的办法是将两个接触器的常闭辅助触点互相串接在对方的线圈控制回路中，形成硬件互锁。

4. 数据和程序的保护

大部分 PLC 控制系统都采用锂电池支持的 RAM 来存储用户的应用程序。这种电池是不可充电的，寿命一般在 5 年左右，用完后应用程序将全部丢失。因此，较可靠的办法是把调试成功的程序用 ROM 写入器固化到 EPROM/E^{2}PROM 中去。应用程序的备份，如光盘或 EPROM/E^{2}PROM 等必须小心保护。

尽量在自动化系统中使用面板类型的人机界面来代替单一的按钮指示灯。虽然按钮指示灯的功能是无法保密的，但目前为止，面板型人机界面能够实现程序上传并实现反编译的产品还不多见，开发者可以在面板的画面上加上明显的厂家标识和联系方式等信息。这样迫使仿制者必须重新编写操作面板的程序甚至于 PLC 的程序，而开发者则可利用面板和 PLC 数据接口的一些特殊功能区(如西门子面板的区域指针或 VB 脚本)来控制 PLC 的程序执行。这样的 PLC 程序在没有 HMI 源程序的情况下只能靠猜测和在线监视来获取 PLC 内部变量的变化逻辑，费时费力，极大地增加了仿制抄袭的难度。

7.3.4　故障的检测与诊断

PLC 的可靠性很高，本身有很完善的自诊断功能，如果出现故障，借助自诊断程序可以方便地找到出现故障的部件，更换它后就可以恢复正常工作。

工程实践表明，PLC 外部的输入/输出元件，如限位开关、电磁阀、接触器等的故障率远远高于 PLC 本身的故障率，而这些元件出现故障后，PLC 一般不能觉察出来，不会自动停机，可能使故障扩大，直至强电保护装置动作后停机，有时甚至会造成设备和人身事故。停机后，查找故障也要花费很多时间。为了及时发现故障，在没有酿成事故之前自动停机和报警，也为了方便查找故障，提高维修效率，可以用梯形图程序实现故障的自诊断和自处理。S7-200 系列 CPU 有几百点位存储器、定时器和计数器，有相当大的余量。可以把这些资源利用起来，用于故障检测。

1. 超时检测

超时检测可采用"看门狗"指令。

机械设备在各工步的动作所需的时间一般是不变的，即使有变化也不会太大，因此可以以这些时间为参考，在 PLC 发出输出信号，相应的外部执行机构开始动作时启动一个定时器定时，定时器的设定值比正常情况下该动作的持续时间长 20%左右。例如，设某执行机构在正常情况下运行 10s 后，它驱动的部件使限位开关动作，发出动作结束信号。在该执行机构开始动作时启动设定值为 12s 的定时器定时，若 12s 后还没有接收到动作结束信号，由定时器的常开触点发出故障信号，该信号停止正常的程序，启动报警和故障显示程序，使操作人员和维修人员能迅速判别故障的种类，及时采取排除故障的措施。

在图 7-4 中，I0.0 为工步动作启动信号，I0.1 为动作完成信号，Q0.0 为报警或停机信号。当 I0.0＝1 时，工步动作启动，定时器 T40 开始计时，如在规定时间内监控对象未发出动作完成信号，则判断为故障，接通 Q0.0 发出报警信号；若在规定时间内完成动作，则 I0.1 断开 M0.0，将定时器清零，为下一次循环做好准备。

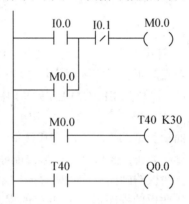

图 7-4　超节拍保护程序应用举例

2. 逻辑错误检测

在系统正常运行时，PLC 的输入、输出信号和内部的信号(如存储器位的状态)相互之间存在着确定的关系，如果出现异常的逻辑信号，则说明出现了故障。因此，可以编制一些常见故障的异常逻辑关系，一旦异常逻辑关系为 1 状态，就应按故障处理。

7.4　S7-200 控制系统工程设计实例

7.4.1　S7-200 在数字量控制系统中的应用

本节以十字路口交通信号灯的 PLC 控制为例，详细介绍 PLC 控制系统的设计及 S7-200 在数字量(开关量)控制系统中的应用。

城市道路的十字路口设置交通指挥信号灯是确保交通顺畅、人员安全的有效措施。但是随着社会经济的快速发展，原先的交通信号灯控制系统已经不能适应现在日益繁忙的交通状况。而 PLC 为改善、改造原先的交通信号灯控制系统提供了可能。

1. 十字路口交通指挥信号灯 PLC 控制系统分析

以我国为例，某十字路口在每个方向都设置有红、黄、绿 3 种交通指挥信号灯，其设置示意图如图 7-5 所示。

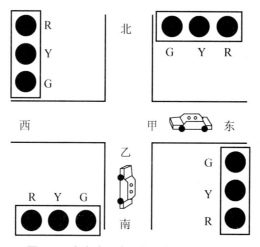

图 7-5　十字路口交通指挥信号灯示意图

正常工作时，控制系统按一定的时序控制信号灯。工作时序如图 7-6 所示。

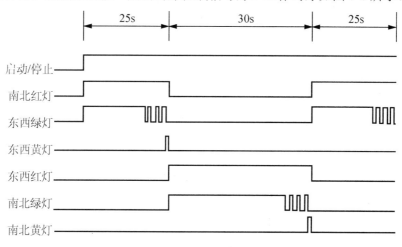

图 7-6　工作时序

具体的控制要求包括：

(1) 不同方向的绿灯或黄灯不能同时亮。若同时亮，则系统自动停止，并立即发出报警信号。

(2) 按下启动按钮后，信号灯系统开始工作，南北红灯及东西绿灯同时亮。南北红灯亮并维持 25s，东西绿灯亮，并维持 20s，然后，东西绿灯闪亮 3s 后熄灭。

(3) 东西绿灯熄灭时，东西黄灯亮，并维持 2s。然后，东西黄灯熄灭，东西红灯亮，同时，南北红灯熄灭，南北绿灯亮。

(4) 东西红灯亮，并维持 30s。同时，南北绿灯亮，并维持 25s，然后，南北绿灯闪亮 3s 后熄灭。同时，南北黄灯亮，并维持 2s 后熄灭。此时，南北红灯亮，东西绿灯亮。至此，一个工作循环周期结束，重新进入下一个工作循环。

(5) 按下停止按钮时，所有信号灯全部熄灭。

根据控制要求，系统的控制流程图如图 7-7 所示。

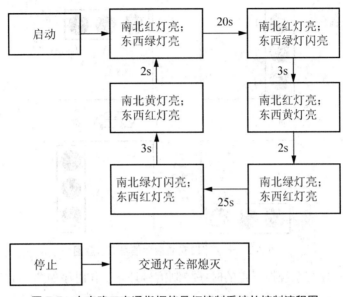

图 7-7　十字路口交通指挥信号灯控制系统的控制流程图

2. 硬件系统

　　根据十字路口交通指挥信号灯 PLC 控制系统分析可知，系统采用自动工作方式。考虑到同一个方向的两组指示灯的工作方式完全相同，为了节约系统的输出点数，缩减成本，同向的两组指示灯采用并联输出方式。因此，系统需要具备一个启动按钮和一个停止按钮共两个输入信号、南北向一组 3 个指示灯和东西向一组 3 个指示灯及一个故障报警指示灯共 7 个输出信号。因而，系统所需的最少输入点数为 2，输出点数为 7。考虑系统需要一定的备用 I/O 点，CPU 模块可选用西门子 S7-200 系列 PLC 的 CPU224，其输入为 I0.0～I1.5 共 14 点，输出为 Q0.0～Q1.1 共 10 点。后续需增加系统的 I/O 点，可连接扩展单元；需增加系统的控制功能，可连接特殊单元。

　　本系统中，选择 S7-200 CPU224 的 PLC 作为控制器，配置其基本单元即可满足十字路口交通指挥信号灯系统的控制要求。系统的 I/O 点分配如表 7-3 所示。

表 7-3　PLC 的 I/O 点分配表

序号	信号类型	元件名称	地址
1	输入信号	启动按钮	I0.0
2		停止按钮	I0.1
3	输出信号	南北绿灯	Q0.0
4		南北黄灯	Q0.1
5		南北红灯	Q0.2
6		东西绿灯	Q0.3
7		东西黄灯	Q0.4
8		东西红灯	Q0.5
9		报警灯	Q0.6

由上述分析，可得 PLC 外部硬件接线图如图 7-8 所示。

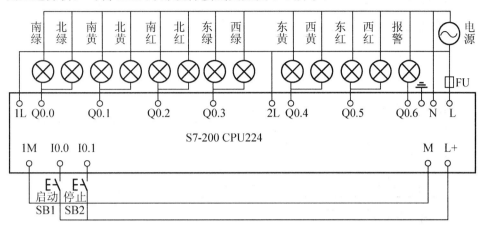

图 7-8　十字路口交通指挥信号灯控制的 PLC 外部硬件接线图

3. 软件系统

根据系统控制要求和控制流程图及 PLC 的 I/O 地址分配，可完成控制系统程序软件的设计。系统的工作过程如下：

(1) 当按下启动按钮后，I0.0 线圈得电，I0.0 常开触点闭合，辅助继电器线圈 M0.0 得电，Q0.2 线圈得电，南北红灯亮；同时，Q0.2 的常开触点闭合，Q0.3 线圈得电，东西绿灯亮。

(2) 维持 20s，T43 的常开触点闭合，与该触点串联的 T46 常开触点每隔 0.5s 接通 0.5s，即产生 0.5s 接通和 0.5s 断开的脉冲信号，从而使东西绿灯闪烁。

(3) 3s 后，T44 的常闭触点断开，Q0.3 线圈失电，东西绿灯灭；此时 T44 的常开触点闭合，Q0.4 线圈得电，东西黄灯亮。

(4) 2s 后，T42 的常闭触点断开，Q0.4 线圈失电，东西黄灯灭；此时，启动 T37 开始延时 25s 后，T37 的常闭触点断开，Q0.2 线圈失电，南北红灯灭，T37 的常开触点闭合，Q0.5 线圈得电，东西红灯亮，Q0.5 的常开触点闭合，Q0.0 线圈得电，南北绿灯亮。

(5) 25s 后，即启动 T38 延时 25s 后，T38 常开触点闭合，与该触点串联的 T46 的常闭触点每隔 0.5s 导通 0.5s，从而使南北绿灯闪烁。

(6) 闪烁 3s，T39 常闭触点断开，Q0.0 线圈失电，南北绿灯灭；此时，T39 的常开触点闭合，Q0.1 线圈得电，南北黄灯亮，

(7) 2s 后，T40 常闭触点断开，Q0.1 线圈失电，南北黄灯灭。然后，由于累计时间达 5s，故 T41 的常闭触点断开，T37 复位，Q0.3 线圈失电，即维持了 30s 的东西红灯灭。

(8) 一个工作周期结束，然后进入下一个工作周期，循环往复，直至停止按钮按下，I0.1 线圈得电，常闭触点断开，辅助继电器 M0.0 线圈失电，系统停止工作。其中，如果工作过程中，东西向和南北向的绿灯或者黄灯同时亮起，则为了安全起见，认为系统运行出现故障，Q0.6 线圈得电，报警灯亮。

按照程序设计方法，可得该系统的梯形图，如图 7-9 所示。

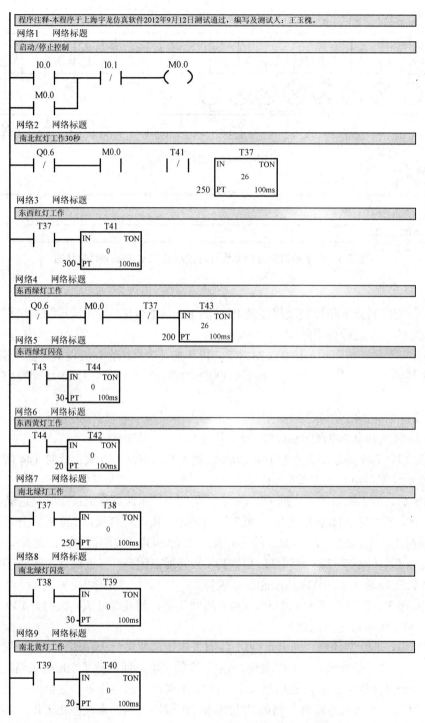

图7-9 十字路口交通指挥信号灯控制梯形图

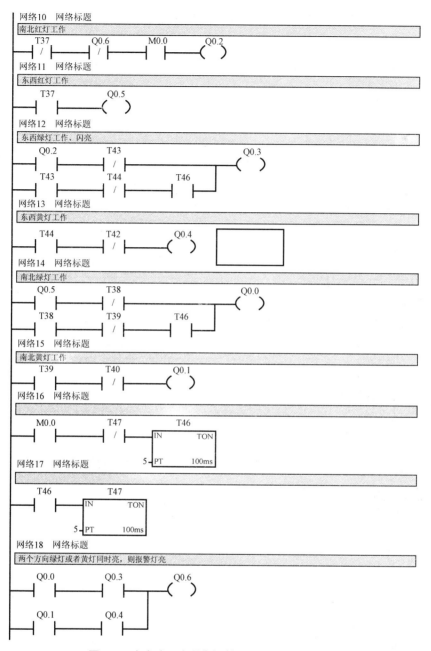

图 7-9　十字路口交通指挥信号灯控制梯形图(续)

十字路口交通指挥信号灯控制梯形图对应的语句表如图 7-10 所示。

程序注释-本程序于上海宇龙仿真软件2012年9月12日测试通过，编写及测试人：王玉槐。

网络1　网络标题

启动/停止控制

```
LD      I0.0
O       M0.0
AN      I0.1
=       M0.1
```

网络2　网络标题

南北红灯工作30秒

```
LDN     Q0.6
A       M0.0
AN      T41
TON     T37     250
```

网络3　网络标题

东西红灯工作

```
LD      T37
TON     T41     300
```

网络4　网络标题

东西绿灯工作

```
LDN     Q0.6
A       M0.0
AN      T37
TON     T43     200
```

网络5　网络标题

东西绿灯闪亮

```
LD      T43
TON     T44     30
```

网络6　网络标题

东西黄灯工作

```
LD      T44
TON     T42     20
```

网络7　网络标题

南北绿灯工作

```
LD      T37
TON     T38     250
```

网络8　网络标题

南北绿灯闪亮

```
LD      T38
TON     T39     30
```

网络9　网络标题

南北黄灯工作

```
LD      T39
TON     T40     20
```

网络10　网络标题

南北红灯工作

```
LDN     T37
AN      Q0.6
A       M0.0
=       Q0.2
```

网络11　网络标题

东西红灯工作

```
LD      T37
=       Q0.5
```

图 7-10　十字路口交通指挥信号灯控制语句表程序

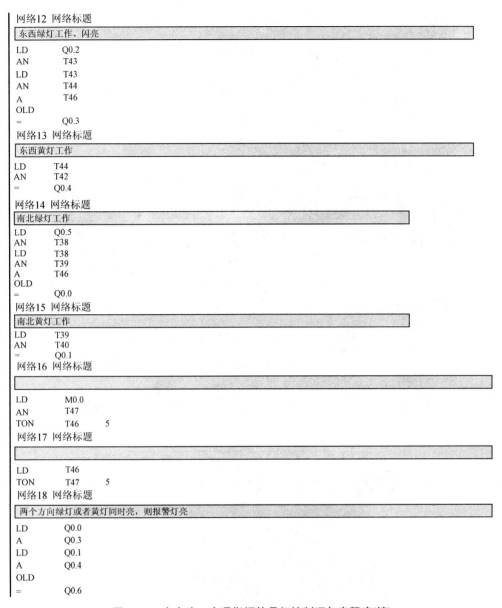

网络12　网络标题

东西绿灯工作、闪亮

```
LD        Q0.2
AN        T43
LD        T43
AN        T44
A         T46
OLD
=         Q0.3
```

网络13　网络标题

东西黄灯工作

```
LD        T44
AN        T42
=         Q0.4
```

网络14　网络标题

南北绿灯工作

```
LD        Q0.5
AN        T38
LD        T38
AN        T39
A         T46
OLD
=         Q0.0
```

网络15　网络标题

南北黄灯工作

```
LD        T39
AN        T40
=         Q0.1
```

网络16　网络标题

```
LD        M0.0
AN        T47
TON       T46      5
```

网络17　网络标题

```
LD        T46
TON       T47      5
```

网络18　网络标题

两个方向绿灯或者黄灯同时亮，则报警灯亮

```
LD        Q0.0
A         Q0.3
LD        Q0.1
A         Q0.4
OLD
=         Q0.6
```

图 7-10　十字路口交通指挥信号灯控制语句表程序(续)

4．施工设计及实施

利用上海宇龙机电控制仿真软件提供的模拟硬件及系统运行平台，完成本实例系统的外部接线图，如图 7-11 所示。

5．系统调试

在 STEP7 编译程序，并将编译好的程序下载到 S7-200PLC。调试系统，分析系统运行结果是否达到预期要求。通过模拟平台进行调试运行，使系统达到预期要求。工作过程中，东西红灯亮，南北绿灯亮的情况如图 7-12 所示。

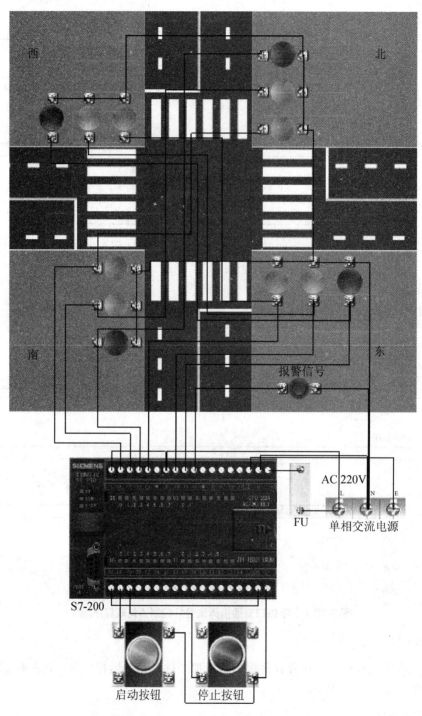

图 7-11 交通灯控制系统的外部接线图

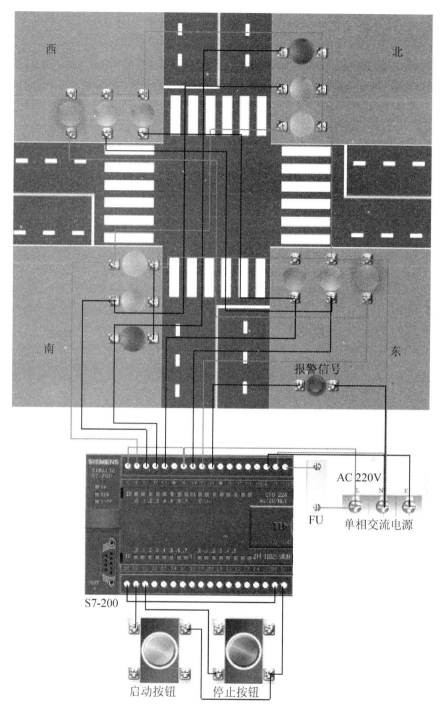

图 7-12　东西红灯亮、南北绿灯亮的工作瞬间

6. 总结

本实例以十字路口交通红绿灯控制为背景，分析了其需求，给出了 S7-200 控制软硬

件的具体实现，验证了 PLC 对交通信号灯进行自动控制的可行性。由于 PLC 控制系统不仅程序可以随时进行修改，以适应工作环境的改变，满足不同交通路况的需求；而且具有通信联网功能，易于通过网络化对道路交通进行统一的调度管理。因此，与传统的继电控制系统及硬件逻辑电路控制系统相比，PLC 控制系统具有更大的灵活性和通用性。

7.4.2　S7-200 在模拟量控制系统中的应用

在工业生产过程的自动控制中，为了生产安全或确保产品质量，经常会涉及温度、压力、流量、液位及速度等参数的监测与控制。这些参数都是连续变化的量，即模拟量。当被控参数为模拟量时，必须通过相应的传感器将其转化为电信号，经过 PLC 的 A/D 转换器，转化为可被 PLC 接收的数字信号，再通过 PLC 控制运算，最后由 PLC 的 D/A 转换器转化为模拟信号输出。这种具有模拟量输入、输出功能的 PLC 控制系统称为模拟量检测与控制系统。

本节将以温度监测与控制为例，详细介绍 PLC 控制系统的设计及 S7-200 在模拟量控制系统中的应用。

温度是工业生产对象中主要的被控参数之一。在大型家禽孵坊、电器生产行业和机械加工的某些工艺流程中都需要对温度进行监控。S7-200 系列 PLC 可通过扩展热电偶模块，形成温度模拟量的闭环控制系统。其不仅具有硬件电路简单、软件设计精简的优点，而且还可通过 PLC 直接与 PC 进行通信控制，实现远程可视化的过程级功能监控。

1.　PLC 温度监测与控制系统分析

PLC 控制系统温度在 50～60℃之间。温度偏离此区间时，进行自动调温，3min 后仍未恢复至正常温度范围时，开启声光报警，以提醒操作人员注意。

系统设置 1 个启动按钮、1 个停止按钮、3 个温度状态指示灯(绿、红和黄 3 个指示灯分别指示系统温度正常、经调温后仍过高和经调温后仍过低)、1 个声音报警器。

为了控制方便，设定 55℃为温度较佳值和被控温度的基准值，设定 PLC 输出 6V 为输出控制信号的调节基准量。输出基准量时，被控温度接近基准值。

电阻加热炉等温度控制对象，其闭环系统可用一个带纯滞后的一阶惯性环节来近似，控制算法采用 PID(比例—积分—微分)控制。比例运算可及时响应偏差；积分运算可消除系统的静态误差，提高精度；微分运算可克服惯性滞后，加快动作时间，提高抗干扰能力和稳定性，改善动态响应速度。3 种运算相互独立，改变其中一个参数，仅仅影响该参数相应的调节作用。考虑本例中温度控制要求不高，为减小计算量，采用比例运算，采样周期为 1s。

该系统包括温度传感器、变送器、PLC 温度监控系统和外部温度调节器等。在内控对象内设置 4 个温度采样点，利用 4 个温度传感器分别采集这 4 点温度后；经变送器将采集到的温度采样值转换为 0～5V 的模拟量电压信号(对应温度为 0～100℃)，再输入到 PLC

扩展模块的 4 个模拟量输入端口；PLC 读入 4 点温度后，取平均值作为实际温度值，并与预设上下限温度比较，得出系统所处的温度状态，并通过 PLC 扩展模块的模拟量输出端口向外部温度调节器输出 0～10V 的模拟量控制信号；根据输出信号的大小，外部温度调节器做出升温、降温或保持恒温的调节。该控制过程的原理如图 7-13 所示。

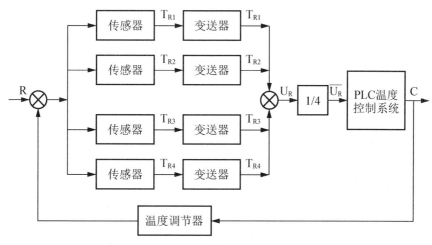

图 7-13　系统的原理框图

2. 硬件系统

根据上述分析，该系统需要 2 个开关量输入点、4 个开关量输出点、4 个模拟量输入点、1 个模拟量输出点。参照德国西门子 S7-200 系统手册，选用主机为可扩展模块且具有 8 点输入和 6 点输出的 CPU222，扩展模拟量输入/输出模块 EM235 AI4/AQ1×12 位。PLC 通过输入点 I0.0 连接启动按钮，通过输入点 I0.1 连接停止按钮，通过输出点 Q0.2、Q0.3、Q0.4 和 Q0.5 分别连接红灯、绿灯、黄灯和喇叭。控制系统的 I/O 地址分配如表 7-4 所示。

表 7-4　控制系统的 I/O 地址分配表

模块	信号类型	元件名称	地址
S7-200 CPU222	输入信号	启动按钮	I0.0
		停止按钮	I0.1
	输出信号	红灯	Q0.2
		绿灯	Q0.3
		黄灯	Q0.4
		喇叭	Q0.5
EM235	模拟量输入	温度传感器 1 电信号	AIW0
		温度传感器 2 电信号	AIW2
		温度传感器 3 电信号	AIW4
		温度传感器 4 电信号	AIW6
	模拟量输出	输出电压信号	AQW0

由上述分析,可得 PLC 及扩展模块的外部硬件连线图,如图 7-14 所示。

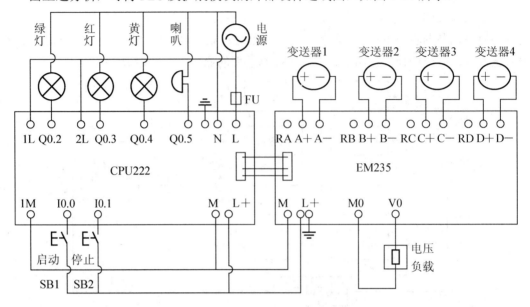

图 7-14 温度监控系统的 PLC 及扩展模块外部硬件连线图

3. 软件系统

考虑到系统温度要求不高,本系统仅采用比例控制,设其比例增益 KC=2.0,采样时间 TS=1.0s。若要达到最优控制效果,该参数可通过工程计算初步确定,再进行适当调整得到。程序中所用部分 PLC 软元件及 PID 回路表如表 7-5 所示。

表 7-5 部分 PLC 软元件及 PID 回路表

序号	名称	地址	序号	名称	地址
1	过程变量	VD0	7	微分时间	VD24
2	给定值	VD4	8	积分项前项	VD28
3	偏差值	VD8	9	过程变量前值	VD32
4	增益	VD12	10	运行标志	M0.0
5	采样时间	VD16	11	平均值	VD40
6	积分时间	VD20	12	PID 输出值	VW40

系统程序包括主程序、PID 参数设置子程序和中断程序。其流程图如图 7-15 所示。根据流程图进行编程,可得梯形图程序,如图 7-16 所示。

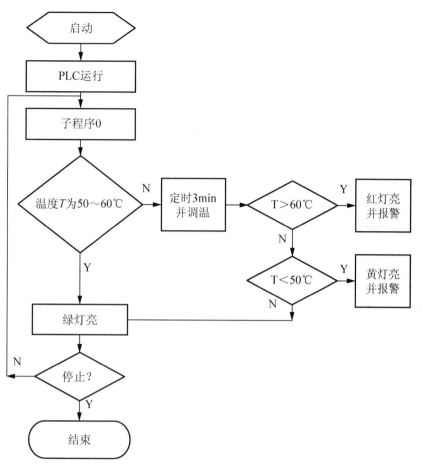

(a) 主程序流程图

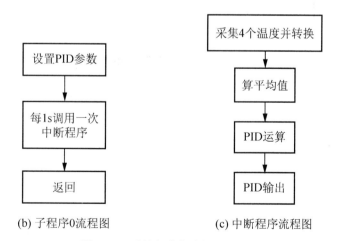

(b) 子程序0流程图　　　(c) 中断程序流程图

图 7-15　系统程序的流程图

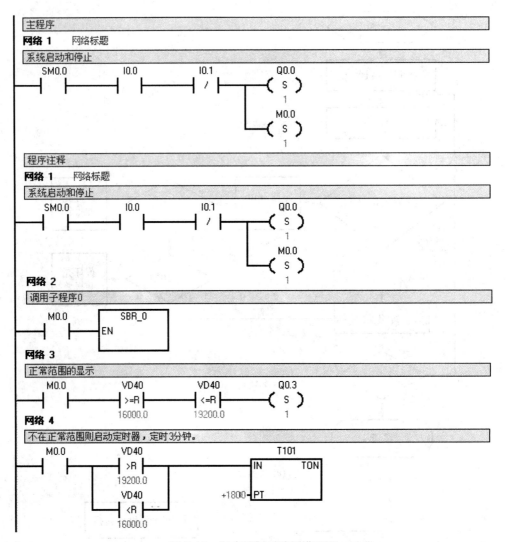

图 7-16 温度控制系统的梯形图

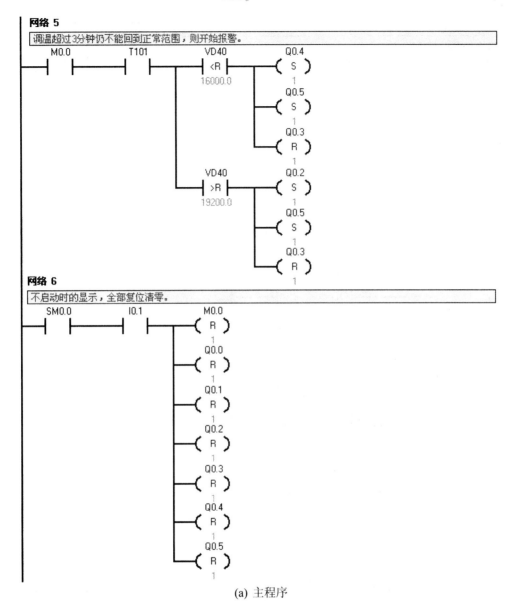

(a) 主程序

图 7-16　温度控制系统的梯形图(续)

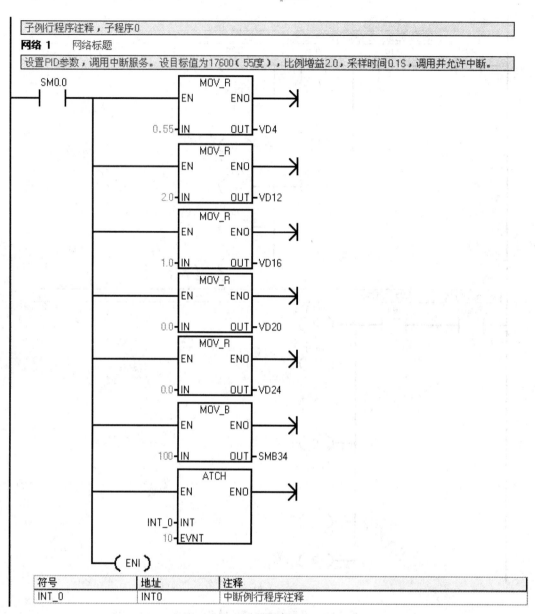

子例行程序注释，子程序0

网络 1   网络标题

设置PID参数，调用中断服务。设目标值为17600（55度），比例增益2.0，采样时间0.1S，调用并允许中断。

符号	地址	注释
INT_0	INT0	中断例行程序注释

(b) 子程序 0

图 7-16   温度控制系统的梯形图(续)

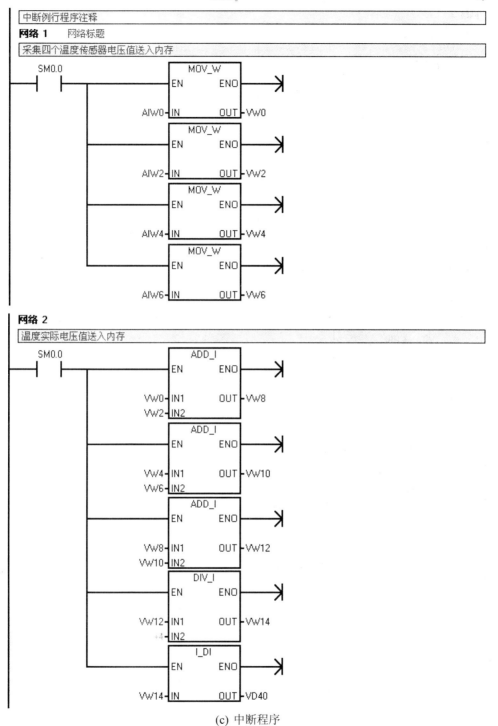

(c) 中断程序

图 7-16 温度控制系统的梯形图(续)

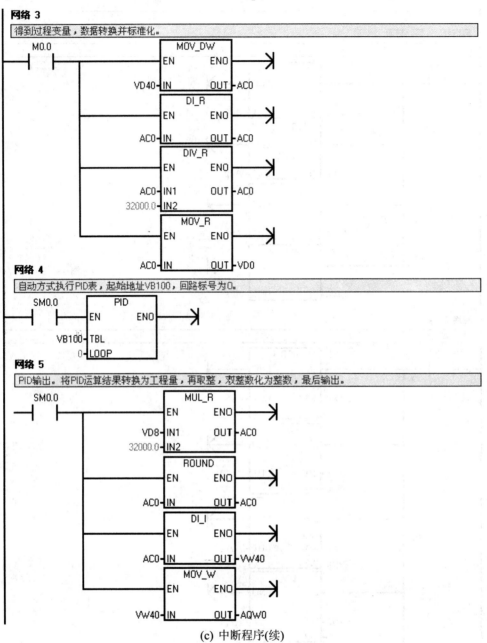

(c) 中断程序(续)

图 7-16　温度监控系统的梯形图(续)

根据梯形图转换为系统的语句表，如图 7-17 所示。

主程序

网络 1　网络标题

系统启动和停止

```
LD    SM0.0
A     I0.0
AN    I0.1
S     Q0.0, 1
S     M0.0, 1
```

网络 2

调用子程序0

```
LD    M0.0
CALL  SBR_0
```

符号	地址	注释
SBR_0	SBR0	子例行程序注释，子程序0

网络 3

正常范围的显示

```
LD      M0.0
AR>=    VD40, 16000.0
AR<=    VD40, 19200.0
S       Q0.3, 1
```

网络 4

不在正常范围则启动定时器，定时3分钟。

```
LD      M0.0
LDR>    VD40, 19200.0
OR<     VD40, 16000.0
ALD
TON     T101, +1800
```

网络 5

调温超过3分钟仍不能回到正常范围，则开始报警。

```
LD      M0.0
A       T101
LPS
AR<     VD40, 16000.0
S       Q0.4, 1
S       Q0.5, 1
R       Q0.3, 1
LPP
AR>     VD40, 19200.0
S       Q0.2, 1
S       Q0.5, 1
R       Q0.3, 1
```

网络 6

不启动时的显示，全部复位清零。

```
LD    SM0.0
A     I0.1
R     M0.0, 1
R     Q0.0, 1
R     Q0.1, 1
R     Q0.2, 1
R     Q0.3, 1
R     Q0.4, 1
R     Q0.5, 1
```

(a) 主程序语句表

图 7-17　温度监控系统的语句表

子例行程序注释，子程序0

网络 1　网络标题

设置PID参数，调用中断服务。设目标值为17600（55度），比例增益2.0，采样时间0.1S，调用并允许中断。

```
LD      SM0.0
MOVR    0.55, VD4
MOVR    2.0, VD12
MOVR    1.0, VD16
MOVR    0.0, VD20
MOVR    0.0, VD24
MOVB    100, SMB34
ATCH    INT_0, 10
ENI
```

符号	地址	注释
INT_0	INT0	中断例行程序注释

(b) 子程序 0 语句表

中断例行程序注释

网络 1　网络标题

采集四个温度传感器电压值送入内存

```
LD      SM0.0
MOVW    AIW0, VW0
MOVW    AIW2, VW2
MOVW    AIW4, VW4
MOVW    AIW6, VW6
```

网络 2

温度实际电压值送入内存

```
LD      SM0.0
MOVW    VW0, VW8
+I      VW2, VW8
MOVW    VW4, VW10
+I      VW6, VW10
MOVW    VW8, VW12
+I      VW10, VW12
MOVW    VW12, VW14
/I      +4, VW14
ITD     VW14, VD40
```

网络 3

得到过程变量，数据转换并标准化。

```
LD      M0.0
MOVD    VD40, AC0
DTR     AC0, AC0
/R      32000.0, AC0
MOVR    AC0, VD0
```

网络 4

自动方式执行PID表，起始地址VB100，回路标号为0。

```
LD      SM0.0
PID     VB100, 0
```

网络 5

PID输出。将PID运算结果转换为工程量，再取整，双整数化为整数，最后输出。

```
LD      SM0.0
MOVR    VD8, AC0
*R      32000.0, AC0
ROUND   AC0, AC0
DTI     AC0, VW40
MOVW    VW40, AQW0
```

(c) 中断程序语句表

图 7-17　温度监控系统的语句表(续)

4. 系统调试

在 STEP7 中编译程序，并将编译好的程序下载到 S7-200PLC。调试系统，分析系统运行结果是否达到了预期要求。

本 章 小 结

本实例以工业生产中温度的监测、报警与控制为背景，分析了其系统要求，详细介绍了 S7-200 系列 PLC 模拟量控制系统的硬件系统选型和软件系统设计，为模拟量控制系统的 PLC 实现提供了一种参考解决方案。

习　　题

7-1　PLC 控制系统设计的步骤有哪些？

7-2　进行 PLC 硬件的选型时，应主要考虑哪些方面？试举例说明。

7-3　PLC 控制系统调试的方法有哪几种？各有什么特点？

7-4　如何进行 PLC 输入回路的设计？如何进行 PLC 输出回路的设计？

7-5　列举几种实际应用中减少 PLC 输入/输出点的方法。

7-6　结合十字路口交通指挥灯控制系统实例，在实验设备上完成类似的 PLC 控制系统，详细记录实验过程及结果。熟悉该系统的梯形图编制思路，利用其他的编程方法(如顺序功能图)，重新编制控制系统梯形图并进行实验验证。

7-7　试设计双层立体停车库的 PLC 控制系统。本车库上下层共停 5 辆车，上层可存放 3 辆车，且只能上下移动，下层可存放 2 辆车且只能左右移动，以限位开关控制停车台的到位。具体要求包括：

(1) 取车。下层车直接开出停车位即可；如果开出上层车，按下对应的按钮，再按下取车按钮，下层车先左右移让开相应位置后，上层车就下降到下层开出即可。

(2) 存车。下层直接开进车位存车；如果存上层，先将车位降至下层，当车开进下层后，按下存车按钮，车自动回升到上层原先位置后自动停止。

(3) 通过重量感应器及相应的指示灯显示某一停车台上是否已有车，指示灯亮表示有车存放，否则无车。

(4) 用 8 段数码管显示已存车辆数，如果车已满，则指示灯亮，否则灯不亮。

7-8　用 PLC 控制简单自动门系统。自动门控制装置由门内光电探测开关 K1、门外光电探测开关 K2、开门到位限位开关 SQ1、关门到限位开关 SQ2、开门执行机构 KM1(使电动机正转)、关门执行机构 KM2(使电动机反转)等部件组成。控制要求如下：

(1) 当有人由内到外或由外到内通过光电检测开关 K1 或 K2 时，开门执行机构 KM1 动作，电动机正转，到达开门限位开关 SQ1 位置时，电动机停止运行。

(2) 自动门在开门位置停留 8 秒后，自动进入关门过程，关门执行机构 KM2 被启动，电动机反转，当门移动到关门限位开关 SQ2 位置时，电动机停止运行。

(3) 在关门过程中，当有人员由外到内或由内到外通过光电检测开关 K2 或 K1 时，应立即停止关门，并自动进入开门程序。

(4) 在门打开后的 8 秒等待时间内，若有人员由外至内或由内至外通过光电检测开关 K2 或 K1 时，必须重新开始等待 8 秒后，再自动进入关门过程，以保证人员安全通过。

试针对上述需求完成简单自动门的 PLC 控制系统的设计。

7-9 理解模拟量的特点，并结合具体实例，说明在 PLC 控制系统中如何进行模拟量的采集和处理？

7-10 以下为 3 类机床基本控制电路原理图，若将其改为 PLC 控制，试画出相应的控制电路输入/输出接线图、梯形图及对应的指令程序。

(1) 两台电动机顺序启动联锁控制电路如图 7-18 所示。

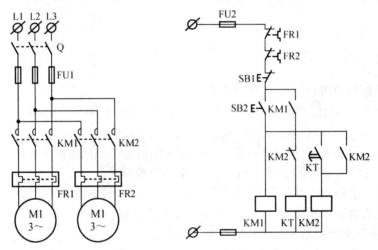

图 7-18　习题 7-10 第 1 小题

(2) 自动限位控制电路如图 7-19 所示。

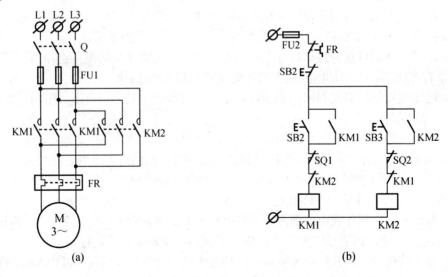

图 7-19　习题 7-10 第 2 小题

(3) 电动机 Y-△减压启动控制电路如图 7-20 所示。

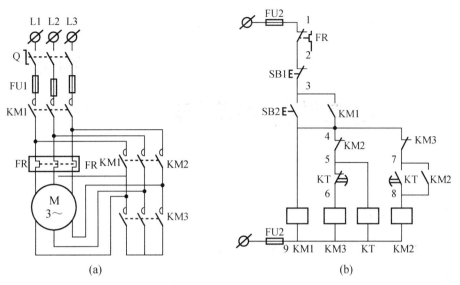

图 7-20　习题 7-10 第 3 小题

7-11 如图 7-21 所示系统能实现"快进—工进—快退—原位停止、液压泵卸荷"的工作循环，其中，泵用电动机功率为 5.5kW。设计 PLC 控制系统，完成电动机的启动、停止控制，控制电磁铁动作以实现工作循环，需给出相应的电路图、I/O 地址分配和梯形图。

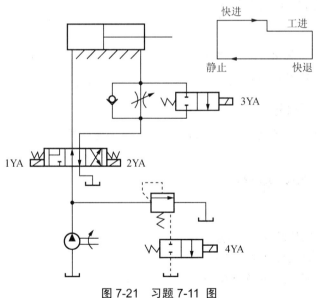

图 7-21　习题 7-11 图

7-12 某台机床主轴和润滑油泵各由一台电动机带动。要求主轴必须在油泵启动后才能启动，主轴能正/反转并能单独停车，设有短路、失电压及过载保护等。绘出电气控制原理图，给出 PLC 地址分配说明、连线图及梯形图。

第 **8** 章

组态软件 MCGS 及应用

了解组态软件 MCGS，并进行简单的相关学习。

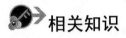

编程语言的学习、PLC 原理等。

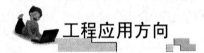

PLC 的学习，以及使用组态软件作为上位机、PLC 作为下位机进行信号连通控制将会在工业方面得到广泛的应用。

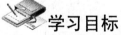

熟练掌握组态软件的使用及简单的应用，实现一定的简单项目。

(1) 关于组态软件的基本信息。

(2) 组态软件的使用及建立工程。

(3) 组态软件和 PLC 的连接使用。

8.1　组态软件概述

8.1.1　组态与组态软件

组态(Configuration)有设置、配置等含义,其实质就是模块的任意组合。在工业控制中,组态一般是指通过对软件采用非编程的操作方式,主要有参数填写、图形连接和文件生成等,使得软件乃至整个系统具有某种指定的功能。由于用户对计算机控制系统的要求千差万别(如流程画面、系统结构、报表格式、报警要求等),而开发者又不可能专门为每个用户去进行开发,所以只能是事先开发好一套具有一定通用性的软件开发平台,生产(或者选择)若干种规格的硬件模块(如 I/O 模块、通信模块、现场控制模块),然后,再根据用户的要求在软件开发平台上进行二次开发及进行硬件模块的连接。这种软件的二次开发工作就称为组态;相应的软件开发平台就称为控制组态软件,简称组态软件。

PLC 在工业环境执行控制任务具有很高的可靠性,但人机接口主要通过文本显示器等硬件实现,其功能较弱。而个人计算机功能齐全、软件资源丰富、性价比高、人机接口功能强。若将个人计算机作为上位机,与 PLC 进行通信连接,进行实时的系统监控,可发挥各自的优势,优化系统控制与管理。上位机主要的工作内容包括数据通信、网络管理、人机界面、数据处理等,PLC 等现场设备完成数据的采集和设备的控制。实现上位机和现场设备的通信、上位机人机界面编程等内容是一项非常有难度的工作。组态软件可以很好地完成这些特定的任务。

按照使用对象可以将常用组态软件分为两类:一类是专用的组态软件;另一类是通用的组态软件。

专用的组态软件主要是由一些集散控制系统厂商和 PLC 厂商专门为自己的系统开发的,如 Honeywell 的组态软件、Foxboro 的组态软件、Rockwell 公司的 RsView、Simens 公司的 WinCC、GE 公司的 Cimplicity 等。

通用组态软件并不特别针对某一类特定的系统,开发者可以根据需要选择合适的软件和硬件来构成自己的计算机控制系统。如果开发者在选择了通用组态软件后,发现其无法驱动自己选择的硬件,可以提供该硬件的通信协议,请组态软件的开发商来开发相应的驱动程序。通用组态软件目前发展很快,也是市场潜力很大的产业。国外开发的组态软件有InTouch、Citech、Lookout、TraceMode 及 Wizcon 等。国产的组态软件有组态王(Kingview)、MCGS、Synall2000、controx 2000、Force Control 和 FameView 等。

8.1.2　组态软件的功能与结构

组态软件通常有以下几方面的功能。

1. 强大的界面显示组态功能

目前,工控组态软件大都运行于 Windows 环境下,充分利用了 Windows 的图形功能完善、界面美观的特点。可视化的 IE 风格界面和丰富的工具栏,使得操作人员可以直接进入开发状态，节省时间。丰富的图形控件和工况图库，提供了大量的工业设备图符及仪表图符，还提供趋势图、历史曲线、组数据分析图等，既提供所需的组件，又是界面制作向导。提供给用户丰富的作图工具，使用户可随心所欲地绘制出各种工业界面，并可任意编辑，从而将开发人员从繁重的界面设计中解放出来。丰富的动画连接方式，如隐含、闪烁、移动等，使界面生动而直观。画面丰富多彩，为设备的正常运行、操作人员的集中控制提供了极大的方便。

2. 良好的开放性

控制系统构成的全部软硬件不可能出自一家公司的产品，"异构"是当今控制系统的主要特点之一。开放性是指组态软件能与多种通信协议互联，支持多种硬件设备。开放性是衡量一个组态软件好坏的重要指标。

组态软件向下应能与低层的数据采集设备通信，向上通过 TCP/IP 可与高层管理网互联，实现上位机与下位机的双向通信。

3. 丰富的功能模块

组态软件提供丰富的控制功能库，满足用户的测控要求和现场要求。利用各种功能模块，完成实时监控、产生功能报表、显示历史曲线和实时曲线、提供报警等功能，使系统具有良好的人机界面，易于操作。系统既可适用于单机集中式控制、DCS 分布式控制，也可以是带远程通信能力的远程测控系统。

4. 强大的数据库

组态软件配有实时数据库，可存储各种数据，如模拟量、离散量、字符型等，实现与外部设备的数据交换。

5. 可编程的命令语言

组态软件有可编程的命令语言，使用户可根据自己的需要编写程序，增强图形界面。

6. 周密的系统安全防范

对不同的操作者，组态软件赋予不同的操作权限，保证整个系统的安全可靠运行。

7. 仿真功能

组态软件提供强大的仿真功能使系统能够并行设计，从而缩短开发周期。

8.1.3 组态软件的组成

组态软件一般都由若干组件构成，而且组件的数量在不断增长，功能在不断加强。各组态软件普遍使用了"面向对象"的编程和设计方法，使软件更加易于学习和掌握，功能也更强大。一般的组态软件都由下列组件组成。

1) 应用程序管理器

应用程序管理器是提供应用程序的搜索、备份、解压缩、建立应用等功能的专用管理工具。在自动化工程设计工程师应用组态软件进行工程设计时，经常会遇到下面一些烦恼：

经常要进行组态数据的备份；经常需要引用以往成功项目中的部分组态成果(如画面)；经常需要迅速了解计算机中保存了哪些应用项目。虽然这些工作可以用手动方式实现，但效率低下，极易出错。有了应用程序管理器的支持，这些工作将变得非常简单。

2) 图形界面开发程序

图形界面开发程序是自动化工程设计人员为实施其控制方案，在图形编辑工具的支持下进行图形系统生成工作所依赖的开发环境。通过建立一系列用户数据文件，生成最终的图形目标应用系统，供图形运行环境运行时使用。

3) 图形界面运行程序

在系统运行环境下，图形目标应用系统被图形界面运行程序装入计算机内并投入实时运行。

4) 实时数据库系统组态程序

有的组态软件只在图形开发环境中增加了简单的数据管理功能，因而不具备完整的实时数据库系统。目前比较先进的组态软件都有独立的实时数据库组件，以提高系统的实时性、增强处理能力，实时数据库系统组态程序是建立实时数据库的组态工具，可以定义实时数报库的结构、数据来源、数据连接、数据类型及相关的各种参数。

5) 实时数据库系统运行程序

在系统运行环境下，目标实时数据库及其应用系统被实时数据库运行程序装入计算机内存，并执行预定的各种数据计算、数据处理任务。历史数据的查询、检索、报警的管理都是在实时数据库系统运行程序中完成的。

6) I/O 驱动程序

I/O 驱动程序是组态软件中必不可少的组成部分，用于 I/O 设备通信，互相交换数据。

8.2　MCGS 组态软件

MCGS(Monitor and Control Generated System)是一套基于 Windows 平台的，用于快速构造和生成上位机监控系统的组态软件系统，可运行于 Microsoft Windows 95/98/Me/NT/2000 等操作系统。MCGS 为用户提供了解决实际工程问题的完整方案和开发平台，能够实现现场数据采集、实时和历史数据处理、报警和安全机制、流程控制、动画显示、趋势曲线和报表输出、企业监控网络等功能。

MCGS 具有操作简便、可视性好、可维护性强、高性能、高可靠性等突出特点，已成功应用于石油化工、钢铁行业、电力系统、水处理、环境监测、机械制造、交通运输、能源原材料、农业自动化、航空航天等领域，经过各种现场的长期实际运行，系统稳定可靠。

8.2.1　MCGS 组态软件的整体结构

MCGS 软件系统包括组态环境和运行环境两部分，如图 8-1 所示。组态环境相当于一套完整的工具软件，帮助用户设计和构造自己的应用系统。运行环境则按照组态环境中构造的组态工程，以用户指定的方式运行，并进行各种处理，完成用户组态设计的目标和功能。

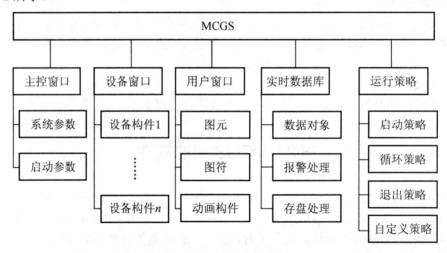

图 8-1 MCGS 的体系结构

MCGS 组态环境是生成用户应用系统的工作环境，由可执行程序 McgsSet.exe 支持，其存放于 MCGS 目录的 Program 子目录中。用户在 MCGS 组态环境中完成动画设计、设备连接、编写控制流程、编制工程打印报表等全部组态工作后，生成扩展名为.mcg 的工程文件，又称为组态结果数据库，其与 MCGS 运行环境一起，构成了用户应用系统，统称为"工程"。

MCGS 运行环境是用户应用系统的运行环境，由可执行程序 McgsRun.exe 支持，其存放于 MCGS 目录的 Program 子目录中。在运行环境中完成对工程的控制工作。MCGS 生成的用户应用系统，由主控窗口、设备窗口、用户窗口、实时数据库和运行策略 5 部分构成，如图 8-2 所示。

图 8-2 MCGS 的用户系统

窗口是屏幕中的一块空间，是一个"容器"，直接提供给用户使用。在窗口内，用户可以放置不同的构件，创建图形对象并调整画面的布局，组态配置不同的参数以完成不同的功能。在 MCGS 嵌入版中，每个应用系统只能有一个主控窗口和一个设备窗口，但可以有多个用户窗口和多个运行策略，实时数据库中也可以有多个数据对象。MCGS 用主控窗口、设备窗口和用户窗口来构成一个应用系统的人机交互图形界面，组态配置各种不同类型和功能的对象或构件，同时可以对实时数据进行可视化处理。

实时数据库相当于一个数据处理中心，同时也起到公用数据交换区的作用。MCGS 嵌入版使用自建文件系统中的实时数据库来管理所有实时数据。从外部设备采集来的实时数据送入实时数据库，系统其他部分操作的数据也来自实时数据库。实时数据库自动完成对

206

实时数据的报警处理和存盘处理，同时它还根据需要把有关信息以事件的方式发送给系统的其他部分，以便触发相关事件，进行实时处理。

　　主控窗口确定了工业控制中工程作业的总体轮廓，以及运行流程、特性参数和启动特性等项内容，是应用系统的主框架。

　　设备窗口是 MCGS 系统与外部设备联系的媒介。设备窗口专门用来放置不同类型和功能的设备构件，实现对外部设备的操作和控制。设备窗口通过设备构件把外部设备的数据采集进来，送入实时数据库，或把实时数据库中的数据输出到外部设备。一个应用系统只有一个设备窗口，运行时，系统自动打开设备窗口，管理和调度所有设备构件正常工作，并在后台独立运行。注意，对用户来说，设备窗口在运行时是不可见的。

　　用户窗口实现了数据和流程的"可视化"。用户窗口中可以放置 3 种不同类型的图形对象：图元、图符和动画构件。图元和图符对象为用户提供了一套完善的设计制作图形画面和定义动画的方法。

　　运行策略是对系统运行流程实现有效控制的手段。运行策略本身是系统提供的一个框架，里面放置有策略条件构件和策略构件组成的"策略行"，通过对运行策略进行定义，使系统能够按照设定的顺序和条件操作实时数据库，控制用户窗口的打开、关闭，并确定设备构件的工作状态等，从而实现对外部设备工作过程的精确控制。一个应用系统有 3 个固定的运行策略：启动策略、循环策略和退出策略，同时允许用户创建或定义最多 512 个用户策略。启动策略在应用系统开始运行时调用，退出策略在应用系统退出运行时调用，循环策略由系统在运行过程中定时循环调用，用户策略供系统中的其他部件调用。

　　综上所述，一个应用系统由主控窗口、设备窗口、用户窗口、实时数据库和运行策略 5 部分组成。组态工作开始时，系统只为用户搭建了一个能够独立运行的空框架，但提供了丰富的动画部件与功能部件。

8.2.2　MCGS 组态软件常用术语

　　在学习 MCGS 软件前，先来了解 MCGS 软件中的工程术语。

　　工程：用户应用系统的简称。引入工程的概念，是使复杂的计算机专业技术更贴近于普通工程用户。在 MCGS 组态环境中生成的文件称为工程文件，后缀为.mcg，存放于 MCGS 目录的 WORK 子目录中，如"D:\MCGS\WORK\水位控制系统.mcg"。

　　对象：操作目标与操作环境的统称，如窗口、构件、数据、图形等皆称为对象。

　　组态：在 MCGS 组态软件开发平台中对 5 部分进行对象的定义、制作和编辑，并设定其状态特征(属性)参数，此项工作称为组态。

　　属性：对象的名称、类型、状态、性能及用法等特征的统称。

　　构件：具备某种特定功能的程序模块，可以用 VB、VC 等程序设计语言编写，通过编译，生成 DLL、OCX 等文件。用户对构件设置一定的属性，并与定义的数据变量相连接，即可在运行中实现相应的功能。

　　策略：指对系统运行流程进行有效控制的措施和方法。

　　启动策略：在进入运行环境后首先运行的策略，只运行一次，一般完成系统初始化的处理。该策略由 MCGS 自动生成，具体处理的内容由用户填充。

循环策略：按照用户指定的周期时间，循环执行策略块内的内容，通常用来完成流程控制任务。

退出策略：退出运行环境时执行的策略。该策略由 MCGS 自动生成、自动调用，一般由该策略模块完成系统结束运行前的善后处理任务。

用户策略：由用户定义，用来完成特定的功能。用户策略一般由按钮、菜单、其他策略来调用执行。

事件策略：当对应的事件发生时执行的策略，如在用户窗口中定义了鼠标单击事件，工程运行时在用户窗口中单击鼠标则执行相应的事件策略，只运行一次。

热键策略：当用户按下定义的组合热键(如 Ctrl＋D)时执行的策略，只运行一次。

可见度：指对象在窗口内的显现状态，即可见与不可见。

变量类型：MCGS 定义的变量有 5 种类型：数值型、开关型、字符型、事件型和组对象。

事件对象：用来记录和标示某种事件的产生或状态的改变，如开关量的状态发生变化。

组对象：用来存储具有相同存盘属性的多个变量的集合，内部成员可包含多个其他类型的变量。组对象只是对有关联的某一类数据对象的整体表示方法，而实际的操作则均针对每个成员进行。

动画刷新周期：动画更新速度，即颜色变换、物体运动、液面升降的快慢等，以 ms 为单位。

父设备：本身没有特定功能，但可以和其他设备一起与计算机进行数据交换的硬件设备，如串口通信父设备。

子设备：必须通过一种父设备与计算机进行通信的设备，如浙大中控 JL-26 无纸记录仪、研华 4017 模块等。

模拟设备：在对工程文件测试时，提供可变化的数据的内部设备，可提供多种变化方式，如正弦波、三角波等。

数据库存盘文件：MCGS 工程文件在硬盘中存储时的文件，类型为 MDB 文件，一般以工程文件的文件名＋"D"进行命名，存储在 MCGS 目录下 WORK 子目录中，如"D:\MCGS\WORK\水位控制系统 D.mdb"。

8.2.3　MCGS 组建新工程的一般过程

在用 MCGS 软件进行组态设计过程中，一般采用下列过程：

工程项目系统分析：分析工程项目的系统构成、技术要求和工艺流程，弄清楚系统的控制流程和监控对象的特征，明确监控要求和动画显示方式，分析工程中的设备采集及输出通道与软件中实时数据库变量的对应关系，分清楚哪些变量是要求与设备连接的，哪些变量是软件内部用来传递数据及动画显示的。

工程立项搭建框架：MCGS 称为建立新工程。其主要内容包括：定义工程名称、封面窗口名称和启动窗口(封面窗口退出后接着显示的窗口)名称，指定存盘数据库文件的名称及存盘数据库，设定动画刷新的周期。经过此步操作，即在 MCGS 组态环境中，建立了由 5 部分组成的工程结构框架。封面窗口和启动窗口也可等到建立了用户窗口后，再行建立。

设计菜单基本体系：为了对系统运行的状态及工作流程进行有效的调度和控制，通常要在主控窗口内编制菜单。编制菜单分两步进行，第一步首先搭建菜单的框架，第二步再对各级菜单命令进行功能组态。在组态过程中，可根据实际需要，随时对菜单的内容进行增加或删除，以不断完善工程的菜单。

制作动画显示画面：动画制作分为静态图形设计和动态属性设置两个过程。前一部分类似于"画画"，用户通过 MCGS 组态软件中提供的基本图形元素及动画构件库，在用户窗口内"组合"成各种复杂的画面。后一部分则设置图形的动画属性，与实时数据库中定义的变量建立相关性的连接关系，作为动画图形的驱动源。

编写控制流程程序：在运行策略窗口内，从策略构件箱中选择所需功能的策略构件，构成各种功能模块(称为策略块)，由这些模块实现各种人机交互操作。MCGS 还为用户提供了编程用的功能构件(称为"脚本程序"功能构件)，以便用户使用简单的编程语言编写工程控制程序。

完善菜单按钮功能：包括完善对菜单命令、监控器件、操作按钮的功能组态；实现历史数据、实时数据、各种曲线、数据报表、报警信息输出等功能；建立工程安全机制等。

编写程序调试工程：利用调试程序产生的模拟数据，检查动画显示和控制流程是否正确。

连接设备驱动程序：选定与设备相匹配的设备构件，连接设备通道，确定数据变量的数据处理方式，完成设备属性的设置。此项操作在设备窗口内进行。

工程完工综合测试：最后测试工程各部分的工作情况，完成整个工程的组态工作，实施工程交接。

以上步骤只是按照组态工程的一般思路列出的。在实际组态中，有些过程是交织在一起进行的，设计者可根据工程的实际需要和自己的习惯，调整步骤的先后顺序并没有严格的限制与规定。

8.3 MCSG 与 S7-200PLC 的连接

MCGS 组态软件一般有通用版和嵌入版两种版本，两者的组态理念和组态环境基本相同，但也有不同之处。

运行环境不同：嵌入版运行于 Windows CE 和 DeltaOS 嵌入式实时多任务操作系统；通用版则运行于 Microsoft Windows 95/98/Me/NT/2000 等操作系统。

实时性不同：嵌入版是运行在嵌入式操作系统之上的，执行速度非常快，系统的时间控制精度可以达到毫秒级，而通用版相对来说执行速度就慢一些，时间通常都是在秒级。

体系结构不同：嵌入版的组态和通用版的组态都是在通用计算机环境下的，但嵌入版的组态和运行环境是分开的，在组态环境下组态好的应用系统要下载到嵌入式操作系统中运行，而通用版的组态和运行是在同一个操作系统中的。

总之，相比较而言，嵌入版 MCGS 组态软件更适合应用于中小型工业控制系统中，主要用于人机界面的设计。

下面以 TPC7062K 触摸屏的组态过程为例，介绍 MCGS 组态软件在 PLC 系统中的应用。这里 TPC7062K 触摸屏的主要功能就是能实时显示和控制 S7-200PLC 的运行参数。在进行组态时，TPC7062K 与组态计算机连接，如图 8-3 所示。在运行时，TPC7062K 触摸屏与 S7-200PLC 相连，如图 8-4 所示。

图 8-3　TPC7062K 与组态计算机连接

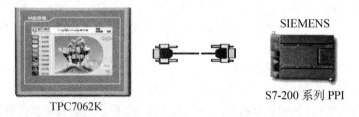

S7-200 系列 PPI

TPC7062K

图 8-4　TPC7062K 与 PLC 的接线

其组态设计过程如下。

新建工程：双击 Windows 操作系统的桌面上的组态环境快捷方式，可打开嵌入版组态软件，然后按如下步骤建立通信工程：

选择文件菜单中"新建工程"选项，弹出"新建工程设置"对话框，TPC 类型选择为"TPC7062K"，如图 8-5 所示，单击"确定"按钮。

图 8-5　TPC 类型选择

选择文件菜单中的"工程另存为"菜单选项，弹出"文件保存"对话框。在文件名一栏内输入"TPC 通信控制工程"，单击"保存"按钮，工程创建完毕。

1. 设备组态

(1) 在工作台中激活设备窗口，双击 🖳 图标。进入设备组态画面，单击工具条中的 🛠，打开"设备工具箱"窗格，如图 8-6 所示。

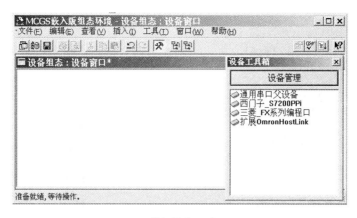

图 8-6 进入设备组态画面

(2) 在设备工具箱中,按顺序先后双击"通用串口父设备"和"西门子_S7200PPI"选项添加至组态画面窗口,如图 8-7 所示。提示是否使用西门子默认通讯参数设置父设备,如图 8-8 所示,单击"是"按钮。

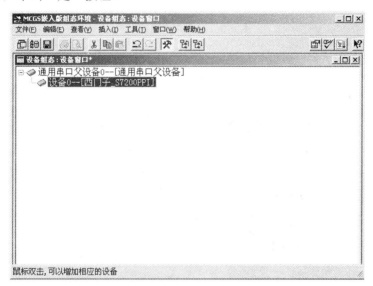

图 8-7 "通用串口父设备"和"西门子_S7200PPI"添加至组态

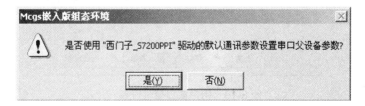

图 8-8 使用西门子默认通信参数设置父设备

所有操作完成后关闭设备窗口,返回工作台。

2. 窗口组态

(1) 在工作台中激活用户窗口,单击"新建窗口"按钮,建立新画面"窗口 0",如图 8-9 所示。

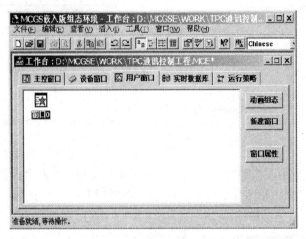

图 8-9　激活用户窗口

(2) 接下来单击"窗口属性"按钮,弹出"用户窗口属性设置"对话框,在基本属性选项卡中,将"窗口名称"修改为"西门子 200 控制画面",单击"确认"按钮进行保存,如图 8-10 所示。

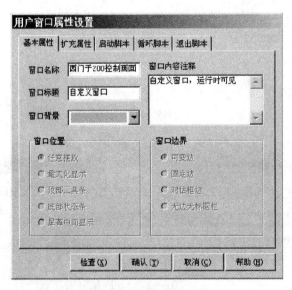

图 8-10　用户窗口属性设置

(3) 在用户窗口双击 图标进入"动画组态西门子 200 控制画面",单击 按钮打开"工具箱"。

第 8 章 组态软件 MCGS 及应用

(4) 建立基本元件。

① 按钮：在工具箱中单击"标准按钮"构件，在窗口编辑位置按住鼠标左键拖放出一定大小后，松开鼠标左键，这样一个按钮构件就绘制在窗口中了，如图 8-11 所示。

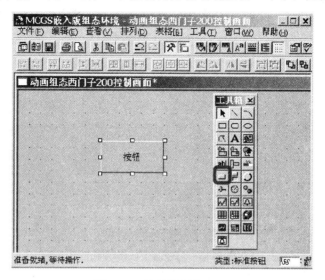

图 8-11 构件绘制窗口

接下来双击该按钮弹出"标准按钮构件属性设置"对话框，在基本属性页中将"文本"修改为 Q0.0，单击"确认"按钮保存，如图 8-12 所示。

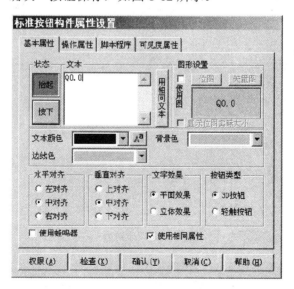

图 8-12 "标准按钮构件属性设置"对话框

按照同样的操作分别绘制另外两个按钮，文本修改为 Q0.1 和 Q0.2，完成后如图 8-13 所示。按住键盘的 Ctrl 键，然后单击，同时选中 3 个按钮，使用工具栏中的等高宽、左(右)对齐和纵向等间距对 3 个按钮进行排列对齐，如图 8-14 所示。

213

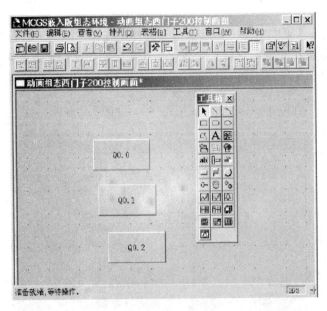

图 8-13　另外两个按钮绘制

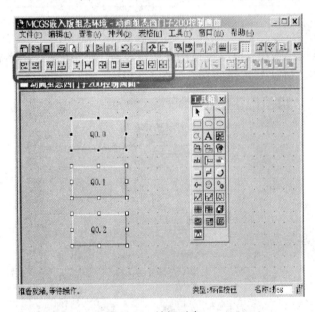

图 8-14　按钮对齐

　　② 指示灯：单击工具箱中的"插入元件"按钮，弹出"对象元件库管理"对话框，选中图形对象库指示灯中的一款，单击确认添加到窗口画面中，并调整到合适大小。以同样的方法再添加两个指示灯，摆放在窗口中按钮旁边的位置，如图 8-15 所示。

　　③ 标签：单击选中工具箱中的"标签"构件，在窗口按住鼠标左键，拖放出一定大小"标签"，如图 8-16 所示。然后双击该标签，弹出"标签动画组态属性设置"对话框，在扩展属性页，在"文本内容输入"中输入 VW0，单击"确认"按钮，如图 8-17 所示。

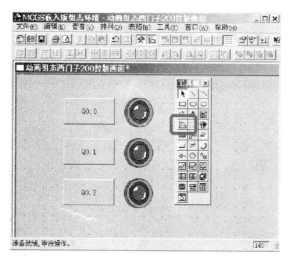

图 8-15　指示灯的绘制

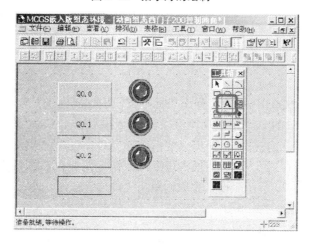

图 8-16　标签构件绘制

图 8-17　"标签动画组态属性设置"对话框

④ 输入框：单击工具箱中的"输入框"构件，在窗口按住鼠标左键，拖放出两个一定大小的"输入框"，分别摆放在 VW0、VW2 标签的旁边位置，如图 8-18 所示。

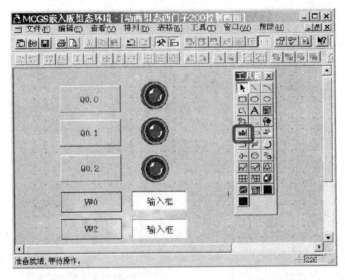

图 8-18　"输入框"构件

(5) 建立数据链接。

① 按钮：双击"Q0.0"按钮，弹出"标准按钮构件属性设置"对话框，如图 8-19 所示，在操作属性页中，默认"抬起功能"按钮为按下状态，勾选"数据对象值操作"复选框，选择"清 0"，单击 [?] 按钮，弹出"变量选择"对话框，选择"根据采集信息生成"，通道类型选择"Q 寄存器"，通道地址为"0"，数据类型选择"通道第 00 位"，读写类型选择"读写"。如图 8-20 所示，设置完成后单击"确认"按钮。即在 Q0.0 按钮抬起时，对西门子 200 的 Q0.0 地址"清 0"。

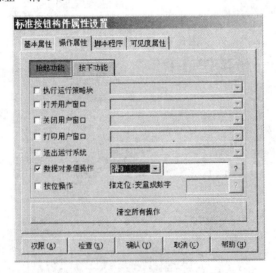

图 8-19　"标准按钮构件属性设置"对话框

图 8-20 "变量选择"对话框

用同样的方法,分别对 Q0.1 和 Q0.2 按钮进行设置。

② 指示灯:双击 Q0.0 旁边的指示灯构件,弹出"单元属性设置"对话框,在数据对象页,单击 ? 按钮,选择数据对象"设备 0_读写 Q000_0",如图 8-21 所示。用同样的方法,将 Q0.1 按钮和 Q0.2 按钮旁边的指示灯分别连接变量"设备 0_读写 Q000_1"和"设备 0_读写 Q000_2"。

图 8-21 指示灯属性设置

③ 输入框:双击 VW0 标签旁边的输入框构件,弹出"输入框构件属性设置"对话框,在操作属性页,单击 ? 按钮,弹出"变量选择"对话框,选择"根据采集信息生成",通道类型选择"V 寄存器",通道地址为"0",数据类型选择"16 位无符号二进制",读写类型选择"读写"。如图 8-22,设置完成后单击"确认"按钮。

图 8-22 输入框构件属性设置

以同样的方法，双击 VW2 标签旁边的输入框进行设置，在操作属性页，选择对应的数据对象：通道类型选择"V 寄存器"；通道地址为"2"；数据类型选择"16 位 无符号二进制"；读写类型选择"读写"。

组态完成后，下载到 TPC。断开 TPC 与组态计算机的连接，改为 TPC 与 S7-200PLC 相连，加电启动 PLC 和 TPC7062K。经过初始化界面后，可以看到，TPC7062K 可以上实时显示 PLC 中 Q0.0、Q0.1 和 Q0.2 的运行状态。

本 章 小 结

本章主要通过学习组态软件及组态软件和 PLC 的连通应用，使得 PLC 的应用更广、更具体化，为今后 PLC 的学习应用打下坚实的基础。

第 **9** 章

S7-300PLC 简介

知识要点

具体学习 S7-300PLC，掌握它的原理，了解它的应用。

相关知识

可编程控制器应用技术等。

工程应用方向

与 S7-200PLC 相比，S7-300PLC 在性能上有了很大的提高，在工业上将会得到更广泛的应用。

学习目标

熟练掌握 S7-300PLC 的原理及应用，并能分辨出其与 S7-200PLC 的异同。

本章知识架构

(1) S7-300PLC 的特点。
(2) S7-300 系列模块。

9.1 S7-300PLC 的特点

S7-300PLC 是西门子公司模块化中小型 PLC 产品，与 S7-200PLC 有很多共同之处，如图 9-1 所示。但是其主要功能、I/O 点数及扩展性能较 S7-200PLC 有了很大的提高，最多可以扩展 32 个模块，在指令系统、程序结构和编程软件等方面也有相当大的改变。

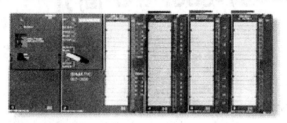

图 9-1 S7-300PLC 外形

S7-300PLC 在导轨上安装了各种模块形式的组成系统，其品种繁多的 CPU 模块、信号模块和功能模块等几乎能满足各种领域的自动化控制任务。用户可以根据应用系统的具体情况选择适合的模块，维修时更换模块也很方便。信号模块和通信处理模块可以不受限制地插到导轨上的任何一个槽中，系统自行分配各个模块的地址。简单实用的分布式结构和强大的通信能力，使其应用十分灵活。在较大规模、较高要求，特别是多层次控制系统中能充分发挥作用。

与 S7-200 比较，S7-300 系列具备更高的运行速度(0.6～0.10μs/指令)及浮点运算能力。其 CPU 内集成的人机界面(HMI)服务使得使用人机界面时对编程的要求大大减少。其智能化诊断系统可连续监控系统的功能是否正常。可使用编程软件 STEP7 的用户界面提供通信组态，这大大方便通信建立。S7-300 PLC 具有多种不同的通信接口，可通过多种通信处理器连接执行器传感器接口(Actuator Sensor Interface，ASI)总线接口和工业以太网系统。PROFIBUS 接口可连接 PROFIBUS 总线系统。内部集成的多点通信口也具有较强的通信功能。

S7-300 系列可广泛应用于专用机床，如纺织机械、包装机械、通用机械等方面的工程应用，也可用于楼宇自动化、电器制造工业及相关产业控制系统等领域。其高电磁兼容性和强抗振性、抗冲击性使其具有很高的工业环境适应性。

S7-300 系列 PLC 采用模块化结构设计，PLC 系统由导轨和各种模块组成，如图 9-2 所示。各个单独模块之间可以进行广泛组合和扩展。主要模块有中央处理单元(CPU)、信号模块(SM)、通信处理模块(CP)、功能模块(FM)；辅助模块有电源模块(PS)、接口模块(IM)；特殊模块有占位模块(DM370)、仿真模块(SM374)等。

S7-300 系列 PLC 由于采用模块化设计，根据控制要求的不同，可选用不同型号和不同数量的模块，各种模块及人机界面可以进行广泛的组合和扩展。S7-300PLC 的典型系统结构如图 9-3 所示。

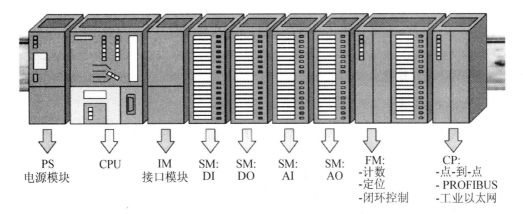

图 9-2　S7-300 系列 PLC 模块化结构

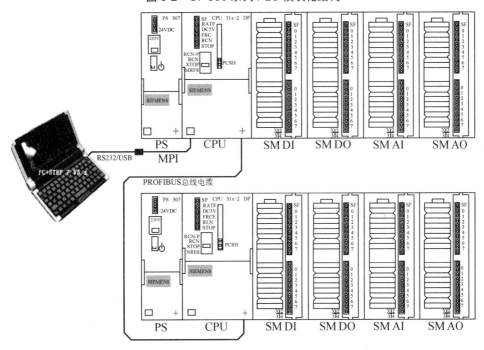

图 9-3　S7-300PLC 的典型系统结构

　　图 9-3 中装有 STEP7V5.x 的计算机(PC)或专用编程器(PG)以实现用户程序的编辑、下载、调试等任务，在 WinCC 环境下还可以实现对整个系统运行参数的监控。PC、PG 与 PLC 之间可通过 MPI-USB 或 MPI-RS232C 专用编程电缆建立通信连接，对于具备 PROFI-BUS 总线接口的 CPU，还可以通过 PROFIBUS 总线电缆与计算机建立通信连接，此时需要在计算机的 PCI 扩展槽上插接 PROFIBUS 网络接口卡(如 CP5611)。S7-300 系统的 CPU 与 CPU 之间可通过 PROFIBUS 总线网络、MPI(多点通信接口)等建立通信连接。

9.2　S7-300 系列模块

9.2.1　S7-300CPU 模块

1. S7-300CPU 种类

S7-300 系列 PLC 拥有 20 多种不同型号，分为以下 6 个系列。

1) 紧凑型 CPU

S7-300PLC 有 6 种紧凑型 CPU，包括 CPU 312C、CPU 313C、CPU 313C-2PtP、CPU 313C-2DP、CPU 314C-2DP 和 CPU 314C-2PtP，它们为 CPU 31xC 系列。CPU 31xC 全系列产品中均带有集成的开关量输入输出点，这些 I/O 点除可作为普通的 I/O 接点外，还具有高速计数输入与脉冲输出的功能。

2) 标准型 CPU

标准型 CPU 为 CPU 31× 系列，包括 CPU 313、CPU 314、CPU 315、CPU 315-2DP 和 CPU 316-2DP 这 5 种规格。标准型 CPU 均为模块式结构，CPU 无集成 I/O 点。在标准型 CPU 中，CPU 313 不可以连续扩展机架(只能采用单机架结构)，主机架上最多安装模块数为 8 个，每一模块的最多 I/O 点数为 32 点。其余 CPU 均可以连接最多 3 个扩展机架，每一机架的安装模块数均为 8 个，连同主机架 PLC 的最多安装模块数为 32 个，因此，PLC 的最多 I/O 点数为 1024 个。

3) 革新型 CPU

革新型 CPU 具有与标准型相同的系列表示，是标准 CPU 的技术革新产品，S7-300 PLC 有 5 种革新型 CPU，包括 CPU 312、CPU 314、CPU 315-2DP、CPU317-2DP 和 CPU 318-2DP。

4) 户外型 CPU

S7-300 系列的户外型 CPU 包括 CPU 312 IFM、CPU 314IFM 和 CPU 314。户外型 CPU 可以在恶劣的环境下使用。

5) 故障安全型 CPU

S7-300 系列的故障安全型 CPU 包括 CPU315F-2DP、CPU317F-2DP 两种规格。故障安全型 PLC 内部安装有德国技术监督委员会认可的基本功能块与安全型 I/O 模块参数化工具，应用于锅炉、索道及对安全性要求极高的特殊控制场合，它可以在系统出现故障时立即进入安全状态或安全模式，以确保人身与设备的安全。

6) 技术功能型 CPU

S7-300 系列的技术功能型 CPU 包括 CPU 317-2PN/DP、CPU 317T-2DP 两种规格。其中 CPU 317T-2DP 是一种专门用于运动控制的 PLC，最多可以控制 16 轴。CPU 除可以控制轴运行外，还可以实现简单的插补与同步控制，可以用于需要进行坐标位置、速度等控制的场合。

2. S7-300CPU 及操作部件

1) CPU

CPU 的元件封装在一个牢固而紧凑的塑料机壳内，面板上有状态和故障指示 LED、模式选择开关和通信接口。存储器插槽可以插入多达数兆字节的 Flash EPROM 微存储器卡(简称为 MMC)，用于断电后程序和数据的保存。

CPU 有 4 种操作模式：STOP(停机)、STARTUP(启动)、RUN(运行)和 HOLD(保持)。在所有的模式中，都可以通过 MPI 接口与其他设备通信。

(1) STOP 模式：CPU 模块通电后自动进入 STOP 模式，在该模式下不执行用户程序，可以接收全局数据和检查系统。

(2) RUN 模式：执行用户程序，刷新输入和输出，处理中断和故障信息服务。

(3) HOLD 模式：在 STARTUP 和 RUN 模式执行程序时遇到调试用的断点，用户程序的执行被挂起(暂停)，定时器被冻结。

(4) STARTUP 模式：启动模式，可以用模式选择开关或编程软件启动 CPU。如果模式开关在 RUN 和 RUN-P 位置，通电时自动进入启动模式。

2) 微存储器卡

Flash EPROM 微存储器卡(MMC)用于断电时保存用户程序和某些数据，它可以扩展 CPU 的存储器容量，也可以将有些 CPU 的操作系统保存在 MMC 中。MMC 还可用作装载存储器或便携式保存媒体。MMC 的读写直接在 CPU 内进行，不需要专用的编程器。由于 CPU 31xC 没有安装集成的装载存储器，在使用 CFU 时必须插入 MMC,CPU 与 MMC 是分开订货的。

如果在写访问过程中拆下 SIMATIC 微存储卡，卡中的数据会被破坏。在这种情况下，必须将 MMC 插入 CPU 中并删除它，或在 CPU 中格式化存储卡。只有在断电状态或 CPU 处于 STOP 状态时，才能取下存储卡。

3) 通信接口

所有的 CPU 模块都有一个多点接口 MPI，有的 CPU 模块有一个 MPI 和一个 PROFI BUS-DP 接口，有的 CPU 模块有一个 MPI/DP 接口和一个 DP 接口。

MPI 用于 PLC 与其他西门子 PLC、PG/PC(编程器或个人计算机)、OP(操作员接口)通过 MPI 网络的通信。PROFIBUS- DP 的最高传输速率为 12Mbit/s，用于与其他的西门子带 DP 接口的 PLC、PG/PC、OP 和其他 DP 主站和从站的通信。

4) 电池盒

电池盒是安装锂电池的盒子，在 PLC 断电时，锂电池用来保证实时时钟的正常运行，并可以在 RAM 中保存用户程序和更多的数据，保存的时间为 1 年。有的低端 CPU(如 CPU 312 IFM 与 CPU313)因为没有实时时钟，没有配备锂电池。

5) 电源接线端子

电源模块的 Ll、N 端子接 AC 220V 电源，电源模块的接地端子和 M 端子一般用短接片短接后接地，机架的导轨也应接地。电源模块上的 L＋、N 端子分别是 DC 24V 输出电压的正极和负极。用专用的电源连接器或导线连接电源模块和 CPU 模块的 L＋、N 端子。

6) 实时时钟与运行时间计数器

CPU 312IFM 与 CPU 313 因为没有锂电池，只有软件实时时钟，故 CPU 断电时停止计时，恢复供电后从断电瞬时的时刻开始计时。有后备锂电池的 CPU 有硬件实时时钟，可在 PLC 电源断电时继续运行。运行时间计数器的计数范围为 0~32 767h。

7) CPU 模块上的集成 I/O

某些 CPU 模块上有集成的数字量 I/O，有的还有集成的模拟量 I/O。

9.2.2　S7-300 电源及接口模块

1. 电源模块

电源模块安装在 DIN 导轨上的插槽 1，紧靠在 CPU 或扩展机架上 IM361 的左侧，用电源连接器连接到 CPU 或 IM361 上。

S7-300 有多种电源模块可供选择，其中 PS305 为户外型电源模块，采用直流供电，输出为 DC 24V；PS307 采用 AC 120V/230V 供电，输出为 DC 24V，比较适合大多数应用场合。根据输出电压的不同，PS307 有 3 种规格的电源模块：2V、5V 和 10V。

2. 接口模块

接口模块用于 S7-300PLC 的中央机架到扩展机架的连接，S7-300 有 3 种规格的接口模块。

1) IM360/IM361 接口模块

IM360 和 IM361 接口模块必须配合使用，数据通过连接电缆 368 从 IM360 传送到 IM361，或者从 IM361 传送到下一个 IM361，前后两个接口模块的通信距离最长为 10m。

2) IM365 接口模块

IM365 接口模块专用于 S7-300 PLC 的双机架系统扩展，由两个 IM365 配对模块和一个 368 连接电缆组成。其中一块 IM365 为发送模块，另一块 IM365 为接收模块，且在扩展机架上最多只能安装 8 个信号块，不能安装具有通信总线功能的功能模块。IM365 发送模块和 IM365 接收模块通过 368 连接线固定连接，总驱动电流为 1.2A，其中每个机架最多可使用 0.8A。

9.2.3　S7-300 数字量信号模块

S7-300PLC 的数字量信号模块包括 SM321 数字量输入模块(DI)、SM322 数字量输出模块(DO)、SM323/SM327 数字量输入/输出模块(DI/DO)、SM374 仿真模块。

1. SM321 数字量输入模块

SM321 数字量输入模块按输入点数可分为 8 点、16 点、32 点等几种类型，用于连接工业现场的机械触点和电子数字式传感器，如二线式光电开关和接近开关等。为了防止信号干扰模块，内部一般设有 RC 滤波器，为了将来自现场的数字信号电平转换成 PLC 内部信号电平，内部还设置了光隔离电路，允许连接的非屏蔽电缆最长为 600m，屏蔽电缆最长可达 1km。

2. SM322 数字量输出模块

SM322 数字量输出模块用于将 S7-300PLC 内部的信号电平转换成现场所需的外部电平，其内部均有电隔离电路及功率驱动电路，可直接驱动电磁阀、接触器、小功率电动机、指示灯及电动机启动器等负载。允许连接的非屏蔽电缆最长为 600m，屏蔽电缆最长达 1km。

SM322 数字量输出模块按功率驱动器件和负载回路电源的类型分为直流电源驱动的晶体管输出型、交流电源驱动的晶闸管输出型和交/直流电源驱动的继电器输出型。输出点数有 8 点、16 点和 32 点等几种。

晶体管的模块只能驱动直流负载，具有过载能力差、响应速度快、可靠性高、寿命长等优点，适合动作比较频繁的应用场合。如果负载电流过小不能使晶闸管导通，可以在负载两端并联电阻。

晶闸管输出模块一般只能驱动负载，具有响应速度快、可靠性高、寿命长等优点，适合动作比较频繁的应用场合。

继电器输出模块既能用于交流负载，也能用于直流负载，具有负载电压范围宽、导通压降小、承受瞬时过电压和过电流的能力强等优点，但继电器动作时间长，寿命(动作次数)有一定的限制，不适合要求频繁动作的应用场合。

如果系统输出量的变化不是很频繁，建议优先选用继电器型。

3. SM323 数字量输入/输出模块

SM323 数字量输入/输出模块是在一块模块上同时具备输入点和输出点的信号模块。

4. SM327 数字量输入/可配置输入或输出模块

SM327 数字量输入/可配置输入或输出模块具有 8 个独立输入点，8 个可独立配置输入/输出点，带隔离，额定输入电压和额负载电压均为 DC 24V，输出电流为 0.8A，在 RUN 模式下可动态地修改模块的参数。

5. SM374 仿真模块

SM374 IN/OUT16 主要用于程序的调试，比较适合于教学，它可以仿真 16DI、16DO、8DI/8DO 的数字量模块。

9.2.4 S7-300 模拟量信号模块

S7-300PLC 的模拟量信号模块包括 SM331 模拟量输入模块(AI)、SM332 模拟量输出模块(AO)、SM334 模拟量输入/输出模块(AI/AO)。

1. SM331 模拟量输入模块

SM331 用于将现场各种模拟量传感器输出的直流电压或电流信号转换为 PLC 内部处理用的数字信号。模拟量输入模块的输入信号一般是模拟量变送器输出的标准直流电压、电流信号。SM331 也可以直接连接不带附加放大器的温度传感器(热电偶或热电阻)，这样可以省去温度变送器，不但节约了硬件成本，控制系统的结构也更加紧凑。

2. SM332 模拟量输出模块

S7-300 的模拟量输出模块 SM332 用于将 CPU 送给它的数字信号进而转换为成比例的电流信号或电压信号，对执行机构进行调节或控制。

3. SM334 模拟量输入/输出模块

模拟量输入/输出模块有 SM334 和 SM335 两个子系列，SM334 为通用模拟量输入/输出模块，SM335 为高速模拟量模块，并具有一些特殊功能。

9.2.5 S7-300 高速计数器模块

模块的计数器均为 0～32 位或 31 位加减计数器，可以判断脉冲的方向，模块给编码器供电。其具有比较功能，当达到比较值时，通过集成的数字量输出响应信号，或通过背板总线向 CPU 发出中断。可以 2 倍频和 4 倍频计数，4 倍频是指在两个互差 90°的 A、B 相信号的上升沿、下降沿都计数。通过集成的数字量输入直接接收启动、停止计数器等数字量信号。

1. FM350-1 高速计数模块

FM350-1 是智能化的单通道计数器模块，广泛应用于单纯的计数任务。该模块可根据直接连接的门信号检测最高达 500kHz 的增量编码器脉冲。有连续计数、单向计数和循环计数 3 种工作模式。FM350-1 有 3 种特殊功能：设定计数器、门计数器和用门功能控制计数器的启/停。达到基准值、过零点和超限时可以产生中断。有 3 个数字量输入(1 个用于门起始，1 个用于门结束，1 个用来设定计数器)，两个数字量输出。

2. FM350-2 高速计数模块

FM350-2 是用于计数和测量任务的智能型 8 通道计数器模块。该模块提供 7 种不同的工作方式以便与希望的应用快速而简单地相配合，工作模式为连续计数、单向计数、循环计数、频率测量、速度测量、周期测量和比例运算。对于 24V 增量编码器，计数的最高频率为 10kHz；对于 24V 方向传感器、24V 启动器和 NAMUR 编码器，计数的最高频率为 20kHz。

3. CM35 计数器模块

CM35 是 8 通道智能计数器模块，可以广泛用于计数及测量任务，也可用于最多 4 轴的简单定位任务。它有 8 个计数输入端，可选 5V 或 24V 电平；8 个数字输出点用于对模块的高速响应输出，也可由用户程序指定输入功能，计数频率每通道最高为 10kHz。CM35 有 4 种工作方式：脉冲计数器(8 通道)、定时器(8 通道)、周期测量(8 通道)和简易定位(4 轴)。

9.2.6　S7-300 位置控制与位置检测模块

1．FM351 双通道定位模块

FM351 是快速进给和慢速驱动的双通道定位模块，用于控制对动态调节特性要求较高的轴的定位，可以控制两个相互独立的轴的定位。该模块最好通过由接触器或变频器控制的标准电动机来为调整轴或设定轴位置。

2．FM352 电子凸轮控制器

FM352 是非常高速的电子凸轮控制器，它有 32 个凸轮轨迹，13 个集成的数字输出端用于动作的直接输出。通过一个传感器检测轴的位置，然后通过集成的输出端触发控制指令。即使在低端应用范围，FM352 也是机械式凸轮控制器的低成本替代。

3．FM352-5 高速布尔处理器

FM352-5 高速布尔处理器可以快速地进行布尔控制(循环周期 1μs)，集成了 12 点数字量输入和 8 点数字量输出。指令集包括位指令、定时器、计数器、分频器、频率发生器、移位寄存器。1 个通道用于连接 1 个 24V 增量编码器、1 个 SV 编码器(RS-422)或 1 个串口绝对值编码器。

4．FM353 步进电动机定位模块

FM353 是通过步进电动机实现各种定位任务的智能模块。它可以用于简单的点到点定位，也可用于对响应、精度和速度有极高要求的复杂运动模式，是高速机械设备的定位任务的理想解决方案。FM353 集成了 4 点数字量输入和 4 点数字量输出。

5．FM354 伺服电动机定位模块

FM354 是通过伺服电动机实现广泛的定位任务的智能模块，可用于简单的点到点定位任务，也可用于对响应、精度和速度要求极高的复杂运动方式，是高速机械设备的定位任务的理想解决方案。FM354 集成了 4 点数字量输入和 4 点数字量输出。

6．FM357-2 定位和连续路径控制模块

FM357-2 是用于最多 4 轴的智能运动控制的连续路径和定位控制模块，可以完成从独立的单轴定位到多轴插补连续路径控制的广泛的应用领域，用于控制步进电动机和伺服电动机。

FM357-2 模块可以通过联动运动或曲线图表(电子曲线盘)进行轴同步，也可通过外部主信号实现。模块采用编程或软件加速的运动控制和可转换的坐标系统，具有高速再启动的特殊急停程序，有点动、增量进给、参考点、手动数据输入、自动、自动单段等工作方式。

7．FM STEPDRIVE 步进电动机功率驱动器

FM STEPDRIVE 步进电动机功率驱动器与 FM353 和 FM357-2 定位模块配套使用，用来控制 5～600W 的步进电动机。

8. SM338 超声波位置解码器模块

SM338 超声波位置解码器模块用于 S7-300 自动化系统。用超声波传感器检测位置具有无磨损、保护等级高、精度稳定不变、与传感器的长度无关等优点。模块最多接 4 个传感器，每个传感器最多有 4 个测量点，测量点数最多 8 个。测量范围 3～6m，分辨率 0.05mm (测量范围最多 3m)或 0.1m。RS-422 接口抗干扰能力强，电缆最长 50m。

9. SM338 位置输入模块

SM338 位置输入模块最多可以提供 3 个绝对值编码器和 CPU 之间的接口，将控制过程的位置编码器信号转换为 S7-300 的数字值，可以为编码器提供 DC 24V 电源，另外，可提供两个内部数字输入点将位置编码器的状态锁住。这样就可以在位置编码区域内处理对时间要求很高的应用。

10. FM355 闭环控制模块

FM355 闭环控制模块有 4 个闭环控制通道，用于压力、流量、液位等控制，有自优化温度控制算法和 PID 算法。该模块有 2 种派生型：FM355C 是有 4 个模拟量输出端的连续控制器；FM355S 是有 8 个数字输出端的步进或脉冲控制器。CPU 停机或出现故障后 FM355 仍能继续运行。控制程序存储在模块中。

FM355 的 4 个模拟输入端用于采集模拟数值和前馈控制，附加的一个模拟输入端用于热电偶的温度补偿，可使用不同的传感器，如热电偶、Pt100、电压传感器和电流传感器。FM355 有 4 个单独的闭环控制通道，可以实现定值控制、串级控制、比例控制和三分量控制，几个控制器可以集成到一个系统中使用，有自动、手动、安全、跟随和后备等操作方式。12 位分辨率时的采样时间为 20～100ms，14 位分辨率时为 100～500ms。

自优化温度控制算法存储在模块中，当设定点变化大于 12%时，自动启动自优化，可以使用组态软件包对 PID 控制算法进行优化。

CPU 有故障或 CPU 停止运行时控制器可独立地继续控制。为此，在"后备方式"功能中，设置了可调的安全设定点或安全调节变量。

9.2.7　S7-300 通信模块

S7-300 系统有多种通信模块，可以实现点对点、ASI、PROFIBUS-DP、PROFIBUS-FMS、工业以太网、TCP/IP 等通信连接。由于这些模块均带有处理器，因此称为通信处理器模块(Communications Processor，CP)。

1. CP340 通信处理器模块

CP340 通信处理模板是串行通信最经济、最完整的解决方案。该模块提供一个具有中断功能的带隔离的通信接口，可用于 SIMATIC S7-300 和 ET 200M(S7 作为主站)。通过 CP340 不仅能实现 S5/S7 系列 PLC 的互连，而且能与来自其他制造商的系统或设备互连，如各种打印机、机器人控制系统、Modem、扫描仪、条码阅读机等。根据接口形式的不同，CP340 有 4 种型号，对于 CP340-RS422/485 模块，可选择全双工(RS-422)或半双工(RS-485)串行异步通信方式。

2. CP341 通信处理器模块

CP341 通过点到点连接，用于高速、强大的串行数据交换，以减轻 CPU 的负担。它可用于 SIMATIC S7-300 和 ET 200M(S7 作为主站)，通过 ASCII、3964(R)、RK512 及可装载驱动等通信协议，实现与 S7 和 S5 系列 PLC、其他控制设备、打印机或扫描仪之间的"点对点"的高速通信连接，最大传输速率为 76.8kbit/s。根据接口形式的不同，CP341 有 6 种型号。

3. CP342-5 通信处理器模块

CP342-5 是连接 S7-300 和 C7 到 PROFIBUS-DP 总线系统的低成本的模块。它减少 CPU 的通信任务，同时支持其他的通信连接。该模块为用户提供各种 PROFIBUS 总线系统服务，可通过 PROFIBUS-DP 对系统进行远程组态和远程编程。

4. CP343-1 通信处理器模块

CP343-1 是为实现从 S7-300 系列 PLC 到工业以太网的全双工串行通信模块，通信速率为 10Mbit/s。该模块能在工业以太网上独立处理数据通信，拥有自己的处理器。通过 S7-300 系列 PLC，可以与编程器、计算机、人机界面装置和其他 S7 和 S5 系列 PLC 进行通信。

5. CP343-2 通信处理器模块

CP343-2 是连接 S7-300 和 ET200M 的 ASI 主站模块，用来实现执行器传感器接口 (Actuator Sensor Interface，ASI) 功能。通过连接 ASI 接口，每个 CP 最多可访问 248 个数字量输入和 186 个数字量输出。通过内部集成的模拟量值处理程序，可以对模拟量值进行处理。

6. CP343-5 通信处理器模块

CP343-5 是采用 PROFIBUS-FMS 协议的现场总线通信模块，它分担 CPU 的通信任务并支持其他的通信连接。其可用于更加复杂的现场通信任务，可通过 PROFIBUS-FMS 对系统进行远程组态和远程编程。

本 章 小 结

通过与 S7-200PLC 的类比，可加深对 S7-300PLC 原理的理解；通过此类比学习，亦可更快熟悉其他系列的 PLC，提高学习效率。

参 考 文 献

[1] 西门子(中国)有限公司，S7-200 可编程控制器系统手册，2005.

[2] 何献忠，李卫萍，刘颖慧，等. 可编程控制器应用技术(西门子 S7-200 系列)[M]. 北京：清华大学出版社，2007.

[3] 廖常初. PLC 编程及应用[M]. 北京：机械工业出版社，2011.

[4] 朱文杰. S7-200 PLC 编程设计与案例分析[M]. 北京：机械工业出版社，2010.

[5] 董燕，张自强，李健. 电气控制与 PLC 技术[M]. 北京：电子工业出版社，2011.

[6] 巫莉，黄江峰. 电气控制与 PLC 应用[M]. 北京：中国电力出版社，2011.

[7] 于桂音，邓洪伟. 电气控制与 PLC[M]. 北京：中国电力出版社，2010.

[8] 程安宇，赵兰涛，倪红霞，等. 快速学通西门子 PLC S7-200/300[M]. 北京：人民邮电出版社，2011.

[9] 秦绪平，张万忠. 西门子 S7 系列可编程控制器应用技术[M]. 北京：化学、工业出版社，2011.

[10] 郑凤冀，金沙. 图解西门子 S7-200 系列 PLC 应用 88 例[M]. 北京：电子工业出版社，2009.

[11] 刘恩博，田敏，李江全，等. 组态软件数据采集与串口通信测控应用实战[M]. 北京：人民邮电出版社，2010.

[12] 曹辉，马栋萍，王暄，等. 组态软件技术及应用[M]. 北京：电子工业出版社，2009.

北京大学出版社本科计算机系列实用规划教材

序号	标准书号	书 名	主编	定价	序号	标准书号	书 名	主编	定价
1	7-301-10511-5	离散数学	段禅伦	28	38	7-301-13684-3	单片机原理及应用	王新颖	25
2	7-301-10457-X	线性代数	陈付贵	20	39	7-301-14505-0	Visual C++程序设计案例教程	张荣梅	30
3	7-301-10510-X	概率论与数理统计	陈荣江	26	40	7-301-14259-2	多媒体技术应用案例教程	李 建	30
4	7-301-10503-0	Visual Basic 程序设计	闵联营	22	41	7-301-14503-6	ASP .NET 动态网页设计案例教程(Visual Basic .NET 版)	江 红	35
5	7-301-21752-8	多媒体技术及其应用(第2版)	张 明	39	42	7-301-14504-3	C++面向对象与 Visual C++程序设计案例教程	黄贤英	35
6	7-301-10466-8	C++程序设计	刘天印	33	43	7-301-14506-7	Photoshop CS3 案例教程	李建芳	34
7	7-301-10467-5	C++程序设计实验指导与习题解答	李 兰	20	44	7-301-14510-4	C++程序设计基础案例教程	于永彦	33
8	7-301-10505-4	Visual C++程序设计教程与上机指导	高志伟	25	45	7-301-14942-3	ASP .NET 网络应用案例教程(C# .NET 版)	张登辉	33
9	7-301-10462-0	XML 实用教程	丁跃潮	26	46	7-301-12377-5	计算机硬件技术基础	石 磊	26
10	7-301-10463-7	计算机网络系统集成	斯桃枝	22	47	7-301-15208-9	计算机组成原理	娄国焕	24
11	7-301-22437-3	单片机原理及应用教程(第2版)	范立南	43	48	7-301-15463-2	网页设计与制作案例教程	房爱莲	36
12	7-5038-4421-3	ASP .NET 网络编程实用教程(C#版)	崔良海	31	49	7-301-04852-8	线性代数	姚喜妍	22
13	7-5038-4427-2	C 语言程序设计	赵建锋	25	50	7-301-15461-8	计算机网络技术	陈代武	33
14	7-5038-4420-5	Delphi 程序设计基础教程	张世明	37	51	7-301-15697-1	计算机辅助设计二次开发案例教程	谢安俊	26
15	7-5038-4417-5	SQL Server 数据库设计与管理	姜 力	31	52	7-301-15740-4	Visual C# 程序开发案例教程	韩朝阳	30
16	7-5038-4424-9	大学计算机基础	贾丽娟	34	53	7-301-16597-3	Visual C++程序设计实用案例教程	于永彦	32
17	7-5038-4430-0	计算机科学与技术导论	王昆仑	30	54	7-301-16850-9	Java 程序设计案例教程	胡巧多	32
18	7-5038-4418-3	计算机网络应用实例教程	魏 峥	25	55	7-301-16842-4	数据库原理与应用 (SQL Server 版)	毛一梅	36
19	7-5038-4415-9	面向对象程序设计	冷英男	28	56	7-301-16910-0	计算机网络技术基础与应用	马秀峰	33
20	7-5038-4429-4	软件工程	赵春刚	22	57	7-301-15063-4	计算机网络基础与应用	刘远生	32
21	7-5038-4431-0	数据结构(C++版)	秦 锋	28	58	7-301-15250-8	汇编语言程序设计	张光长	28
22	7-5038-4423-2	微机应用基础	吕晓燕	33	59	7-301-15064-1	网络安全技术	骆耀祖	30
23	7-5038-4426-4	微型计算机原理与接口技术	刘彦文	26	60	7-301-15584-4	数据结构与算法	佟伟光	32
24	7-5038-4425-6	办公自动化教程	钱 俊	30	61	7-301-17087-8	操作系统实用教程	范立南	36
25	7-5038-4419-1	Java 语言程序设计实用教程	董迎红	33	62	7-301-16631-4	Visual Basic 2008 程序设计教程	隋晓红	34
26	7-5038-4428-0	计算机图形技术	龚声蓉	28	63	7-301-17537-8	C 语言基础案例教程	汪新民	31
27	7-301-11501-5	计算机软件技术基础	高 巍	25	64	7-301-17397-8	C++程序设计基础教程	郗亚辉	30
28	7-301-11500-8	计算机组装与维护实用教程	崔明远	33	65	7-301-17578-1	图论算法理论、实现及应用	王桂平	54
29	7-301-12174-0	Visual FoxPro 实用教程	马秀峰	29	66	7-301-17964-2	PHP 动态网页设计与制作案例教程	房爱莲	42
30	7-301-11500-8	管理信息系统实用教程	杨月江	27	67	7-301-18514-8	多媒体开发与编程	于永彦	35
31	7-301-11445-2	Photoshop CS 实用教程	张 瑾	28	68	7-301-18538-4	实用计算方法	徐亚平	24
32	7-301-12378-2	ASP .NET 课程设计指导	潘志红	35	69	7-301-18539-1	Visual FoxPro 数据库设计案例教程	谭红杨	35
33	7-301-12394-2	C# .NET 课程设计指导	龚自霞	32	70	7-301-19313-6	Java 程序设计案例教程与实训	董迎红	45
34	7-301-13259-3	VisualBasic .NET 课程设计指导	潘志红	30	71	7-301-19389-1	Visual FoxPro 实用教程与上机指导（第2版）	马秀峰	40
35	7-301-12371-3	网络工程实用教程	汪新民	34	72	7-301-19435-5	计算方法	尹景本	28
36	7-301-14132-8	J2EE 课程设计指导	王立丰	32	73	7-301-19388-4	Java 程序设计教程	张剑飞	35
37	7-301-21088-8	计算机专业英语(第2版)	张 勇	42	74	7-301-19386-0	计算机图形技术(第2版)	许承东	44

序号	标准书号	书 名	主编	定价	序号	标准书号	书 名	主编	定价
75	7-301-15689-6	Photoshop CS5 案例教程(第 2 版)	李建芳	39	84	7-301-16824-0	软件测试案例教程	丁宋涛	28
76	7-301-18395-3	概率论与数理统计	姚喜妍	29	85	7-301-20328-6	ASP. NET 动态网页案例教程(C#.NET 版)	江 红	45
77	7-301-19980-0	3ds Max 2011 案例教程	李建芳	44	86	7-301-16528-7	C#程序设计	胡艳菊	40
78	7-301-20052-0	数据结构与算法应用实践教程	李文书	36	87	7-301-21271-4	C#面向对象程序设计及实践教程	唐 燕	45
79	7-301-12375-1	汇编语言程序设计	张宝剑	36	88	7-301-21295-0	计算机专业英语	吴丽君	34
80	7-301-20523-5	Visual C++程序设计教程与上机指导(第 2 版)	牛江川	40	89	7-301-21341-4	计算机组成与结构教程	姚玉霞	42
81	7-301-20630-0	C#程序开发案例教程	李挥剑	39	90	7-301-21367-4	计算机组成与结构实验实训教程	姚玉霞	22
82	7-301-20898-4	SQL Server 2008 数据库应用案例教程	钱哨	38	91	7-301-22119-8	UML 实用基础教程	赵春刚	36
83	7-301-21052-9	ASP.NET 程序设计与开发	张绍兵	39					

北京大学出版社电气信息类教材书目(已出版)
欢迎选订

序号	标准书号	书名	主编	定价	序号	标准书号	书名	主编	定价
1	7-301-10759-1	DSP 技术及应用	吴冬梅	26	38	7-5038-4400-3	工厂供配电	王玉华	34
2	7-301-10760-7	单片机原理与应用技术	魏立峰	25	39	7-5038-4410-2	控制系统仿真	郑恩让	26
3	7-301-10765-2	电工学	蒋 中	29	40	7-5038-4398-3	数字电子技术	李 元	27
4	7-301-19183-5	电工与电子技术(上册)(第2版)	吴舒辞	30	41	7-5038-4412-6	现代控制理论	刘永信	22
5	7-301-19229-0	电工与电子技术(下册)(第2版)	徐卓农	32	42	7-5038-4401-0	自动化仪表	齐志才	27
6	7-301-10699-0	电子工艺实习	周春阳	19	43	7-5038-4408-9	自动化专业英语	李国厚	32
7	7-301-10744-7	电子工艺学教程	张立毅	32	44	7-5038-4406-5	集散控制系统	刘翠玲	25
8	7-301-10915-6	电子线路 CAD	吕建平	34	45	7-301-19174-3	传感器基础(第 2 版)	赵玉刚	30
9	7-301-10764-1	数据通信技术教程	吴延海	29	46	7-5038-4396-9	自动控制原理	潘 丰	32
10	7-301-18784-5	数字信号处理(第2版)	阎 毅	32	47	7-301-10512-2	现代控制理论基础(国家级十一五规划教材)	侯媛彬	20
11	7-301-18889-7	现代交换技术(第2版)	姚 军	36	48	7-301-11151-2	电路基础学习指导与典型题解	公茂法	32
12	7-301-10761-4	信号与系统	华 容	33	49	7-301-12326-3	过程控制与自动化仪表	张井岗	36
13	7-301-19318-1	信息与通信工程专业英语(第2版)	韩定定	32	50	7-301-12327-0	计算机控制系统	徐义尚	28
14	7-301-10757-7	自动控制原理	袁德成	29	51	7-5038-4414-0	微机原理及接口技术	赵志诚	38
15	7-301-16520-1	高频电子线路(第2版)	宋树祥	35	52	7-301-10465-1	单片机原理及应用教程	范立南	30
16	7-301-11507-7	微机原理与接口技术	陈光军	34	53	7-5038-4426-4	微型计算机原理与接口技术	刘彦文	26
17	7-301-11442-1	MATLAB 基础及其应用教程	周开利	24	54	7-301-12562-5	嵌入式基础实践教程	杨 刚	30
18	7-301-11508-4	计算机网络	郭银景	31	55	7-301-12530-4	嵌入式 ARM 系统原理与实例开发	杨宗德	25
19	7-301-12178-8	通信原理	隋晓红	32	56	7-301-13676-8	单片机原理与应用及 C51 程序设计	唐 颖	30
20	7-301-12175-7	电子系统综合设计	郭 勇	25	57	7-301-13577-8	电力电子技术及应用	张润和	38
21	7-301-11503-9	EDA 技术基础	赵明富	22	58	7-301-20508-2	电磁场与电磁波(第 2 版)	邬春明	30
22	7-301-12176-4	数字图像处理	曹茂永	23	59	7-301-12179-5	电路分析	王艳红	38
23	7-301-12177-1	现代通信系统	李白萍	27	60	7-301-12380-5	电子测量与传感技术	杨 雷	35
24	7-301-12340-9	模拟电子技术	陆秀令	28	61	7-301-14461-9	高电压技术	马永翔	28
25	7-301-13121-3	模拟电子技术实验教程	谭海曙	24	62	7-301-14472-5	生物医学数据分析及其 MATLAB 实现	尚志刚	25
26	7-301-11502-2	移动通信	郭俊强	22	63	7-301-14460-2	电力系统分析	曹 娜	35
27	7-301-11504-6	数字电子技术	梅开乡	30	64	7-301-14459-6	DSP 技术与应用基础	俞一彪	34
28	7-301-18860-6	运筹学(第 2 版)	吴亚丽	28	65	7-301-14994-2	综合布线系统基础教程	吴达金	24
29	7-5038-4407-2	传感器与检测技术	祝诗平	30	66	7-301-15168-6	信号处理 MATLAB 实验教程	李 杰	20
30	7-5038-4413-3	单片机原理及应用	刘 刚	24	67	7-301-15440-3	电工电子实验教程	魏 伟	26
31	7-5038-4409-6	电机与拖动	杨天明	27	68	7-301-15445-8	检测与控制实验教程	魏 伟	24
32	7-5038-4411-9	电力电子技术	樊立萍	25	69	7-301-04595-4	电路与模拟电子技术	张绪光	35
33	7-5038-4399-0	电力市场原理与实践	邹 斌	24	70	7-301-15458-8	信号、系统与控制理论(上、下册)	邱德润	70
34	7-5038-4405-8	电力系统继电保护	马永翔	27	71	7-301-15786-2	通信网的信令系统	张云麟	24
35	7-5038-4397-6	电力系统自动化	孟祥忠	25	72	7-301-16493-8	发电厂变电所电气部分	马永翔	35
36	7-5038-4404-1	电气控制技术	韩顺杰	22	73	7-301-16076-3	数字信号处理	王震宇	32
37	7-5038-4403-4	电器与 PLC 控制技术	陈志新	38	74	7-301-16931-5	微机原理与接口技术	肖洪兵	32

序号	标准书号	书　名	主编	定价	序号	标准书号	书　名	主编	定价
75	7-301-16932-2	数字电子技术	刘金华	30	106	7-301-20505-1	电路分析基础	吴舒辞	38
76	7-301-16933-9	自动控制原理	丁　红	32	107	7-301-20506-8	编码调制技术	黄　平	26
77	7-301-17540-8	单片机原理及应用教程	周广兴	40	108	7-301-20763-5	网络工程与管理	谢　慧	39
78	7-301-17614-6	微机原理及接口技术实验指导书	李干林	22	109	7-301-20845-8	单片机原理与接口技术实验与课程设计	徐懂理	26
79	7-301-12379-9	光纤通信	卢志茂	28	110	301-20725-3	模拟电子线路	宋树祥	38
80	7-301-17382-4	离散信息论基础	范九伦	25	111	7-301-21058-1	单片机原理与应用及其实验指导书	邵发森	44
81	7-301-17677-1	新能源与分布式发电技术	朱永强	32	112	7-301-20918-9	Mathcad 在信号与系统中的应用	郭仁春	30
82	7-301-17683-8	光纤通信	李丽君	26	113	7-301-20327-5	电工学实验教程	王士军	34
83	7-301-17700-6	模拟电子技术	张绪光	36	114	7-301-16367-2	供配电技术	王玉华	49
84	7-301-17318-3	ARM 嵌入式系统基础与开发教程	丁文龙	36	115	7-301-20351-4	电路与模拟电子技术实验指导书	唐　颖	26
85	7-301-17797-6	PLC 原理及应用	缪志农	26	116	7-301-21247-9	MATLAB 基础与应用教程	王月明	32
86	7-301-17986-4	数字信号处理	王玉德	32	117	7-301-21235-6	集成电路版图设计	陆学斌	36
87	7-301-18131-7	集散控制系统	周荣富	36	118	7-301-21304-9	数字电子技术	秦长海	49
88	7-301-18285-7	电子线路 CAD	周荣富	41	119	7-301-21366-7	电力系统继电保护(第 2 版)	马永翔	42
89	7-301-16739-7	MATLAB 基础及应用	李国朝	39	120	7-301-21450-3	模拟电子与数字逻辑	邬春明	39
90	7-301-18352-6	信息论与编码	隋晓红	24	121	7-301-21439-8	物联网概论	王金甫	42
91	7-301-18260-4	控制电机与特种电机及其控制系统	孙冠群	42	122	7-301-21849-5	微波技术基础及其应用	李泽民	49
92	7-301-18493-6	电工技术	张　莉	26	123	7-301-21688-0	电子信息与通信工程专业英语	孙桂芝	36
93	7-301-18496-7	现代电子系统设计教程	宋晓梅	36	124	7-301-22110-5	传感器技术及应用电路项目化教程	钱裕禄	30
94	7-301-18672-5	太阳能电池原理与应用	靳瑞敏	25	125	7-301-21672-9	单片机系统设计与实例开发（MSP430）	顾　涛	44
95	7-301-18314-4	通信电子线路及仿真设计	王鲜芳	29	126	7-301-22112-9	自动控制原理	许丽佳	30
96	7-301-19175-0	单片机原理与接口技术	李　升	46	127	7-301-22109-9	DSP 技术及应用	董　胜	39
97	7-301-19320-4	移动通信	刘维超	39	128	7-301-21607-1	数字图像处理算法及应用	李文书	48
98	7-301-19447-8	电气信息类专业英语	缪志农	40	129	7-301-22111-2	平板显示技术基础	王丽娟	52
99	7-301-19451-5	嵌入式系统设计及应用	邢吉生	44	130	7-301-22448-9	自动控制原理	谭功全	44
100	7-301-19452-2	电子信息类专业 MATLAB 实验教程	李明明	42	131	7-301-22474-8	电子电路基础实验与课程设计	武　林	36
101	7-301-16914-8	物理光学理论与应用	宋贵才	32	132	7-301-22484-7	电文化——电气信息学科概论	高　心	30
102	7-301-16598-0	综合布线系统管理教程	吴达金	39	133	7-301-22436-6	物联网技术案例教程	崔逊学	40
103	7-301-20394-1	物联网基础与应用	李蔚田	44	134	7-301-22598-1	实用数字电子技术	钱裕禄	30
104	7-301-20339-2	数字图像处理	李云红	36	135	7-301-22529-5	PLC 技术与应用(西门子版)	丁金婷	32
105	7-301-20340-8	信号与系统	李云红	29					

相关教学资源如电子课件、电子教材、习题答案等可以登录 www.pup6.com 下载或在线阅读。

扑六知识网(www.pup6.com)有海量的相关教学资源和电子教材供阅读及下载(包括北京大学出版社第六事业部的相关资源)，同时欢迎您将教学课件、视频、教案、素材、习题、试卷、辅导材料、课改成果、设计作品、论文等教学资源上传到 pup6.com，与全国高校师生分享您的教学成就与经验，并可自由设定价格，知识也能创造财富。具体情况请登录网站查询。

如您需要免费纸质样书用于教学，欢迎登陆第六事业部门户网(www.pup6.com)填表申请，并欢迎在线登记选题以到北京大学出版社来出版您的大作，也可下载相关表格填写后发到我们的邮箱，我们将及时与您取得联系并做好全方位的服务。

扑六知识网将打造成全国最大的教育资源共享平台，欢迎您的加入——让知识有价值，让教学无界限，让学习更轻松。

联系方式：010-62750667，pup6_czq@163.com，szheng_pup6@163.com，linzhangbo@126.com，欢迎来电来信咨询。